U0219176

Self-Assessment Color Review

Small Animal Clinical Oncology

犬猫临床肿瘤学

〔美〕Joyce E. Obradovich 著

董 军 杜宏超 吕金宝 主译

中国农业大学出版社
·北京·

内 容 简 介

癌症是犬和猫的主要自然死亡原因。虽然癌症十分可怕，但其并不等于死亡。当前，许多癌症可以治愈，可以通过治疗获得长期的高质量生存，晚期癌症患者也可以从姑息治疗中获益。本书以问答的方式，分析讨论了203个犬猫肿瘤临床病例。本书提供了大量临床实践信息，读者可通过阅读病例讨论，充分地学习肿瘤的诊断、分期和治疗、姑息治疗和预后等相关知识。本书是临床兽医师、兽医专业的学生、实习医师或住院医师学习犬猫肿瘤的实用工具书。

图书在版编目（CIP）数据

犬猫临床肿瘤学 /（美）乔伊斯·奥布拉多维奇（Joyce E. Obradovich）著；董军，杜宏超，吕金宝主译 . -- 北京：中国农业大学出版社，2022.5
　　书名原文：Small Animal Clinical Oncology
　　ISBN 978-7-5655-2743-2

　　I. ① 犬⋯　 II. ① 乔⋯ ②董⋯ ③杜⋯ ④吕⋯　 III. ① 犬病－肿瘤－诊疗 ②猫病－肿瘤－诊疗　 IV. ① S858.292 ② S858.293

中国版本图书馆 CIP 数据核字（2022）第 043643 号

书　　名	犬猫临床肿瘤学
作　　者	［美］Joyce E. Obradovich　著
	董　军　杜宏超　吕金宝　主译

策划编辑	张秀环	责任编辑	张秀环
封面设计	郑　川		
出版发行	中国农业大学出版社		
社　　址	北京市海淀区圆明园西路 2 号	邮政编码	100193
电　　话	发行部 010-62733489, 1190	读者服务部	010-62732336
	编辑部 010-62732617, 2618	出　版　部	010-62733440
网　　址	http://www.caupress.cn	E-mail	cbsszs@cau.edu.cn
经　　销	新华书店		
印　　刷	涿州市星河印刷有限公司		
版　　次	2023 年 2 月第 1 版　2023 年 2 月第 1 次印刷		
规　　格	185 mm×260 mm　16 开本　20 印张　500 千字		
定　　价	238.00 元		

图书如有质量问题本社发行部负责调换

Self-Assessment Color Review
Small Animal Clinical Oncology

犬猫临床肿瘤学

Joyce E. Obradovich

DVM, DACVIM (Oncology)

Animal Center and Imaging Center

Canton, MI, USA

著作权合同登记图字： 01-2022-5783

译者名单

主　译　董　军　杜宏超　吕金宝

译　者（按姓氏笔画排序）

　　　　吕金宝　齐景溪　杜宏超　李丛林　佘源武

　　　　冷有龙　张林玉　张思文　陈　越　林梓杰

　　　　胡　璠　黄佳妮　董　军　魏　燕

前 言

  癌症是导致犬猫死亡的主要自然原因。尽管"癌症"这个词会引发恐惧和悲伤,但它并不总是意味着死亡。人们通常认为癌症是一种疾病,但事实上癌症是数百种不同疾病,有不同治疗的方法和预后。许多形式的癌症可以治愈,许多的癌症可以得到有效治疗,从而获得长期的高质量生存。对于那些癌症晚期或侵袭性太强而无法治疗的患者来说,姑息治疗是非常有益的。维持生活质量应始终是我们在兽医肿瘤学实践的主要重点。

  这本书是一个广泛的临床肿瘤学病例集,向读者提出诊断、分期和治疗决定的问答。也有案例提出、探讨姑息性治疗或更保守的替代治疗,作为不以根治为目的的治疗选择。兽医肿瘤学是一个迅速扩展的医学领域,在这个领域中,信息是不断变化和发展的。尽管已经尽一切努力提供最新的信息,但读者需要意识到:在本书出版后进行的一项新的研究或临床试验可能会极大地改变特定类型癌症的治疗标准。出于这个原因,我鼓励从业者使用这里提供的信息作为指导,但是建议通过阅览最近的期刊和出版物,保持对特定癌症类型的最新信息的更新。同样重要的是要认识到:每种肿瘤类型和临床情况可能没有在文献中表现出来,因此咨询该领域的专家以探索他们的临床经验是非常有益的。我试图以同行评议的出版物支持的最客观的方式提供信息,但基于肿瘤学家的成长和个人经验在病例管理方法上总是会存在偏见的。

  我希望兽医从业者能够以本书作为他们医疗实践的参考,希望兽医专业学生、实习生或住院医师能以本书作为一个有用的学习工具。

Joyce E. Obradovich

献 辞

    这本书是为了纪念我的父亲 David Obradovich、我的母亲 Eileen Obradovich、我的女儿 Diana Obradovich，他们的爱和无尽的支持让我可以追求我所爱的事业。

致　谢

　　作者要感谢 Richard Walshaw 博士和 Marta Agrodnia 博士在本书中提供的手术案例；DACVIM（神经学）Michael Wolf 博士提供的 MRI 研究和神经学评估；Matti Kiupel 博士、DACVP 和密歇根州立大学人口与动物健康诊断中心负责的活检标本显微照片以及执行和解释所有免疫组织化学。病例 113 的保肢手术是由科罗拉多州立大学弗林特动物癌症中心的 DACVS、DACVIM（肿瘤学）Stephen Withrow 博士实施的。

缩　写

ABC	动脉瘤样骨囊肿	FeLV	猫白血病病毒
ASGAC	肛囊腺腺癌	FIP	猫传染性腹膜炎
ALP	碱性磷酸酶	FISS	猫注射部位肉瘤
ALT	丙氨酸转氨酶	FIV	猫免疫缺陷病毒
BCC	基底细胞癌	FNA	细针抽吸
BCT	基底细胞瘤	FPH	猫组织细胞增生
BTA	膀胱肿瘤抗原	FSA	纤维肉瘤
BUN	尿素氮	GCMB	颗粒细胞成肌细胞瘤
CBC	全血细胞计数	GGT	γ-谷氨酰转移酶
CEOT	牙源性钙化上皮瘤	GI	胃肠道
CLL	慢性淋巴细胞白血病	GIST	胃肠道间质瘤
CNS	中枢神经系统	Gy	格雷
CHOP	环磷酰胺、多柔比星、长春新碱、泼尼松	HA	透明质酸
		H & E	苏木精和伊红
COP	环磷酰胺、长春新碱、泼尼松	HO	肥厚性骨病
COX	环氧合酶	HPC	血管外皮细胞瘤
CR	完全反应/缓解	HPF	高倍镜视野
CSA	软骨肉瘤	HS	组织细胞肉瘤
CT	计算机断层扫描	HSA	血管肉瘤
CTCL	皮肤T细胞淋巴瘤	IC	腔内
DFI	无病间隔	ICC	免疫细胞化学
DIC	弥散性血管内凝血	IHC	免疫组织化学
DLH	家养长毛猫	IMC	乳腺炎性癌
DNA	脱氧核糖核酸	IV	静脉注射
DSH	家养短毛猫	LCH	朗格汉斯细胞组织细胞增生症
ECG	心电图	LGL	大颗粒淋巴瘤
EG	嗜酸性肉芽肿	L-MTP-PE	脂质体胞壁酰三肽磷脂酰乙醇胺
EMP	髓外浆细胞瘤		

MC	节拍化疗
MCT	肥大细胞瘤
MCUP	原发性不明转移癌
MDB	最小数据库
MG	重症肌无力
MI	有丝分裂指数
MLO	多小叶骨软骨肉瘤
MM	恶性黑色素瘤
MRI	磁共振成像
MST	中位生存时间
MTD	最大耐受剂量
NASID	非甾体类抗炎药
OHE	卵巢子宫切除术
OMM	口腔恶性黑色素瘤
OSA	骨肉瘤
PAHS	关节周围组织细胞肉瘤
PARR	PCR 检测抗原受体重排
PCR	聚合酶链反应
PCV	红细胞压积
PDGFR	血小板源性生长因子受体
PEG	经皮内镜胃造口术
PET	正电子发射断层摄影术
PFI	无进展间隔
PFS	无进展生存
PKD	多囊肾病
PNST	周围神经鞘膜瘤
PR	部分反映／缓解
PTHrP	甲状旁腺激素－相关肽
PU/PD	多尿／多饮
RBC	红细胞
RT	放射治疗
RTK	受体酪氨酸激酶
SBC	单纯性骨囊肿

SCC	鳞状细胞癌
SD	疾病稳定
SOP	孤立性骨浆细胞瘤
SRT	立体定向放射治疗
STS	软组织肉瘤
SVAP	皮下血管入口
T3	甲状腺素
T4	三碘甲状腺原氨酸
TCC	移行细胞癌
TDC	甲状舌管囊肿
TECA	全耳道消融术
TECABO	全耳道消融术和球状体截骨术
TKI	酪氨酸激酶抑制剂
Treg	调节性 T 细胞
TSH	促甲状腺激素
TVT	传染性性病肿瘤
UA	尿检
US	超声
UVB	紫外线
VD	腹背位
VEGFR	血管内皮生长因子受体
WBC	白细胞
WHO	世界卫生组织
MDB	（最小数据库）

犬：CBC、血清生化、尿液分析和胸片（左位、右位、正位三视图）

猫：CBC、血清生化、尿液分析、逆转录病毒检测（FeLV、FIV）和胸片（左位、右位、正位三视图）

病例粗略分类

注意：有些病例出现在多个类别下。

肛门 / 肛门腺

56,98,121,133

心血管疾病

96,140

化疗 / 药物

12,57,58,158,161,162,170,187

皮肤科

11,26,41,53,71,74,91,92,93,99,105,137,147,160,
181,185

内分泌

18,19,75,157,171,177

胃肠道

141,143,174,175,177,179,186,200

头颈部

46,115,116,126,132,157

血管肉瘤

3，61，87，135

组织细胞疾病

27,80,136,181,198

肝 / 胰腺

9,35,54,70,94

淋巴 / 造血

5,29,36,41,52,59,101,107,110,112,130,133,143,155,
160,169,174,180,184,185,186,190,193,194,196,202

肥大细胞瘤

11,17,62,77,120,123,147,188,199

黑色素瘤

1,28,44,53,64,67,89,99,114,137,156,192

转移性疾病

45,63,87,102,117,146

其他 Miscellaneous （混合型）

7,10,14,33,34,37,38,50,78,81,103,109,129,131,
139,142,145,168

肌肉骨骼

13,16,21,24,25,39,43,45,60,72,73,90,113,124,
126,132,138,150,163,183,192,201

鼻 / 鼻平面

27,49,79,93,106,118,130,152,172

神经病学

30,90,149,173,182,190

眼 / 眼周

40,97,100,105,109,114,169

口腔

1,2,8,16,20,22,28,67,73,76,83,84,88,89,99,110,
111,115,153,183,191

副肿瘤综合征

9,42,48,58,101,144,148,159,165,203

目 录

问
题

病例 1

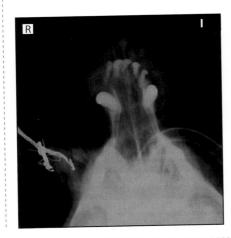

一只 12 岁已绝育的约克夏犬，因近期口腔出血和口腔异味就诊。动物不再玩自己的玩具，并表现出食欲减退，其他方面未见明显异常。体格检查，可见口腔中有一个大的、表面有溃疡的脓性肉色肿物，外周淋巴结未见明显异常，其他体格检查未见明显异常。麻醉后，可见肿物位于右犬齿前方至左第二门齿，大小为 2.5 cm×3 cm×2 cm。图 1 的 X 线片是麻醉时拍摄的。

1. 如何对 X 线片解读？

2. 为了确诊，还需要做哪些进一步诊断？

3. 组织活检提示未分化肉瘤。为了从组织样本中获得更多信息，还需要哪些检查？

4. 根据组织学结果，为了临床分期，还需要做哪些检查？

5. 如何对患病犬进行手术和术后治疗？

病例 2

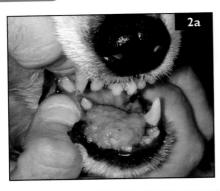

一只 9 岁雄性绝育的喜乐蒂牧羊犬，因主人发现口腔恶臭并且口腔肿物出血就诊（图 2a）。

1. 主要鉴别诊断有哪些？

2. 活组织检查显示为棘皮瘤型成釉细胞瘤。为了治疗还需要进行哪些评估？

3. 手术是该犬的首选治疗方法，但主人不愿意进行下颌骨切除术，还有什么其他方法可能控制／治愈该肿瘤？

病例 3

一只 12 岁雄性绝育的顺毛寻回犬，因间歇性厌食和后肢无力被转诊。该犬最初的诊断为关节炎，体格检查可见黏膜苍白，触诊腹中部有一肿物。动物胸部 X 线片未见明显异常，腹片（图 3a）、血检和尿比重结果如下。

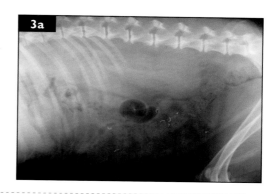

3a

1. 简述 X 线片和血检结果。肿物的解剖位置如何确认？
2. 请列出鉴别诊断。
3. 为了制订治疗计划，还需要做哪些进一步检查？
4. 该病例预后如何？

项目	结果	趋势	单位	正常范围
生 化				
尿素氮	48.4	升高	mg/dL	9.0 ~ 29.0
肌酐	0.9		mg/dL	0.4 ~ 1.4
磷	4.0		mg/dL	1.9 ~ 5.0
总钙	10.3		mg/dL	9.0 ~ 12.2
矫正钙	11.2		mg/dL	9.0 ~ 12.2
总蛋白	5.7		g/dL	5.5 ~ 7.6
白蛋白	2.6		g/dL	2.5 ~ 4.0
球蛋白	2.7		g/dL	2.0 ~ 3.6
白球比	1.0			
血糖	109		mg/dL	75 ~ 125
胆固醇	279		mg/dL	120 ~ 310
谷丙转氨酶	65		U/L	0 ~ 120

续表

项目	结果	趋势	单位	正常范围
碱性磷酸酶	112		U/L	0 ~ 140
谷酰转肽酶	12		U/L	0 ~ 14
胆红素	0.1		mg/dL	0.0 ~ 0.5
白细胞	21.2	升高	$10^3/\mu L$	6.0 ~ 17.0
淋巴细胞	2.5		$10^3/\mu L$	1.2 ~ 5.0
单核细胞	2.2	升高	$10^3/\mu L$	0.3 ~ 1.5
粒细胞	16.5	升高	$10^3/\mu L$	3.5 ~ 12.0
淋巴百分比	12.2		%	
单核百分比	10.1		%	
粒细胞百分比	77.7		%	
红细胞比容	28.7	降低	%	37.0 ~ 55.0
红细胞体积	68.6		fL	60.0 ~ 72.0
红细胞分布宽度	47.7		fL	35.0 ~ 53.0
红细胞分布宽度百分比	15.8		%	11.0 ~ 16.0
血红蛋白	10.2	降低	g/dL	12.0 ~ 18.0
平均红细胞血红蛋白浓度	35.6		g/dL	32.0 ~ 38.5
平均红细胞血红蛋白	24.4		pg	19.5 ~ 25.5
红细胞	4.19	降低	$10^6/\mu L$	5.50 ~ 8.50
血小板	184	降低	$10^3/\mu L$	200 ~ 500
平均血小板体积	8.2		FL	5.5 ~ 10.5

尿比重 =1.025

✏️ **病例 4**

一只 10 岁的雌性家养长毛猫（DLH）的右侧第二乳腺中发现一个肿物，肿物长径 3 cm，肿物有出血和溃疡。肿物已存在 2 年左右，近期肿物明显增大（图 4a）。

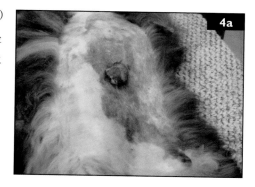

1. 乳腺肿物恶性的可能性有多少？

2. 除了 MDB 之外，还需要进行哪些进一步检查？

3. 对于该患病猫，建议采用哪种手术方式进行治疗？

4. 是否建议进行术后治疗？

5. 猫乳腺肿瘤重要的预后因子有哪些？

✏️ **病例 5**

一只 10 岁雄性绝育的标准贵宾犬，右下犬齿（图 5a，图 5b）附近的皮肤黏膜交界处有一个肿物。上颌唇部和牙龈区域也有发红，右鼻孔下方有色素脱失 / 变色。该犬一直在打喷嚏和打呼噜，偶见鼻腔出血。除口腔和鼻部异常外，体格检查未见明显异常。活检显示上皮性淋巴瘤或"蕈样肉芽肿"。免疫组织化学显示以 CD8+T 细胞为主。

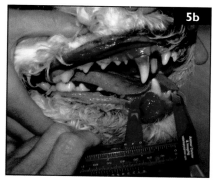

1. 请描述该疾病的自然进程。

2. 该患病犬还需进行哪些进一步检查？

3. 该疾病有哪些治疗方案以及预后如何？

病例 6

一只 12 岁的雄性绝育家养短毛猫，猫胸部侧位（图 6a）和腹背位（图 6b）X 线片如图所示。猫因偶尔的呕吐和咳嗽就诊。体格检查未见明显异常。

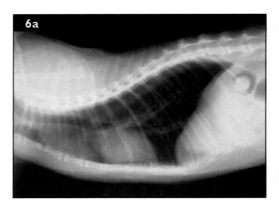

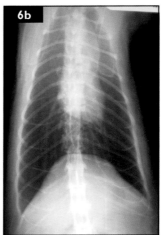

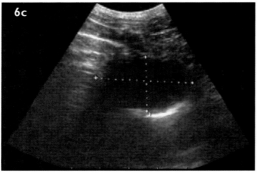

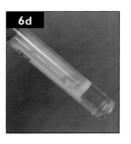

1.X 线片有什么异常？

2. 该患病猫最常见的鉴别诊断有哪些？

3. 如何确诊？

4. 肿物超声（图 6c）和肿物的抽吸液（图 6d）如图所示。该病的诊断是什么？

5. 该病例如何治疗？

✎ **病例 7**

　　一只 5 岁的雄性绝育家养短毛猫，在疫苗接种后一个月，发现背部有一个肿物。疫苗接种 2 个月后，肿物继续增大，动物出现嗜睡、食欲下降。体格检查发现患猫发热（39.7℃），并且在左胸腰段（图 7a，图 7b）处有一个坚硬的、直径为 3.5 cm 的皮下肿物。其他部位体格检查未见明显异常。

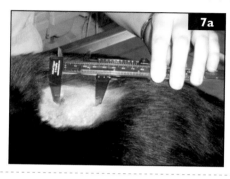
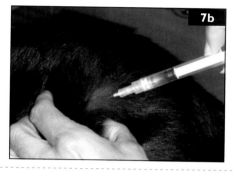

　　1. 该病例主要的鉴别诊断有哪些？

　　2. 哪种检查可以轻松地获得进一步诊断？

　　3. 对于该患病猫，下次接种疫苗时需考虑哪些因素？

✎ **病例 8**

　　一只 9 岁的雄性绝育德国牧羊混血犬（34 kg），因流涎增多就诊。体格检查发现口腔尾侧有一个溃疡和感染的肿物，肿物位于下颌骨，见图 8。肿物大小为 6 cm × 4 cm，左下颌下淋巴结增大（2 cm）。

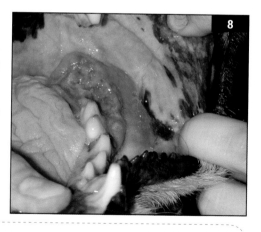

　　1. 该病例的鉴别诊断有哪些？

　　2. 进行临床分期，该患病犬还需要哪些进一步检查？

　　3. 该患病犬治疗方案有哪些？

　　4. 该患病犬的预后如何？

✎ **病例 9**

一只 9 岁的雄性绝育家养短毛猫，因 5 个月的后肢肌肉萎缩、厌食、体重减轻和间歇性呕吐而被转诊。在过去的一个月内，脚垫，唇缘，腹部和内侧后肢出现脱毛（图 9a、图 9b）。皮肤出现红斑且发亮，触诊后毛发易脱落。因甲床的变化，四肢疑似出现疼痛。体格检查未见其他明显异常。患猫未接受任何药物治疗。CBC、血清生化和尿液分析均在正常范围内。胸片是正常的。腹部超声显示右腹部头侧肿物，肿物大小 1.5 cm × 1.2 cm。

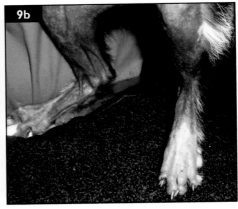

1. 根据临床表现，腹部头侧肿物的主要鉴别诊断是什么？

2. 如何对该患病猫进行确诊？可能的治疗方法有哪些？

3. 该患病猫的预后如何？

✎ **病例 10**

1. 图 10 正在进行何种操作？

2. 镇痛的益处有哪些？

病例 11

　　一只 8 岁的雌性绝育家养短毛猫，头部有一脱毛皮肤病变（图 11a），细胞学检查如图 11b 所示。患病猫其他是健康的，没有其他明显异常。

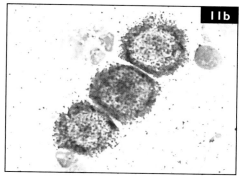

1. 该病例的细胞学诊断是什么？

2. 这种疾病的两种组织学形式是什么？

3. 如何对该患病猫进行管理？

4. 什么组织学参数提供了关于复发或转移可能性的最重要信息？

病例 12

　　洛莫司汀（CCNU）（图 12）因可用于多种癌症，目前越来越受到欢迎。与大多数静脉化疗药物相比，该药物易于给药且可降低治疗成本，使其成为许多宠物主人的理想选择。

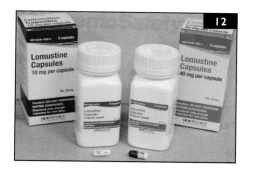

1. 图 12 中的药物在犬猫的适应症有哪些？

2. 洛莫司汀的作用机制是什么？

3. 洛莫司汀常见的相关副作用有哪些？如何减轻？

4. 该药物的哪个特性在其他化疗药物中不常见？

病例 13

一只 11 岁雄性绝育的威玛猎犬，因急性踝关节（胫骨）的非负重跛行、肿胀（图 13a、图 13b）而就诊。该病例体格检查未见明显异常，患处没有穿透性创伤、引流道或期间做过手术。

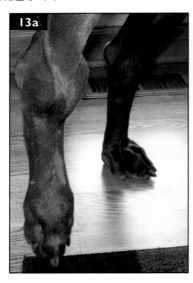
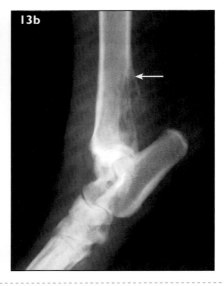

1. 描述 X 线片检查结果。箭头指出的具体结构是什么？

2. 鉴别诊断有哪些？

3. 还需要做哪些进一步诊断？

4. 简述该患病犬的根治和姑息治疗方案。

5. 这种疾病的预后指标是什么？

病例 14

1. 图 14 中所示是哪种操作？

2. 该操作有哪些适应症？

3. 该操作有哪些限制？

4. 该操作潜在的并发症有哪些？

📝 **病例 15**

一只 3 岁雌性巧克力色拉布拉多猎犬，约 6 个月前在胸骨/胸骨柄区域有小肿物。转诊兽医的临床诊断为脂肪瘤并建议监测。肿物继续生长，组织活检显示未分化的肉瘤，可能为软组织骨肉瘤。在转诊时，肿物测量为 13 cm × 14 cm × 8 cm，松散地附着于下面的组织（图 15a）。

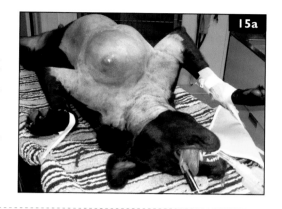

15a

1. 哪些免疫组织化学（IHC）染色有助于确认该患病犬的软组织骨肉瘤？

2. 除了 MDB 之外，还应该进行哪些分期检查？

3. 治疗建议有哪些？

4. 该病例的转移风险如何？有哪些预后不良因子？

📝 **病例 16**

一只 11 岁雌性绝育家养短毛猫，有 2 个月的打喷嚏史，右鼻孔脓性黏液分泌物持续恶化。症状最初使用阿奇霉素可以缓解，但 2 个月后又复发。复发时，鼻腔分泌物带血。再次使用抗生素治疗无效。患病猫随后因疑似鼻肿瘤被转诊。体格检查发现右上颌轻微肿胀，触摸时疼痛。口腔检查发现硬腭和软腭腹侧偏斜（图 16）。肿物疑似跨越口腔中线。

16

1. 简述对于该病例的适当诊断计划。

2. 可行的治疗方案有哪些？

病例 17

一只 8 岁的雄性绝育的拉布拉多猎犬，在靠近右口鼻处（图 17a）发现了一个皮肤肿物。最初认为该肿物是由蚊虫叮咬引起的，给予抗组胺药治疗后肿物变小。当再次发现肿物时，肿物细针抽吸结果提示中等分化的肥大细胞。区域淋巴结正常，体表无其他肿物，MDB 正常。腹部超声显示也未发现明显异常。

1. 为了长期控制，建议如何治疗？
2. 肿瘤的位置如何影响预后？

病例 18

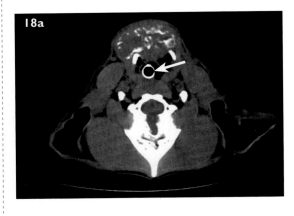

图 18a 是一只 9 岁雌性绝育的混血斯塔福猎犬的颈部 CT，该犬疑似患有甲状腺肿瘤。主人一年前发现该肿物，转诊前的一个月肿物大小未见明显变化。动物可见过度喘气和呼吸声粗砺，肿物质地坚硬，位于颈部腹中线，可轻微移动，部分肿物黏附在底层结构。MDB 检查未见明显异常，所以建议进行了 CT 扫描。

1. 描述 CT 结果。箭头指向什么结构？
2. 除了 MDB 之外，为了临床分期还需要进行哪些进一步检查？
3. 该患病犬的治疗方法有哪些？

病例 19

　　一只7岁雄性绝育西施犬,几个月前发现在双侧颈部甲状腺区域有肿物。细针抽吸, 虽然有大量血液,但细胞学提示甲状腺癌。体格检查发现左侧的肿物有 5.5 cm,右侧的有 3.8 cm。两个肿物无游离性,固定于颈静脉沟的底层组织上。患病动物在其他方面未见明显异常。MDB 和甲状腺功能检查(T3、T4、TSH、甲状腺球蛋白自身抗体)正常。图 19 为 CT 扫描结果。

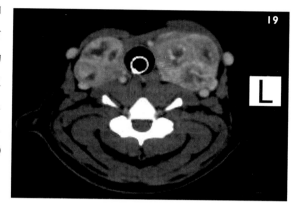

1. 请描述 CT 扫描。

2. 该患病犬可选的治疗方案有哪些?

3. 双侧甲状腺肿瘤有多常见?

4. 双侧甲状腺癌的转移率是多少?

5. 双侧甲状腺切除术的潜在并发症有哪些?

病例 20

　　一只7岁的雄性绝育猎犬/牧羊犬混血犬(34 kg),因进食越来越困难就诊。主人发现患病犬舌头上有一个很大的肿物,似乎是突然出现的(图 20a)。

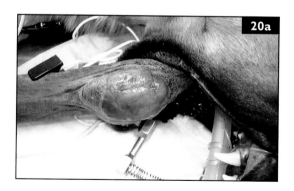

1. 根据肿物的外观,鉴别诊断有哪些?

2. 如何进行手术治疗?

3. 该病例的预后如何?

病例 21

一只 10 岁雄性绝育混血边境牧羊犬，一年前通过外科保守切除了一个 I 级多小叶骨肿瘤（以前称为多叶型骨软骨肉瘤 MLO），手术切缘不干净。当时未给出进一步治

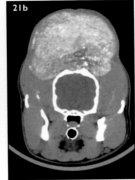

疗的建议。肿瘤复发，范围如图 21a。由于肿瘤的生长而影响视力，动物已失明。体格检查和 MDB 均未见明显异常。CT 扫描如图 21b。

1. 描述 CT 扫描。

2. 该患病犬如何治疗？

3. 这类肿瘤最重要的预后因子有哪些？

病例 22

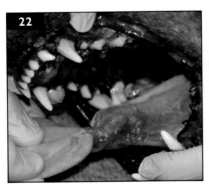

一只 9 岁雄性绝育混血的拳狮 / 牧羊混血犬因严重的吞咽困难和流涎就诊。在舌腹侧可见一肿物（图 22），肿物表面溃烂，侵袭至舌的腹面与两侧的系带的交界处，舌左侧全层被肿瘤侵蚀。颌下淋巴结无法触及，MDB 未见明显异常。

1. 犬舌部最常见的肿瘤类型是什么？

2. 手术切除舌肿瘤的标准是什么？

3. 该患病犬是否具有手术的适应症？

4. 该患病犬的预后如何？

病例 23

一只 10 岁雄性绝育混血喜乐蒂牧羊犬，因血尿和尿频就诊。最初因怀疑泌尿路感染，给予抗生素治疗，治疗后症状消失，但停药 3 周后症状复发，血尿更为严重。图 23 为膀胱超声检查结果。

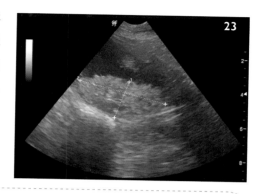

1. 描述超声检查结果。可能的诊断是什么？

2. 临床分期还需要进行哪些检查？如何确诊？

3. 在获得确诊样本时应避免哪些操作？

4. 这个病例如何治疗？

 病例 24

一只 10 岁混血牧羊犬（37 kg）因左前爪第三趾疼痛、肿胀就诊。最初该病灶被认为是感染，给予抗生素后病情恶化（图 24a）。对病灶拍摄 X 线片（图 24b）发现 P3 趾骨有骨溶解，肿物可能已侵袭至 P2 趾骨。

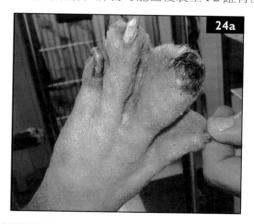

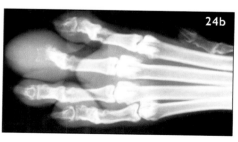

1. 在治疗建议之前，应对该患病犬进行哪些诊断和分期检查？

2. 犬脚趾最常见的肿瘤是什么？还有哪些其他的鉴别诊断？

3. 该病例如何治疗，预后如何？

病例 25

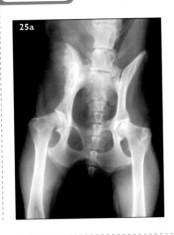

图 25a 为骨盆腹背位 X 线片，该 X 线片来自一只 10 岁的绝育雌性混血犬（23 kg）。该犬右后肢在近一个月内出现进行性跛行，右后肢有一个坚硬的肿物。

1. 描述 X 线片并列出鉴别诊断。

2. 应该进行哪些进一步检查？

3. 该患病犬有哪些治疗选择？预后如何？

 病例 26

一只 7 岁的雄性绝育猎浣熊犬，图 26a 为无法愈合的手术创口照片。在转诊前约 1 年，客户发现在跖骨垫上有一个小的（1 cm）肿物。犬偶尔舔自己的爪子，主人曾

认为肿物为某种形式的创伤。首诊兽医尝试进行切除活组织检查时，肿物已长至 3 cm。组织病理学显示肿物为软组织肉瘤，组织学等级中等，所有方向的手术切缘都残存有肿瘤细胞。因手术切口无法愈合，患病犬需要进一步治疗而转诊。

1. 该患病犬需要哪些进一步检查？

2. 假设该病例只有局部疾病，控制疾病或治愈该患病犬的最佳方法是什么？

3. 切除犬的跖骨垫会有哪些主要并发症？

4. 可以考虑哪些非手术治疗？

5. 如果无法获得无肿瘤边缘，会考虑进一步的治疗吗？

✎ 病例 27

一只 9 岁雌性绝育三色猫，鼻部近 3 个月反复破溃结痂（图 27）。猫鼻部没有明显瘙痒，体格检查未发现其他明显异常。

1. 这种病变的鉴别诊断有哪些？
2. 活组织检查的组织病理学诊断为猫进行性组织细胞增生症（FPH）。这种疾病的预期临床病程如何？
3. 推荐的治疗方法有哪些？

✎ 病例 28

一只 11 岁、体重 22.7 kg 的混血犬，在常规体检时，发现在硬腭中间部位有一个肿物（图 28a，箭头）。进行细针抽吸，细胞学见图 28b。动物没有临床症状，无其他明显异常，其他检查也未见明显异常。

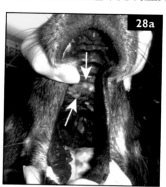

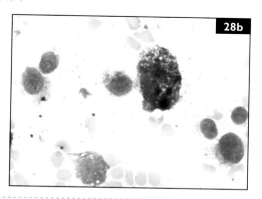

1. 简述细胞学发现了什么？并给出诊断。
2. 对于临床分期，还需要做哪些进一步诊断？
3. 简述治疗方案。

病例 29

一只 6 岁的雌性绝育家养短毛猫因 1 ~ 2 d 的嗜睡、虚弱、共济失调和呕吐就诊。它一直在猫砂盆外小便，胃口一直不好。体格检查发现双侧肾增大，脱水约 5%。实验室异常包括 BUN>130 mg/dL，肌酐 7.1 mg/dL，磷 >16.1 mg/dL，尿比重 1.016。胸片未见明显异常。腹部超声检查，双肾均可见图 29a 的病变，腹部未见明显其他异常。

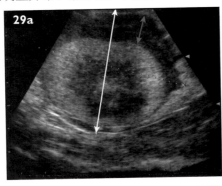

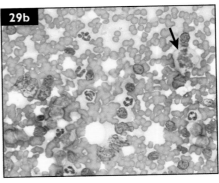

1. 描述超声检查结果。
2. 在超声引导下对肾脏进行细针抽吸检查，并进行细胞学检查（图 29b），临床诊断是什么？
3. 根据肾功能衰竭的程度，该患病猫是否可以进行治疗？
4. 该病例共济失调的可能原因有哪些？

病例 30

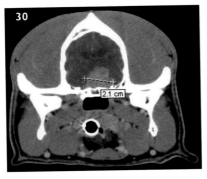

一只 5 岁雌性拉布拉多猎犬因右眼运动功能障碍转诊。右眼睑闭合不正常，右眼有散瞳。图 30 为该病例增强造影的 CT 图像。

1. 描述在 CT 上看到的病变。
2. 动眼神经功能障碍的原因是什么？
3. 建议采用何种治疗方法？患病犬的预后如何？

病例 31

一只 16 岁雄性绝育家养短毛猫，右侧跗关节远端有一个开放性溃疡性感染性肿物（图 31）。动物 MDB（血常规、生化、尿检）在正常范围内，局部淋巴结未触及。体格检查发现肿物延伸至腿部周围 360°。切除活检显示肿物为周围神经鞘瘤，为低度恶性肿瘤。主人强烈反对截肢。

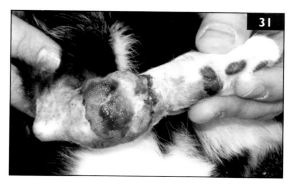

1. 该患病猫应考虑哪些治疗方案？
2. 接受治疗的患病猫的长期预后如何？

病例 32

一只 10 岁雌性罗威纳犬因急性非负重性跛行和疼痛就诊。该犬在从卡车上跳下来之前无明显异常。

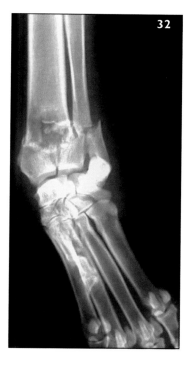

1. 描述 X 线检查结果（图 32）。
2. 该病例需进行哪些进一步的诊断检查？
3. 简述适当的治疗方案。

病例 33

一只 10 岁的金毛猎犬，诊断为 T 细胞淋巴瘤，在进行化学治疗时，在阴茎附近出现增生性皮肤病变（图 33）。体格检查，淋巴结病变或其他异常已经缓解（CR）。它已经接受了 1 个月的化疗（诱导治疗，第一个周期——第 1 周：长春新碱；第 2 周：环磷酰胺；第 3 周：长春新碱；第 4 周：多柔比星；随之口服泼尼松剂量也减少。（译者注：标准的第一轮 CHOP 化疗），犬很容易进入缓解期。病变出现在多柔比星治疗的 7 d 后。

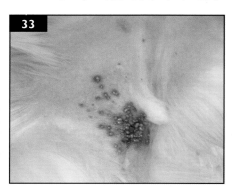

1. 建议对该患病犬进行哪些诊断检查？
2. 简述该病例的治疗方法。

病例 34

一只 12 岁的德国牧羊犬正在接受一年一次的常规体检。主人说他最近"变得迟缓"，食欲也略有下降。体格检查发现前腹部肿物。X 线片提示肿物似乎与脾脏有关（图 34a）。

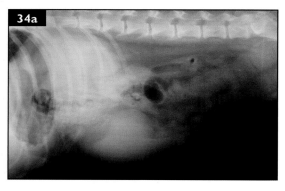

1. 该病例的鉴别诊断有哪些？
2. 患病犬的品种风险对诊断有什么影响？
3. 应进行哪些进一步的诊断检查？
4. 该病例的建议治疗和预期预后如何？

✏️ **病例 35**

一只 13 岁雌性绝育混血犬，每年例行体检。主诉该犬的食欲似乎在逐渐下降，病历显示在过去的一年中，她的体重下降了 2 kg。体格检查除了在左侧前腹部发现一个肿物，其他未见明显异常。血检除了 ALP 和 ALT 中度升高外，其他未见明显异常。腹部超声显示左肝外侧叶有一个大的肿物（图 35a）。

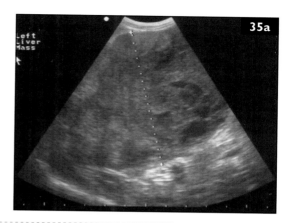

1. 该患病犬还需要进行哪些诊断检查？
2. 肿物位于左侧的意义是什么？
3. 肿物主要的鉴别诊断有哪些？
4. 是否会因肿物太大，该病例无法进行手术治疗？

✏️ **病例 36**

一只 9 岁雄性绝育拳狮犬，其主人发现下颌淋巴结迅速增大。这只犬没有任何其他临床症状。体格检查发现体温正常，心肺音正常，但腹部触诊显示头侧器官肿大。所有的外周淋巴结都增大，大小至少为 4 cm（图 36）。血液检查未见明显异常。

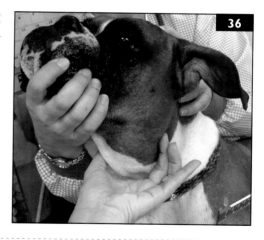

1. 淋巴结病变的可能诱因是什么？
2. 在实施治疗之前，还应进行哪些进一步的检查？
3. 这个患病犬 T 细胞淋巴瘤的可能性有多大？

病例 37

1. 该病患安置的是什么设备（图 37a 至图 37c），有什么用途？

2. 该设备有哪些优点？

3. 该项操作有哪些不足？

病例 38

1. 图 38 中的犬如果进行化学治疗，使化疗毒性增加风险的因素有哪些？

2. 在制订化学治疗方案前，还需进行哪些额外的检查？

3. 该病例应该避免使用哪些药物？

一只 9 岁的雌性绝育杜宾猎犬，前肢跛行，足背肿胀（图 39a）。该犬体格检查中并未发现其他异常，MDB 和胸部 X 线片也无明显异常。对肿胀部位进行活检，组织病理学证实为骨肉瘤。

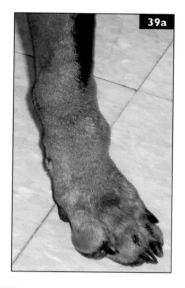
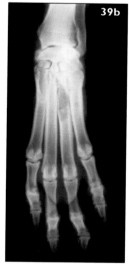
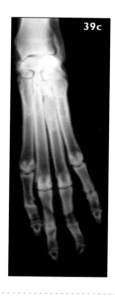

1. 描述治疗前（图 39b）和治疗后（图 39c）的 X 线片。

2. 以治愈为目标，该病例的治疗方案有哪些?

3. 简述姑息治疗方案。

一只 12 岁雌性绝育家养短毛猫，每年例行体格检查，发现图中异常（图 40），猫其余检查未见明显异常。

1. 描述观察到的异常情况。

2. 简述该病例的治疗建议。

病例 41

一只 9 岁雄性绝育比格犬，因脚腹侧的溃烂、快速生长的肿物（图 41a）就诊。肿物细针抽吸的细胞学检查见图 41b。

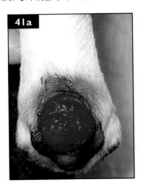

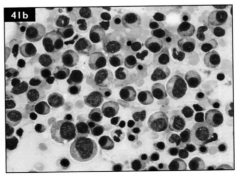

1. 描述细胞学检查结果并做出诊断。

2. 应进行哪些分期检查？

3. 简述该病例的治疗建议。

 病例 42

一只 6 岁的雌性绝育拳狮犬，目前正在接受淋巴瘤化疗，舌侧面和腹侧面可见表面有微小的、白色的、坚实的、隆起的病变（图 42，箭头）。

1. 这些病变是否提示淋巴瘤的进一步发展？

2. 这些病变是否与治疗有关？

3. 该病例还应该做哪些诊断检查？

4. 简述这些病变的治疗建议。

病例 43

一只 12 岁雌性绝育三色猫，因跛行就诊，最初认为跛行与一年前的软组织损伤有关，在给予止疼药并限制活动后有改善。但在转诊前 3 周，它又开始跛行，给予泼尼松且静养后，跛行没有改善。体格检查发现跖骨周围有一个坚实的肿物（图 43a）。

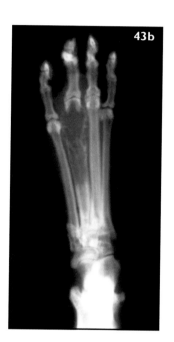

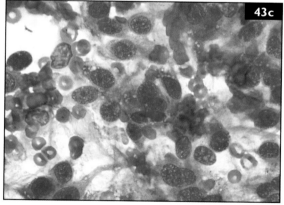

1. 描述 X 线检查结果（图 43b）。

2. 进行 MDB 和病灶细针抽吸。MDB 正常，进行了细胞学检查（图 43c）。诊断是什么？

3. 简述该病例的治疗建议和预期结果。

病例 44

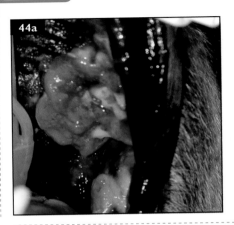

一只 13 岁雄性绝育混血牧羊犬，因口腔恶臭和饮水后水碗中有血就诊。体格检查发现前臼齿和臼齿（图 44a）周围有大量溃疡感染的肿物。同侧颌下腺淋巴结肿大。

1. 该肿物的主要鉴别诊断是什么？

2. 主人只希望进行姑息治疗。在实施姑息性治疗之前，还需要进行哪些必要的检查？

3. 哪种姑息治疗最有可能改善该病例的生活质量？

 病例 45

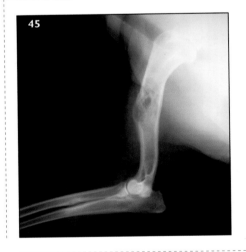

1. 描述 12 岁的拉布拉多猎犬前肢跛行急性发作时的影像学异常（图 45）。

2. 为了评估预后，需要进行哪些分期检查？

3. 在这种情况下，推荐哪些治疗方案？

4. 哪些肿瘤常见骨转移？

病例 46

一只 11 岁雄性绝育西施犬，颈部右侧有一个大的肿物。活检显示鳞状细胞癌。进行 CT 检查（图 46）以确定是否可以手术治疗，如无法手术治疗，则 CT 用于制订放疗计划。

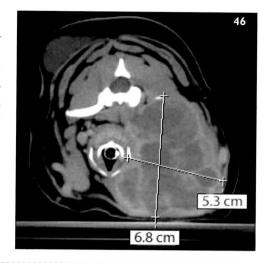

1. 描述 CT 的发现。

2. 该病例可以进行外科治疗吗？

3. 该病例建议如何治疗？

病例 47

一只 7 岁雌性未绝育德国短毛指示犬，因腹部尾侧皮肤的急性损伤就诊。此外它最近还存在极度嗜睡和厌食。体格检查，除了图 47 中的病灶外，还发现整个乳房链上的多个皮下肿物。活检显示 III 级乳腺腺癌，怀疑细胞已侵入淋巴管内。当时没有做进一步的治疗。

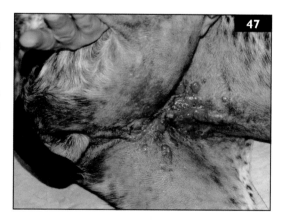

1. 根据描述的临床表现，该病例最可能的诊断是什么？

2. 应进行哪些进一步检查？

3. 考虑到病变的临床表现和组织病理学结果，可选的治疗方案有哪些？该患病犬的预后如何？

病例 48

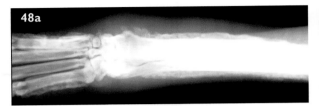

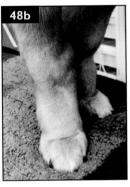

1. 一只 10 岁的金毛猎犬，表现为跛行和远端肢体肿胀，请问 X 线片（图 48a）上的病变名称是什么？

2. 该病例需要进行哪些进一步检查？

3. 如何治疗这种疾病？

病例 49

一只 14 岁雌性黑色拉布拉多猎犬的鼻平面有一个病变（图 49a）。体格检查发现下颌淋巴结未触及，也未发现其他明显异常。

1. 基于体格检查，最有可能的诊断是什么？

2. 需要进行哪些诊断检查？

3. 治疗方案有哪些？

病例 50

　　一只 9 岁雌性绝育杰克罗素梗犬在常规的牙科预防手术后的麻醉恢复比预期的要慢。除了左侧胸腔听诊第 IV/VI 级左室收缩期杂音外，体格检查未见明显其他异常。我们拍了 X 线片，发现了一个前腹部肿物。腹部超声发现肿物大小为 6 cm × 4.5 cm，混合回声，与脾脏相关（图 50）。超声波检查未发现其他明显异常。

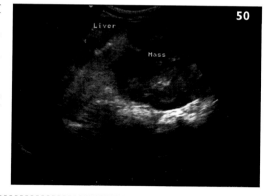

1. 肿物的主要鉴别诊断有哪些？
2. 在手术切除肿物之前，还应做哪些诊断检查？
3. 手术前如何告知主人该病例的预后？

病例 51

　　一只 8 岁雌性金毛猎犬，因左胫骨关节的巨大复发性肿物就诊（图 51）。两年前该部位进行过肿瘤切除，当时的病理学结果为血管外皮细胞瘤（HPC），肿瘤细胞延伸至手术切除边缘。

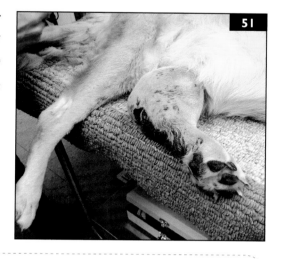

1. 该病例可以放射治疗吗？
2. 还需要进行哪些进一步检查？
3. 最适合该病的治疗方案是什么？

这是一只 5 岁雄性暹罗猫的胸侧位 X 线片（图 52a），因急性发作的严重呼吸困难就诊。图 52b 为在超声引导下，对 X 线片所示的肿物抽吸获得的细胞学抹片。

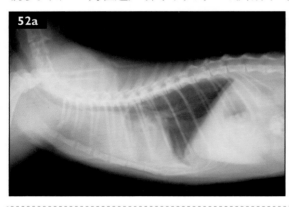

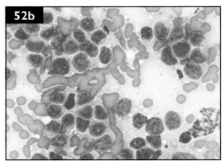

1. 描述影像学和细胞学的表现并给出诊断。

2. 建议进行哪些分期检查和进一步的诊断检查？

3. 在这个年龄和这个品种的猫上，这种疾病常见吗？

4. 简述推荐的治疗方案。治疗后生存期如何？

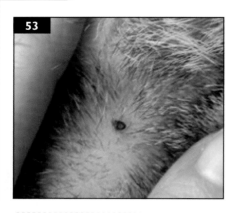

一只 12 岁雄性绝育家养短毛猫因耳朵前一个小的黑色皮肤病变就诊（图 53）。动物没有其他临床症状。

1. 根据临床表现，最有可能的诊断是什么？

2. 切除活检确诊肿物为皮肤黑色素瘤。病理组织学报告的哪些特征对于确定该患病猫的进一步治疗和预后是必要的？

病例 54

　　肺叶切除术（原发性肺腺癌）后 1 年，超声监测发现肝脏有 6 cm×4 cm 的肿物。这只 10 岁的雄性绝育家养短毛猫没有任何临床症状，胸部的 X 线片未见明显复发。血细胞计数和血清化学指标均未见明显异常。肿物被切除（图 54）；其他腹部器官未见明显异常。

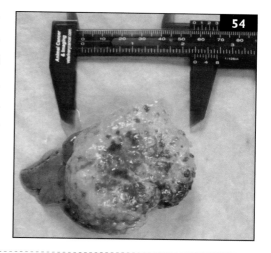

1. 描述肿瘤组织外观和可能的诊断。
2. 猫的肝胆肿瘤中大约有多少是良性的?
3. 除了手术之外，还推荐什么进一步的治疗?

病例 55

　　一只 10 岁的雄性绝育美洲猎犬，有 3 个月在排尿结束时断断续续的血尿史。最初给予抗生素后，症状有短暂的改善。直肠检查显示前列腺肿大。图 55 为超声检查图像。

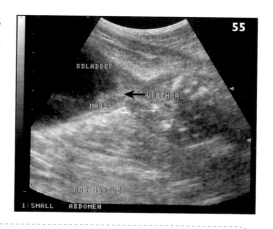

1. 描述超声图像上的异常。
2. 为什么前列腺肿瘤是主要的鉴别诊断? 这只患病犬很小就绝育了，这对诊断考虑有什么影响?

病例 56

　　一只 10 岁雄性绝育迷你雪纳瑞混血犬因近两周排便困难就诊。粪便和直肠中可见少量血，除此之外未见明显其他异常。体格检查发现左肛门腺（图 56a）有 3 cm 的溃疡性肿物。对肿物进行细针抽吸，细胞学图片见图 56b。

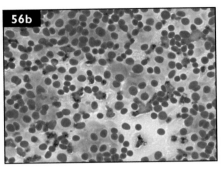

1. 描述细胞学。

2. 主要的鉴别诊断有哪些？

3. 哪些血清生化指标具有预后意义？

4. 除 MDB 外，还应做哪些进一步的检查，以做出明确诊断并对患病犬进行分期？

 病例 57

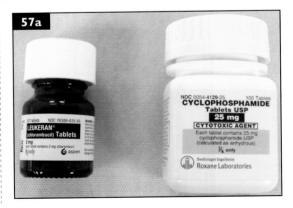

　　环磷酰胺和苯丁酸氮芥（图 57a）常用于节拍化疗。因需要低剂量，口服给予，这些药物通常是主人带回家使用。

1. 使用这些药物时，应告诉主人注意事项有哪些？

2. 切割 / 切分药片是否安全？

病例 58

一只 12 岁雌性绝育哈士奇犬因急性
多饮多尿就诊，动物无明显其他临床症状。
除了校正钙为 18 mg/dL（参考值 =9.0 ～
12.2 mg/dL），包括尿素氮、肌酐和磷在
内的 CBC 和血清生化，均在正常范围内。
尿比重为 1.027。

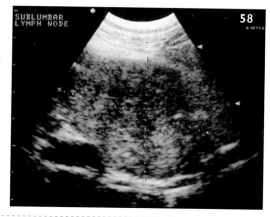

1. 考虑到高血钙可能是肿瘤引起的，应进行哪些体格检查？

2. 直肠指检发现 1.0 cm 肿物，似乎位于右肛门腺内。细针抽吸细胞学提示肛
   囊腺癌（ASGAC）。高钙血症的可疑原因是什么？

3. 该患病犬应该如何治疗？

4. 尽管原发性肿物较小，超声检查（图 58）发现腰下淋巴结明显肿大（4.48 cm×
   5.54 cm）。这对治疗方法和预后有何影响？

5. 哪些因素与预后不良有关？

病例 59

一只 9 岁的雌性绝育金毛猎犬，偶然发现牙
龈上有一个小肿物（图 59）。在常规牙科治疗时
进行保守切除活检，诊断为浆细胞瘤。切除活检
的边缘有肿瘤细胞。

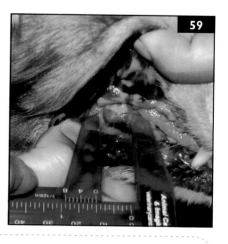

1. 简述这种肿瘤在犬上的生物学行为。

2. 应进行哪些进一步的检查？

3. 是否需要进一步治疗？

病例 60

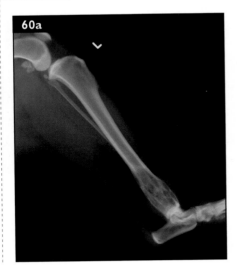

60a

一只 5 岁 14.5 kg 的雌性绝育混血哈士奇犬，近一个月出现跛行，最后发展为不负重跛行。疼痛似乎是由于它疯狂地玩耍后导致组织创伤开始的。胫骨远端有轻微的软组织肿胀。经过两周的非甾体抗炎药治疗，跛行仍进一步发展，图 60a 为患肢的 X 线片。

1. 描述 X 线片上的损伤。

2. 为什么该病例的基本信息和影像学变化不大支持病变为骨肉瘤的观点？

3. 简述该病例的鉴别诊断和诊断建议。

病例 61

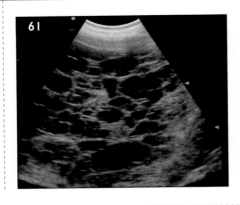

61

一只 7 岁雌性绝育挪威猎麋犬，因一周的"不太愿意玩耍"和看起来虚弱而就诊。体格检查发现黏膜有轻微的苍白，腹部有明显的大肿物。进行胸片、CBC 和生化分析。唯一发现的异常是轻度血小板减少（125 000/μL）。超声显示腹部大肿物（图 61）。肿物呈空腔状，似起源于脾脏。超声检查发现少量腹腔积液。超声检查没有发现更多其他异常。

1. 该肿物的主要鉴别诊断有哪些？

2. 为了完成术前分期，还需要做哪些进一步的检查？

3. 组织病理学确认为血管肉瘤（HSA）。术后还需要哪些治疗？对生存期有何期望？

病例62

一只9岁雌性绝育拳狮犬超声发现脾脏广泛肿大，图62是超声引导下的细针抽吸细胞学检查的显微镜照片。动物近期有体重减轻和腹泻。体格检查可见脾脏明显肿大。血常规和胸片正常。3年前，该动物大腿外侧一个低级别的皮肤肥大细胞瘤，已通过手术完全切除。

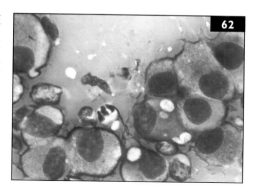

1. 细胞学诊断是什么？

2. 进行脾切除术。组织病理学证实为低分化肥大细胞瘤。从组织样本中还可以获得哪些信息可用于该患病犬的进一步治疗建议？

3. 该病例的预后如何？

病例63

一只10岁45 kg雌性绝育混血犬，因近期体重降低、呼吸困难和厌食就诊。体格检查可见腹部轻度肿胀且坚实。肺音正常，但有腹式呼吸。胸片和血常规正常。超声检查，可见腹膜积液和沿所有腹膜出现的增厚且不规则组织。动物进行了探查性手术，并拍摄了腹腔照片（图63）。

1. 描述照片所见。细针抽取部分肿物进行细胞学提示为癌。

2. 可能的诊断是什么？

3. 有哪些治疗方法？该患病犬治疗或不治疗的预后如何？

病例64

一只14岁的雌性绝育拉布拉多猎犬在15个月前接受了上颌骨切除术和Oncept® 黑色素瘤疫苗治疗。患犬为右上颌吻侧 II 期口腔恶性黑色素瘤（OMM）（右犬齿后面

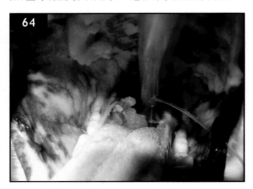

牙龈上有一个2.5 cm的肿物），但是主人没有选择继续使用推荐的疫苗增强接种。上颌肿瘤的有丝分裂指数为2（每10个高倍镜视野有2个有丝分裂相）。它现在出现吞咽困难，但没有证据表明疾病复发，胸片正常。经口腔检查，发现咽部肿物，起源于扁桃体（图64）。

1. 哪些进一步的检查有助于确定治疗方案？
2. 切除活检显示一个未分化的圆形细胞肿瘤，在手术标本的边缘可见细胞。活检组织对哪些进一步诊断有助于确诊和判断肿瘤的生物学行为？
3. 可以考虑的治疗方案有哪些？

 病例65

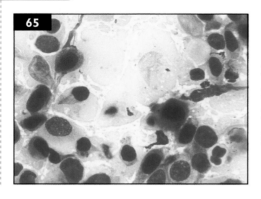

图65是对一只10岁的雌性绝育西高地白梗犬尿道口突出肿物的细针抽吸图片，该犬尿频、尿淋漓和血尿。触诊可摸到一个坚实、膨胀的膀胱。腹部超声显示尿道增厚，不规则，膀胱扩张，但膀胱内无明显疾病迹象。

1. 描述细胞学上看到的细胞。
2. 这个患病犬的鉴别诊断是什么？
3. 应该对该患病犬进行哪些进一步的诊断检查？
4. 应提供什么治疗？

病例 66

病例 66

图 66 是一只 12 岁的雄性绝育金毛猎犬的 CT 增强图像，该犬患有腹壁／侧腹区的复发性 II 级周围神经鞘肿瘤。6 个月前，该肿物曾经手术切除，但手术切缘不干净。经体格检查，肿物约 10 cm，位于左侧腹壁，但延伸至腹壁后侧和左后肢，导致活动受限。胸片和腹部超声检查均无转移。肿瘤给患病犬造成了活动受限和疼痛，但在其他方面很健康。我们进行了 CT 检查，发现在左后腹和腹股沟区域有一个微小的增强肿物。边界清晰，肿物位于腹壁内。肿物浸袭到左髂骨和骶骨腹侧的肌肉（图 66，箭头）。6 个月前切除肿物并进行组织病理学检查。

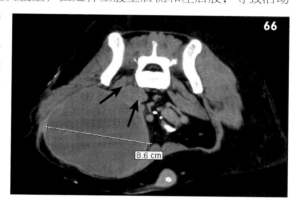

1. 这个复发性肿物应该做活检吗？
2. 对这只患病犬有什么治疗建议？

病例 67

一只 9 岁雄性绝育拉布拉多猎犬在右侧唇部黏膜皮肤交界处（图 67a）出现肿物。有异味，肿物偶尔出血。患病犬在发现肿物后 1 周内就诊。肿物大小 3 cm × 1.5 cm，同侧下颌下淋巴结稍突出（<1 cm），坚实，其余体格检查正常。

1. 该病变的鉴别诊断是什么？
2. 该病变的诊断方法是什么？

一只 10 岁的雌性绝育金毛猎犬在左后跗骨垫（图 68a）上发现肿物。图片显示主人首次注意到它在舔脚时肿物的大小。犬的体格检查除了肿物和左侧腘窝淋巴结肿大至 1 cm 外，其余均无异常。对肿物进行细针抽吸（图 68b）。

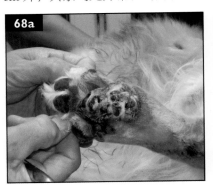
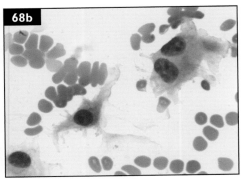

1. 临床诊断是什么？

2. 需要进行哪些进一步诊断？

3. 这种癌症的预期生物学行为是什么？

4. 根据肿物的位置和大小，只有截肢才能进行完整的手术切除，主人拒绝截肢。描述除截肢外的治疗计划。

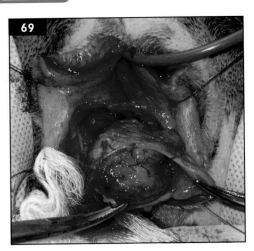

一只 6 岁雌性波士顿梗犬，因排尿困难和阴道黏液分泌过多就诊。经直肠可触及坚实、光滑、圆形、2 cm 大小的肿物。阴道检查发现肿物位于尿道乳头的尾部。手术时，肿物呈离散状和有包膜（图 69）。

1. 列出该病变的鉴别诊断。

2. 推荐什么附加治疗？

病例70

一只12岁的雌性绝育家养短毛猫，因厌食、体重减轻和嗜睡就诊。体检时，它很瘦，但其他方面正常。腹部触诊时它感到不适。最小数据库（MDB）无明显异常。腹部超声显示胰脏肿大且不规则，但其他情况正常。建议手术探查。整个胰腺肿大，有坚硬的合并结节（图70a）。图示（图70b）来自异常胰腺组织的压印涂片。

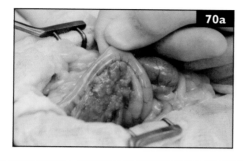
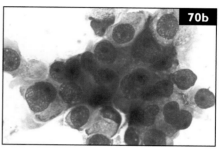

1. 描述细胞学。猫最常见的外分泌性胰腺肿瘤是什么？

2. 如果组织病理学确认为癌症，发现腹腔进一步转移的可能性有多大？

3. 这只猫有什么治疗方法？

病例71

猫背部有隆起的皮肤损伤（图71）。病变很坚固，感觉不到与较深的结构相连。病变有色素沉着。

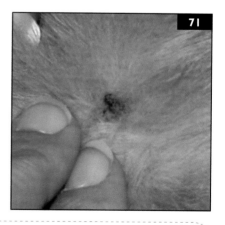

1. 猫最常见的皮肤肿瘤是什么？

2. 根据其外观，最可能的诊断是什么？

3. 需要进行哪些进一步检查？

4. 需要什么治疗？

病例 72

　　一只 12 岁的雌性绝育拉布拉多猎犬，因胸部左侧肿物增大 1 个月就诊。患病犬本来很健康。最小数据库（MDB）上唯一明显的生化异常是碱性磷酸酶升高，870 U/L（参考，0 ～ 140 U/L）。进行 MDB 后，我们进行活检和胸部 CT（图 72a，增强前；图 72b，增强后）。CT 引导下对肿物进行抽吸，细胞学图片如图 72c 所示。

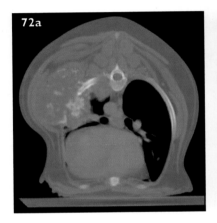
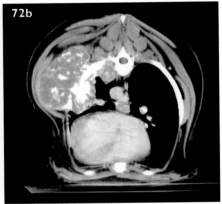

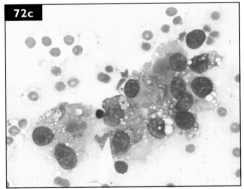

1. 描述 CT 扫描所见的病变。

2. 肋骨最常见的 2 种肿瘤是什么？

3. 从头侧到尾侧，肿物至少累及 3 根肋骨。这只患病犬有可能进行手术切除吗？

4. 经组织病理证实为骨肉瘤。这只患病犬的预后如何？描述 ALP 升高的预后意义。

病例 73

图 73a 中的箭头指向左下颌骨周围的坚硬肿物。在口腔内，肿物似乎越过中线。局部淋巴结正常，其余体检正常。图 73b 是下颌骨张口 VD 位 DR 片。

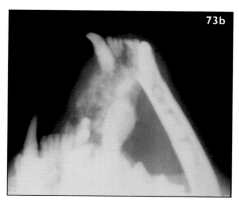

1. 猫口腔中最常见的两种肿瘤是什么？

2. 这只猫有哪些非恶性病变？

3. 假设这是一个恶性肿瘤，有哪些诊断和治疗方法可供选择？

病例 74

一只 7 岁雄性绝育的拉布拉多猎犬因年度体检就诊。患者头顶有一处皮肤疣状病变（图74）。病变呈波动性，感觉有点儿"油腻"。

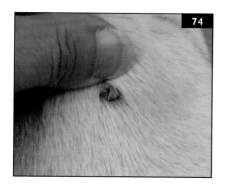

1. 临床诊断是什么？

2. 应该提出什么建议？

病例75

一只16岁的雄性绝育家养短毛猫（家养短毛）有食欲差和体重减轻的病史。腹部触诊，怀疑有前腹部存在肿物。此病患有III/VI级收缩期心脏杂音。其余体检正常。血清生化、血细胞计数、尿液分析和胸片均正常。电解质分析显示钾水平轻度下降。超声心动图显示左心室肥大。血压为220 mmHg。超声检查发现左肾附近有一个肿物。进行CT扫描（图75）。

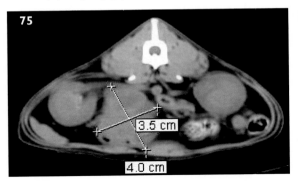

3.5 cm
4.0 cm

1. 描述CT表现并提出鉴别诊断。
2. 该病例需要进行哪些进一步的诊断性检查？
3. 建议采用什么方法治疗？
4. 治疗的生存期是什么？

病例76

一只14岁的雄性绝育家养短毛猫（家养短毛）一直表现吞咽困难。口腔里有股恶臭。经检查，有一个舌下肿物易碎，增生，溃疡（图76）。肿物破坏了舌组织，并导致舌根与系带分离。活检显示鳞状细胞癌（SCC）。

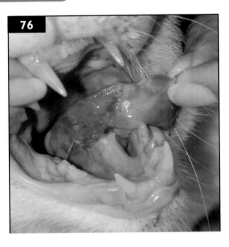

1. 这种癌症的预后和预期转移率如何？
2. 是否有环境或生活方式的因素会增加猫患这种癌症的风险？
3. 这种病有什么治疗方法？
4. 为这只猫制订一个姑息治疗计划。

病例 77

　　一只 10 岁的雌性绝育金毛猎犬因侧腹切除的低级别肥大细胞瘤（MCT）接受评估和可能的辅助治疗。愈合的手术切口在左侧背侧，手术切口长 3.1 cm（图 77）。MDB（血常规、生化、尿常规检查）、腹部超声和局部淋巴结评估均未发现肥大细胞瘤（MCT）的转移。肿物最初直径为 2 cm，位于皮下，由转诊兽医切除。组织学上，肿瘤被认为是低级别的，每 10 个高倍镜视野有 2 个有丝分裂相，预后结果如下所示：

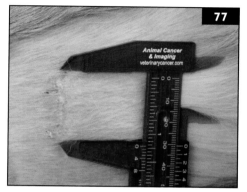

　　PCR 检测外显子 8 的 c-KIT 突变为阴性。

　　PCR 检测外显子 11 的 c-KIT 突变为阴性。

　　KIT 模式 1，Ki67:9；AgNORs/ 细胞:1.5；AgNOR × Ki67:13.5。

---

1. 肿物长 2 cm，手术瘢痕长 3.1 cm。手术切除的范围是否足够？

2. 解读预后。

3. 肿瘤的皮下位置是否提供了其他的预后信息？

4. 该患病犬有哪些治疗方案？

病例 78

　　这是一只正在接受放射治疗（图 78a）的患病犬的 X 线片。

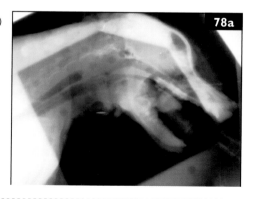

---

1. 这是哪种类型的 X 线片？

2. 这张 X 线片的用途是什么？

病例 79

一只 12 岁雄性绝育家养猫,在鼻平面(图79a)出现溃疡性病变。病史 1 年,最初是右侧干硬壳或结痂样病变伴继发性肿胀。随着时间的推移,它发展为整个鼻子的溃疡性病变。MDB(血常规、生化、尿检)及体格检查正常。

1. 最可能的诊断是什么?

2. 发生这种病变的可能原因或易感因素是什么?

3. 考虑鼻平面手术时,最重要的标准是什么?

4. 描述该患病猫的非手术治疗方案。

病例 80

一只 10 岁的金毛猎犬的侧位胸片(图 80)表现为咳嗽和体重减轻。在腹部触诊时,

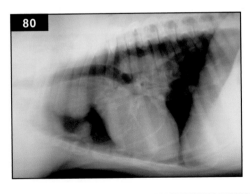

腹部器官肿大明显。下颌和肩前淋巴结肿大。腹部超声发现脾脏内有两个巨大的混合性回声团块。肩前淋巴结抽吸物的细胞学检查显示有大量空泡化的圆形细胞。免疫细胞化学(ICC):细胞为 CD18+、CD3- 和 CD79a-。MDB(血常规、生化和尿液分析)结果均正常。

1. 描述胸部 X 线片,根据 X 线片和体格检查,可能得出怎样的诊断?

2. 免疫细胞化学(ICC)的解释是什么?诊断是什么?

3. 该患病犬的预后如何?

4. 血常规正常的意义是什么?

一只 4 岁的雄性绝育家养短毛猫因主人
担心"猫瞳孔外观的变化"（图 81）而就诊。
它没有表现出任何其他临床症状。左眼瞳孔
对光反射正常，右眼瞳孔对光反射弱，右瞳
孔内侧（鼻侧）对光有一定的反应。主人描述，
有时右眼看起来正常。

1. 描述图 81 中的异常情况。

2. 鉴别诊断是什么？

3. 猫的瞳孔有什么独特之处？使这种异常发生的原因是什么？

一只 12 岁雄性绝育牧羊犬／杜宾混血犬出现急性呼吸困难。黏膜呈淡粉色，心
率增加（160 次／min）。体格检查无其他明显异常。胸部 X 线片显示有明显的胸腔积
液。胸腔穿刺显示图示的液体（图 82a、图 82b）。在整个操作过程中，液体都是血性的。

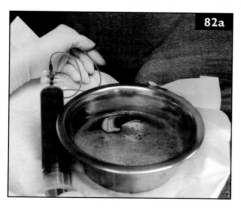

1. 在整个胸腔穿刺过程中，液体都是血性的意义是什么？

2. 液体被抽出后，需要做哪些诊断性检查？

3. 列出出血性胸腔积液的鉴别诊断。

病例 83

83a

一只 12 岁的雄性绝育家养短毛猫（DSH），对上颌吻部/硬腭缓慢生长的肿物（图 83a）进行了评估。在发现肿物前，已有几个月的在水碗中发现血迹和过度舔舐口腔顶部的病史。肿物非常坚固，紧贴在下面的骨头上。

1. 这种病变的鉴别诊断是什么？
2. 转移的可能性有多大？
3. 应进行哪些诊断性检查？
4. 肿瘤向后延伸到硬腭太远，无法手术。有哪些治疗方案可供选择？

病例 84

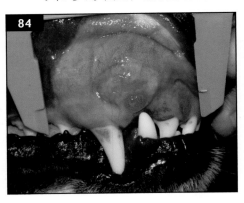

84

一只 5 岁的雄性未绝育金毛猎犬被发现在右上犬齿上方有一个 1.5 cm 的肿物（图 84）。进行了切除活检，组织病理学显示一个非常低级别的纤维肉瘤，一直延伸到手术边缘。没有观察到有丝分裂相，病理学家认为很难完全排除良性纤维瘤。在相对良性诊断的基础上，告知主人没有必要进一步治疗。6 个月后，患病犬复发，肿物已接近 5 cm，并包裹在骨头周围。

1. 这代表什么临床诊断？
2. 对该患病犬疾病的临床解释有何错误？
3. 根据目前的临床表现，有哪些进一步的诊断评估和治疗方案可供选择？
4. 该患病犬肿瘤的哪些特征有助于预测预后？

✎ **病例85**

　　对一只 10 岁的雌性绝育家养长毛猫（DLH）进行了胸部侧位（图 85a）和腹背位（VD）（图 85b）X 线片检查，该猫有 2 周的咳嗽／呕吐的病史。还进行了超声引导下的细针抽吸（图 85c）。

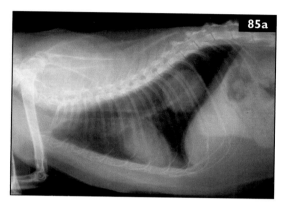

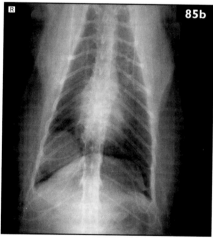

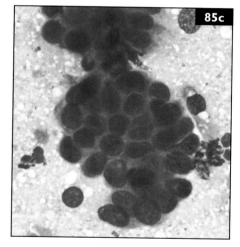

1. 描述 X 线片并列出鉴别诊断。

2. 描述细胞学。

3. 应进行哪些附加诊断性检查？

4. 该患病猫的治疗方案是什么？最重要的预后指标是什么？

病例 86

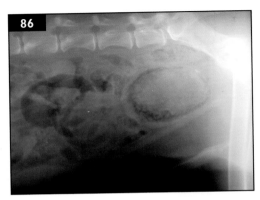

这是一张 5 岁雄性绝育德国牧羊犬腹部侧位 X 线片（图 86），怀疑膀胱肿瘤。该犬最初表现为急性血尿。失踪好几天回来时，便昏昏欲睡，腹部疼痛。排尿紧张，尿液中有几块细小的血块。初级保健兽医接收了这张 X 线片，并提交了一份有关膀胱肿瘤抗原（BTA）测试尿液样本。结果为阳性。

1. 描述 X 线片。

2. 解释 BTA 测试。

3. 鉴别诊断是什么?

病例 87

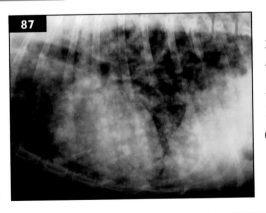

这是一张 12 岁的雌性绝育德国牧羊犬的侧胸 X 线片（图 87），它有 2 个月的体重减轻、2 周的嗜睡和咳嗽史。体检时，患病犬消瘦，有轻微腹式呼吸。体温正常，周围淋巴结及腹部触诊正常。血液检查（CBC 和生化）在正常范围内。

1. 描述 X 线片并给出鉴别诊断。

2. 除生化外，还进行了腹部超声检查，结果正常。为了区分肿瘤和非肿瘤，还需要做哪些进一步的检查?

病例 88

一只 10 岁的雄性德国牧羊犬因严重呼吸困难和哮喘而就诊。在出现呼吸困难之前唯一发现的异常是连续几天的吞咽困难。口腔检查可见病变（图 88）。

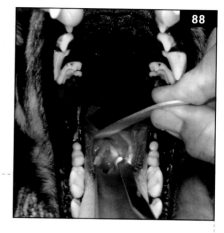

1. 描述病变的情况。

2. 列出鉴别诊断。

3. 由于严重的临床症状，手术切除。活检显示鳞状细胞癌。建议的治疗方法是什么？

4. 该疾病的预后如何？

病例 89

这是从一个黑色素肿物细针抽吸出来的细胞学图片（图 89a）。注意到在 10 岁的雌性金毛猎犬下颌骨吻部的犬齿之间突出的肿物（图 89b）。肿物是常规检查中的一个偶然发现，测量大小为 1 cm × 1 cm，并有一个广泛的蒂附着在下腭。

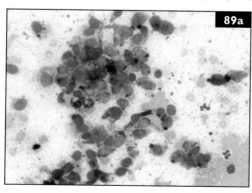

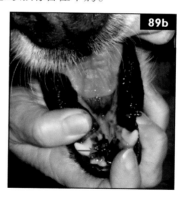

1. 诊断是什么？

2. 在建议治疗之前需要做哪些进一步的检查？

3. 什么治疗最有可能长期生存？

4. 该疾病的预后如何？

病例 90

这是一只来自 14 岁的雄性绝育罗威纳犬的 CT 图像（图 90a），该犬出现急性嗜睡和

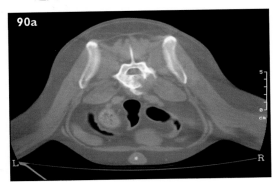

明显的背痛。除了触到腰椎区域时容易引起疼痛外，身体检查正常。胸部的 X 线片和血液检查都很正常。我们拍摄了腹部的 X 线片，并发现在 L6 处的腹侧腰椎上有一个可疑的溶解区域。进行 CT 扫描。

1. 描述 CT 图像，列出鉴别诊断。

2. 犬最常见的原发性椎体肿瘤是什么？

3. 进一步的检查有哪些？

4. 有哪些治疗方法？鉴于患病犬的年龄较大，主人不想进行手术，那么可以考虑什么姑息方案？

病例 91

一只 14 岁雌性绝育家养短毛猫，在尾腹部出现急性红斑和水肿。它不停地舔着

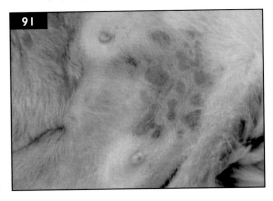

这个地方，显得很痛苦。在体格检查时，体温 39.9 ℃，腹部有多个溃疡区（图 91）。仔细触诊乳腺组织时，一个大的（3 cm × 3 cm）、牢固的皮下肿物与它的一个尾侧乳腺连在一起。皮肤触诊发热，后肢有中度水肿。

1. 诊断方案是什么？

2. 临床表现有什么建议？

3. 这个病的预后是什么？应该如何治疗？

病例92

一只10岁雌性的绝育美国爱斯基摩犬因会阴部刺激结痂带来检查（图92），保守治疗了几周，怀疑是湿性皮炎。其他方面是健康的，除了22 000/μL的白细胞升高外，MDB是正常的。

1. 描述图92中的病变。

2. 在会阴的不同区域进行活检，所有区域均证实基底细胞癌（BCC）。应该考虑什么治疗？

病例93

一只13岁的雄性绝育家养短毛猫因为鼻背红斑和脱毛带来就诊（图93a）。在过去的两年里，已经发现它有脱毛的症状，但最近发现这个区域变得越来越红，疼痛。无临床症状或其他异常检查结果。进行皮肤活检，发现光化性角化病（原位癌）。

1. 这种病变的可能原因是什么？

2. 疾病的自然进展是什么？

3. 这个病应该如何管理？

4. 如果病变进展到SCC，建议什么治疗？

病例 94

这只 13 岁的猫（图 94a）在过去的一年内体重大约减轻 2 kg。最近一个月，食欲不佳，偶尔呕吐，主人以为是毛球原因。红细胞正常，生化显示 BUN 为 75 mg/dL，肌酐为 4.0 mg/dL，ALT、ALP 和 γ－谷氨酰转移酶（GGT）轻度升高。腹部超声，肝脏图像显示如图 94b 所示。

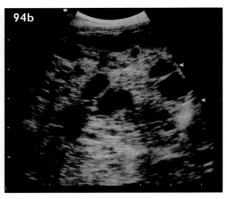

1. 肝脏超声检查的主要鉴别诊断是什么？

2. 氮质血症的可能原因是什么？应该如何评估？

3. 应该考虑什么治疗？

病例 95

一只 12 岁的雄性绝育家养短毛猫发现摇头、挠右耳，挠后偶尔会有血（图 95）。一直用局部性抗生素和全身性抗生素，都没有效果。

1. 描述耳朵中注意到的病变。

2. 对猫的这种病变的主要鉴别诊断是什么？

3. 除了生化，应该做什么检查来确定治疗的疗程？

4. 如果这些病变是恶性的，建议如何治疗？这只猫的预后是什么？

✎ **病例 96**

一只 10 岁的雌性绝育田园混血犬最近出现昏睡，晕倒过一次。人们还注意到它的后肢有些虚弱。体检时，心音弱，心率为 160 次 /min。没有发现其他异常。

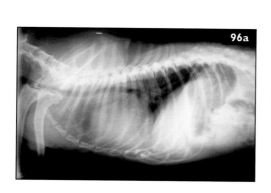

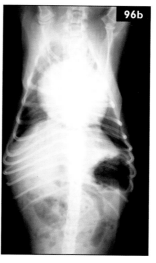

1. 描述 X 线片（图 96a、图 96b），并给出临床诊断。

2. 影像学发现最常见的原因是什么？

3. 目前还需要做哪些进一步的检查？

4. 根据所做的检查做出诊断的可能性是多少（列出 3 种）？ 可以做哪些进一步的无创检查来帮助做出诊断？

5. 建议什么疗法？

✎ **病例 97**

一只 12 岁雌性绝育的可卡犬，左侧第三眼睑出现了明显的急性肿胀。眼睛也存在黏液样分泌物（图 97）。

1. 图 97 提示了什么？

2. 对于这个患病犬，建议做什么检查？

3. 该患病犬的鉴别诊断是什么？

4. 需要如何治疗？

病例 98

图 98 中红色箭头指的是一只 9 岁雄性绝育混血金毛猎犬的直肠开口。黑色箭头勾勒出一个 6 cm×4 cm 的肛门腺肿物。切开式活检结果提示肛门囊腺癌。最小数据库内的检查是正常的。

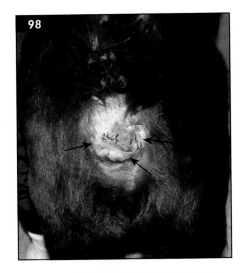

1. 该患病犬需要做哪些分期检查？
2. 手术切除以缓解梗阻性症状；然而考虑到肿瘤的大小，切缘显示仍然存在肿瘤细胞。术后应考虑哪些辅助治疗，该患病犬的预后如何？
3. 术后治疗会有哪些副作用？

病例 99

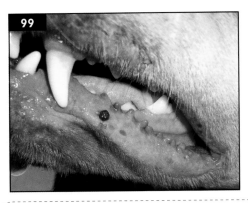

7 岁雄性绝育拉布拉多猎犬嘴唇附近的皮肤黏膜结合处发现一个直径 0.5 cm、色素沉着且带蒂的肿物（图 99）。该患病犬临床表现正常。切除活检提示低分级的黑色素瘤，每 10 个高倍镜视野存在 1～2 个有丝分裂像。手术标本的边缘没有肿瘤细胞，至少有 5 mm 宽。

1. 应该进行什么分期检查？
2. 需要进一步的治疗吗？
3. 病变的位置如何影响其生物学行为？

病例 100

这是一只 12 岁雄性绝育混血比格犬，因开口时出现急性疼痛和第三眼睑升高（图 100a）就诊。除了眼睛没有正常回缩至眼窝内，眼科检查是正常的。2 周疗程的广谱抗生素治疗无反应。

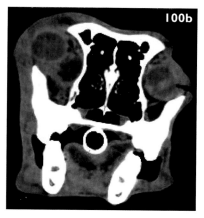

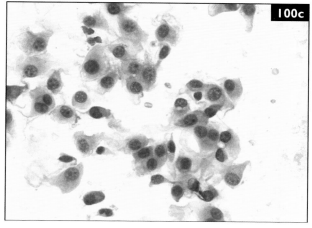

1. 该患病犬的鉴别诊断是什么？
2. 需要哪些进一步的诊断？
3. CT 扫查时的 CT 图像（图 100b）和细针抽吸（图 100c）的细胞学检查，诊断是什么？
4. 描述该患病犬的治疗方案。

病例101

　　一只7岁雌性绝育的混血犬出现急性面部肿胀（图101a）。主人在面部肿胀前所发现的唯一异常是2周的多饮多尿病史。体格检查发现全身淋巴结肿大和颅侧的器官肿大。进行了腹部超声（图101b），对肿大淋巴结细针穿刺（图101c），血液检查和尿检。

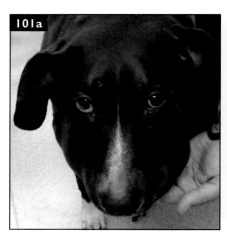
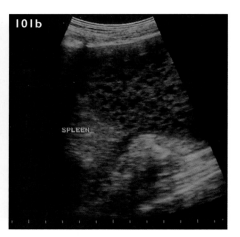

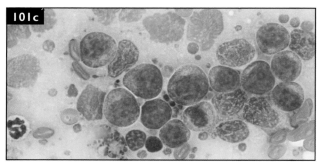

项目	结果	趋势	单位	正常范围
白细胞	45.1	高	$10^3/\mu L$	6.0 ~ 17.0
淋巴细胞	3.1		$10^3/\mu L$	0.9 ~ 5.0
单核细胞	2.5	高	$10^3/\mu L$	0.3 ~ 1.5
中性粒细胞	39.5	高	$10^3/\mu L$	3.5 ~ 12.0
淋巴百分比	6.9		%	
单核百分比	5.4		%	
中性粒百分比	87.7		%	
红细胞比容	40.9		%	37.0 ~ 55.0
红细胞体积	67.3		fL	60.0 ~ 72.0
平均红细胞血红蛋白浓度	51.8		fL	35.0 ~ 53.0

续表

项目	结果	趋势	单位	正常范围
平均红细胞血红蛋白	18.5	高	%	12.0 ～ 17.5
血红蛋白	14.0		g/dL	12.0 ～ 18.0
红细胞分布宽度	34.3		g/dL	32.0 ～ 38.5
血红蛋白浓度	23.1		pg	19.5 ～ 25.5
红细胞	6.08		$10^6/\mu L$	5.50 ～ 8.50
血小板	367		$10^3/\mu L$	200 ～ 500
平均血小板体积	8.1		fL	5.5 ～ 10.5
pH	7.346			7.330 ～ 7.450
钠	148.3		mmol/L	139.0 ～ 151.0
钾	4.01		mmol/L	5.5 ～ 10.5
氯	105.6		mmol/L	102.0 ～ 120.0
离子钙	2.381	高	mmol/L	1.120 ～ 1.420
尿素氮	47.1	高	mg/dL	9.0 ～ 29.0
肌酐	0.8		mg/dL	0.4 ～ 1.4
磷	4.8		mg/dL	1.9 ～ 5.0
总钙	>15.3	高	mg/dL	9.0 ～ 12.2
矫正钙	无法测量		mg/dL	9.0 ～ 12.2
总蛋白	7.0		g/dL	5.5 ～ 7.6
白蛋白	4.3	高	g/dL	2.5 ～ 4.0
球蛋白	2.7		g/dl	2.0 ～ 3.6
白球比	1.6			
血糖	158	高	mg/dL	75 ～ 125
胆固醇	231		mg/dL	120 ～ 310
谷丙转氨酶	110		U/L	0 ～ 120
碱性磷酸酶	127		U/L	0 ～ 140
谷酰转肽酶	10		U/L	0 ～ 14
胆红素	0.1		mg/dL	0.0 ～ 0.5

1. 图101中患病犬的临床症状是什么？

2. 描述超声和细胞学检查结果。

3. 血检中有哪些显著异常？这对患病犬的治疗和预后有何影响？在开始治疗前需要哪些进一步的检查？

4. 该如何管理这只患病犬？

病例 102

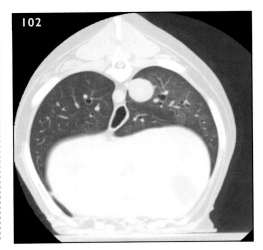

CT 扫查（图 102），来自一只 10 岁雄性已绝育的拉布拉多猎犬，先前被诊断为右侧胫骨近端骨肉瘤。该犬接受了截肢和卡铂化疗。截肢 1 年后，为了监测拍摄了 X 线片，在左侧位上发现肺部背侧可见单个病变。

1. 需要哪些进一步的诊断检查？

2. 有适合这只患病犬的手术选择吗？

3. 如果是转移性疾病，该患病犬的预后如何？

病例 103

一只 10 岁雌性已绝育的混血杜宾犬，每年进行一次老年体检。该犬临床表现正常。

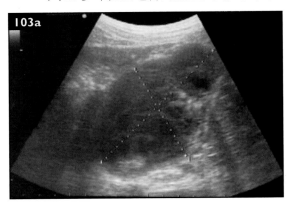

作为非常彻底的老年检查的一部分，进行了胸部 X 光片和腹部超声检查（图 103a）。肝与胃之间存在一个大小 6.5 cm × 10.2 cm 的肿物，但难以确定其附着于哪个结构。在超声引导下进行细针抽吸，只获得外周血和散在的巨噬细胞。最小数据库的检查是正常的。

1. 对这只患病犬的主人应该有什么建议？

2. 根据患病犬的年龄和超声检查肿物的外观，怀疑是癌症。需要考虑其他的可能性吗？

病例 104

CT 扫查（图 104），来自一只 7 岁雄性绝育的伯恩山犬，腹股沟区域可见一个大的肿物。肿物已经延伸到包皮。肿物触诊时很牢固，并固定于下层组织上。最小数据库的检查是正常的。细胞学采样结果较少，可见若干间质细胞。切开式活检证实为软组织肉瘤，分级为 I 级。

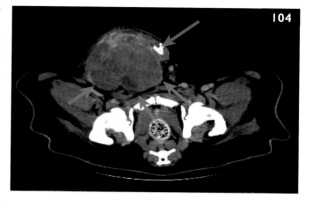

1. 蓝色箭头勾勒出肿物的轮廓。红色箭头指向什么？
2. 建议采用什么治疗方法？
3. 这只患病犬的预后如何？

病例 105

一只 12 岁雌性绝育的家养短毛猫，数年的眼周结痂。最近，下眼睑可见溃疡的迹象（图 105a）。从下眼睑取活组织检查的涂片（图 105b）。鼻背部也存在针尖状结痂的区域。

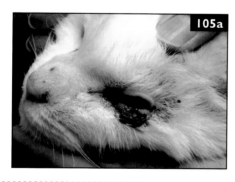
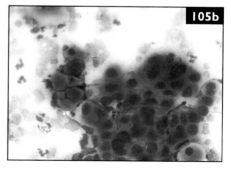

1. 描述细胞学检查并给出推定诊断。
2. 对该患病猫的推荐分期和转移的可能性有多少？
3. 有哪些治疗方法可供选择？

✎ 病例 106

CT 扫查的图像（图 106a、图 106b，对应的"骨窗"切片；图 106c，同样的"头颈窗口"）。一只 10 岁雄性已绝育的古代长须牧羊犬，右侧单侧鼻出血数周的病史。其他方面都很正常。

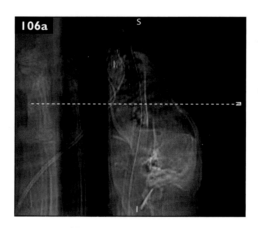

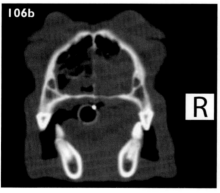

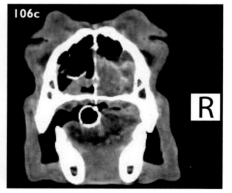

1. 描述 CT 表现。

2. 鼻腔肿瘤最常见的临床症状是什么？

3. 活检前对该患病犬进行哪些评估？

4. 活检可以采用哪些方法？

5. 对该患病犬建议的治疗和预期预后是什么？

病例 107

一只 5 岁雌性绝育的家养短毛猫因为左后肢跛行和跗骨可见坚实的肿胀而就诊。这只猫最初接受抗生素治疗，但症状没有改善。随后肢体出现弥漫性肿胀和僵硬（图 107a），腘淋巴结和腹股沟淋巴结也肿大（图 107b）。其余检查正常。最小诊断数据库和血检、尿检、胸片和 FeLV/FIV 状态均为正常。胫骨跗骨关节 X 线片未见明显的骨骼改变，对腹股沟淋巴结进行细针抽吸。肿大的腹股沟淋巴结的细胞学检查如图 107c所示。

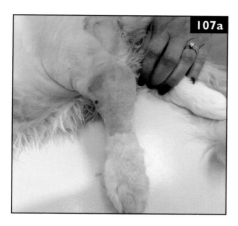

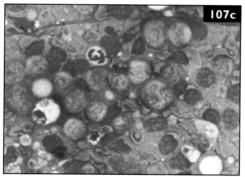

1. 描述细胞学检查结果。

2. 基于推定的诊断，还需要做哪些进一步诊断？

3. 建议怎样治疗？

病例 108

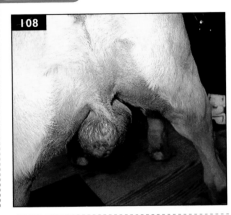

一只 7 岁雄性未绝育的无症状拳狮犬，左侧阴囊明显增大（图 108），可触及睾丸肿物。

1. 列出这种临床表现的鉴别诊断。

2. 哪种常见的犬睾丸肿瘤产生雌激素？雌激素过量的临床表现是什么？

3. 仅从照片来看，这个肿物更可能是恶性的，还是良性的？

4. 该患病犬需要做哪些诊断检查？为什么？

5. 有哪些治疗方案？

病例 109

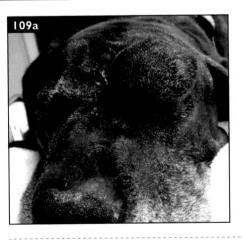

一只 12 岁的雄性绝育混血大丹犬，左眼上有一个缓慢生长的肿物（图 109a）。第一次发现是在大约 1 年前，曾多次抽吸，只发现脂肪组织。肿物坚硬，触诊时似乎固定在下层组织上。由于肿物的存在，患犬几乎无法睁开眼睛，对视力造成了影响，包括胸片在内的 MDB（血常规、生化、尿检）在正常范围内。

1. 应该进行切开活检，还是切除活检？为什么？

2. 该如何进一步评估该患病犬？

3. 新的 FNA 再次发现为脂肪组织，但也发现散在的间质细胞。鉴别诊断是什么？

4. 如何治疗这只患病犬？

病例 110

一只 8 岁的雄性绝育混血犬（30 kg）发现下颌有局部肿胀。它在玩玩具的时候会疼得大叫，也不像平时那样吃东西，在体格检查中，有一个坚硬的肿物从下颌中部凸起，其表面是光滑的（图 110）。测量的体积为 4 cm×2.5 cm×2.5 cm。局部淋巴结未触及，其余检查均正常。

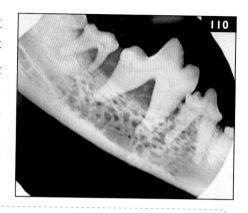

1. 描述影像学变化。

2. 对肿物进行了细针抽吸。可见大的多形性圆形细胞，偶见浆细胞样分化。根据影像学表现和细胞学检查，在做出治疗决定之前，需要做哪些进一步的诊断检查？

3. 宠物主人拒绝了下颌骨切除术作为治疗的选择，还能提供其他的哪些治疗？

病例 111

一只 7 岁的雄性绝育德国牧羊犬被评估左上颌区域肿胀，除了上颌肿胀和后臼齿周围的脱色和溃疡区（III）（图 111），体检正常。

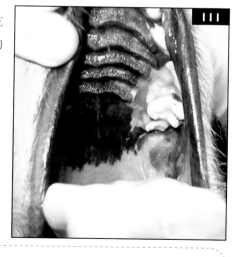

1. 应该做哪些诊断检查？

2. 列出犬最常见的口腔肿瘤。

3. 根据照片，哪些特征表明手术是需要考虑的？

4. 此犬被诊断为中等级纤维肉瘤，需要什么样的治疗？这种癌症扩散的可能性有多大？

病例112

这是一只10岁雄性绝育金毛猎犬常规健康检查时的全血细胞计数和外周血涂片（图112），没有临床症状时的报告。

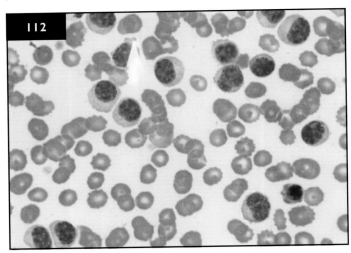

项目	结果	趋势	单位	正常范围
白细胞	51.9	高	10³/μL	6.0 ~ 17.0
淋巴细胞	24.4	高	10³/μL	0.9 ~ 5.0
单核细胞	9.7	高	10³/μL	0.3 ~ 1.5
中性粒细胞	17.8	高	10³/μL	3.5 ~ 12.0
淋巴百分比	46.9		%	
单核百分比	18.7		%	
中性粒百分比	34.4		%	
红细胞比容	37.4		%	37.0 ~ 55.0
红细胞体积	65.1		fL	60.0 ~ 72.0
平均红细胞血红蛋白浓度	47.4		fL	35.0 ~ 53.0
平均红细胞血红蛋白	17.7	高	%	12.0 ~ 17.5
血红蛋白	13.0		g/dL	12.0 ~ 18.0
红细胞分布宽度	35.0		g/dL	32.0 ~ 38.5
血红蛋白浓度	22.7		pg	19.5 ~ 25.5

续表

项目	结果	趋势	单位	正常范围
红细胞	5.74		$10^6/\mu L$	5.50 ~ 8.50
血小板	50	低	$10^3/\mu L$	200 ~ 500
平均血小板体积	7.4		fL	5.5 ~ 10.5
尿素氮	18.8		mg/dL	9.0 ~ 29.0
肌酐	0.8		mg/dL	0.4 ~ 1.4
磷	3.7		mg/dL	1.9 ~ 5.0
总钙	10.0		mg/dL	9.0 ~ 12.2
矫正钙	10.2		mg/dL	9.0 ~ 12.2
总蛋白	7.0		g/dL	5.5 ~ 7.6
白蛋白	3.3		g/dL	2.5 ~ 4.0
球蛋白	3.6		g/dL	2.0 ~ 3.6
白球比	0.9			
血糖	112		mg/dL	75 ~ 125
胆固醇	142		mg/dL	120 ~ 310
谷丙转氨酶	84		U/L	0 ~ 120
碱性磷酸酶	60		U/L	0 ~ 140
谷酰转肽酶	13		U/L	0 ~ 14
胆红素	0.1		mg/dL	0.0 ~ 0.5

1. 假设的诊断是什么?

2. 要做哪些分期检查?

3. 如何做出最终诊断?

4. 描述该患病犬的治疗方案和预后。

病例 113

10 岁的雄性绝育魏玛犬（图 113a）在接受癌症治疗后的 6 个月复查时拍摄的肢体 X 线片（图 113b）。

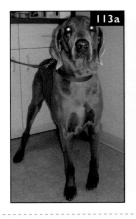 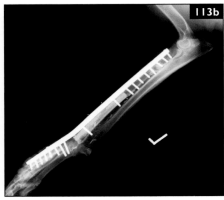

1. 描述所示 X 线片和所进行的操作。
2. 可能的诊断是什么？
3. 什么时候需要做这个手术？
4. 该患病犬的预后与截肢病患有何不同？

病例 114

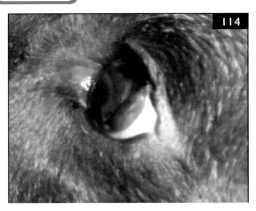

这是一只 13 岁的雌性绝育的巧克力色的混血拉布拉多猎犬的左眼（图 114）。它有白内障史，视力本来就很差，但左眼似乎更糟糕。

1. 描述眼内异常情况。
2. 可以向宠物主人提出什么建议？
3. 判定恶性行为的标准是什么？

📝 病例115

一只 12 岁的雄性绝育大型混血犬，右耳下方出现了一个大而牢固的肿物（图 115a，箭头）。主诉肿物似乎在两周内迅速发展，并此之前有明显的口臭。

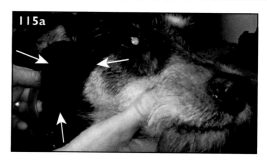

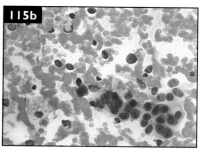

1. 该患病犬的鉴别诊断是什么？

2. 细针抽吸细胞学检查显示如图 115b 所示的细胞，你的初步诊断是什么？

3. 需要做哪些进一步的诊断？

4. 建议采用什么治疗方法？

5. 这个病例的预后如何？

📝 病例116

一只 8 岁的雌性绝育巨型雪纳瑞犬在左耳道被发现可见的肿物（图 116）。肿物正在影响耳道并长到耳郭上。动物在发现肿物前，曾因慢性耳内感染而接受治疗至少 8 个月。其余的体格检查，包括颌下淋巴结和右耳均正常。

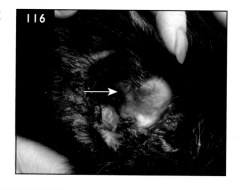

1. 这种病变的鉴别诊断是什么？

2. 除 MDB（血常规、生化、尿检）外，治疗前还应进行哪些诊断检查？

3. 该患病犬的预后如何？手术类型如何影响预后？

4. 除了淋巴结或肺转移的存在，这类肿瘤的阴性预后指标是什么？

病例117

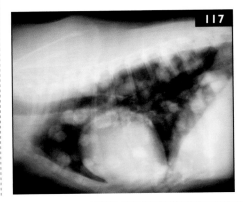

一只10岁的雄性绝育拉布拉多猎犬有3个月食欲减退和3 kg体重减轻的病史。在体检中，唯一不正常的发现是这只犬很瘦。进行MDB（血常规、生化、尿检），侧位胸片显示（图117）。

1. 描述X线片。

2. 鉴别诊断是什么？

3. 应该做哪些诊断检查？

4. "原发不明的转移性癌症"是什么意思？该如何治疗？

病例118

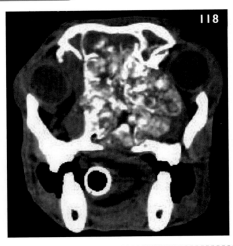

这是一只6岁的雄性绝育混血边境牧羊犬的CT扫描（图118），它有2～3个月的流鼻涕病史，最初是黏液样，但后来发展为鼻出血。主人还注意到两眼之间有肿胀。体格检查：右侧颌下淋巴结约3 cm，较硬。在右上颌骨和额骨上有一个坚实的肿物。在口腔内检查时，在硬腭尾部中线附近可见一个肿物。右眼轻微突出。

1. 在进行CT扫描前，应进行哪些诊断性检查？

2. 描述CT扫描。

3. 疾病的临床分期是几期？

4. 活检证实为未分化癌,细胞学检查证实为颌下淋巴结转移癌。在这种情况下，消极预后指标是什么？

病例119

一只 9 岁雌性未绝育的金毛猎犬，由于近期有阴道部位狭窄和持续舔舐阴道的病史而检查。仔细检查会阴区域，可触诊到增厚区域（图 119，蓝色箭头）以及阴道开口下方可见的光滑、坚实的区域（图 119，白色箭头）。

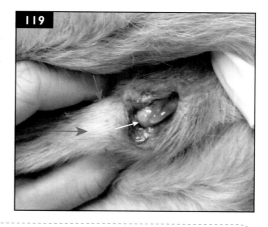

1. 如何评估该患病犬？

2. 描述中的哪些信息有助于做出推定诊断？

3. 需要进行哪些进一步的诊断检查？

4. 该患病犬的推荐治疗方案和预后如何？

病例120

一只 9 岁的雄性绝育混血犬在切除腹股沟处肿瘤 6 个月后接受评估。组织学诊断为"II 级"肥大细胞瘤，切除边缘狭窄（部分切片边缘接近 1 mm）。当时没有进行进一步的治疗或诊断。在之前的切口线处可见一个明显的增厚及红斑（图 120）。在可见的团块深部可触及第二个团块结构，大小约 1.5 cm × 1.5 cm。

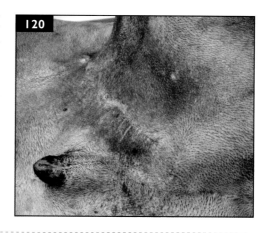

1. 在第一次手术时，可以有什么不同的做法？

2. 该患病犬应需要做哪些诊断检查？

3. 红斑的潜在肿瘤相关原因是什么？

4. 叙述该患病犬的治疗方案。

一只 10 岁的雄性未绝育英国古代牧羊犬，存在持续 6 个月缓慢增长的肛门肿物病史（图 121a）。在就诊时，团块大小为 3 cm×3 cm×2 cm；该团块似乎是局限性的并且没有牢固地附着在下面的组织上。直到最近才发现有明显的临床症状，在排便时定期发现少量明显的血液。FNA 的细胞学如图所示（图 121b，低倍镜 100×；图 121c，高倍镜 500×）。

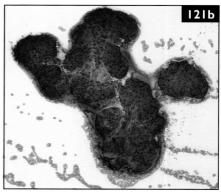
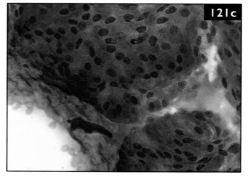

1. 初步的临床诊断是什么？

2. 描述细胞学外观。

3. 如果这只犬已经绝育了，如何改变初步假定的临床诊断？

4. 治疗建议和预期结果是什么？

 病例122

一只 10 岁的雄性绝育金毛猎犬，因Ⅳa期，B 细胞，高级别淋巴瘤化疗 6 天。化疗的第一天，它接受了长春新碱，并根据威斯康星大学麦迪逊分校的犬淋巴瘤治疗方案开始口服泼尼松。在超声检查中发现淋巴瘤存在脾脏的早期浸润。它的血液学检查未见异常。诊断时它的淋巴结测量如下：

淋巴结	左侧 / cm	右侧 / cm
下颌	5	4
肩前	4	3.5
腋窝	1.5	1.5
腹股沟	2	3
腘	2.5	3

6 天后，它开始出现昏睡，摸起来较温热。左侧颌下腺淋巴结看起来更大，主人担心化疗反应不佳。就诊时它较为安静，但反应灵敏。它的体温是 104.5 ℉（40.3 ℃）。淋巴结测量如下：

淋巴结	左侧 / cm	右侧 / cm
下颌	7	<1
肩前	不明显	<1
腋窝	不明显	不明显
腹股沟	不明显	不明显
腘	1	1

1. 由于左侧下颌下淋巴结较大，是否可以认为化疗后 6 天的临床症状是由于淋巴瘤进展引起的？

2. 考虑到病情进展，该患病犬现在是否应该接受化疗？

3. 进行了 CBC 并产生以下表格中的结果。什么指标是临床评估和进一步诊断的指示？

项目	结果	趋势	单位	正常范围
白细胞	32.1	高	$10^3/\mu L$	6.0 ~ 17.0
淋巴细胞	2.2		$10^3/\mu L$	0.9 ~ 5.0
单核细胞	1.7		$10^3/\mu L$	0.3 ~ 1.5
中性粒细胞	28.2	高	$10^3/\mu L$	3.5 ~ 12.0
淋巴百分比	6.9		%	
单核百分比	5.4		%	
中性粒百分比	87.7		%	
红细胞比容	38.2		%	37.0 ~ 55.0
血小板	225		$10^3/\mu L$	200 ~ 500
平均血小板体积	8.1		fL	5.5 ~ 10.5

病例 123

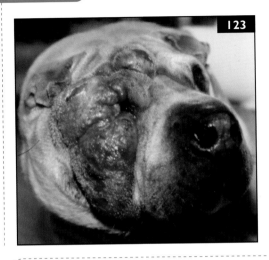

123

一只 2 岁雄性绝育沙皮犬出现了最初被认为是虫子叮咬引起的急性肿胀。最初它用苯海拉明和泼尼松治疗后肿胀消失。停药约 1 周后，肿胀再次出现，并在 2 周内达到图 123 所示的严重程度。细针抽吸显示为大量的肥大细胞。

1. 应该进行哪些诊断性检查？

2. 我们对沙皮犬的肥大细胞瘤了解有多少？

3. 可以有什么治疗建议？

病例 124

一只 10 岁的雌性绝育拉布拉多猎犬被发现左大腿尾部出现一个"肿胀"。该肿物

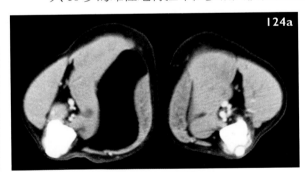

124a

是弥漫性且坚实的，但似乎没有引起任何临床症状。体格检查除了发现肿胀外，没有其他异常。多次细针穿刺仅显示为血液和脂肪。在超声检查中，可以看到脂肪过多的正常肌肉结构。肢体 X 线片未见明显骨质改变。

1. 根据目前的评估，有哪些鉴别诊断？

2. 后肢的 CT 增强扫描显示如图 124a 所示，描述扫描结果。

3. 建议如何治疗？为什么？

病例 125

一只 8 岁雌性绝育巧克力色拉布拉多猎犬出现体重下降，腹部明显膨胀症状。MDB 在正常范围内。进行腹部超声检查，并发现脾脏肿物。超声引导下对脾脏肿物进行细针抽吸（图 125）。

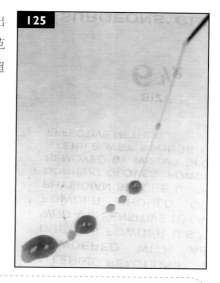

1. 描述从脾脏 FNA 获得的样本的特点。在细胞学上，观察到具有蛋白质背景的恶性纺锤形细胞。可能的诊断是什么？
2. 需要如何治疗？
3. 组织病理学的哪些特征将有助于决定患病犬的预后？

病例 126

这是一只 12 岁的 25 kg 雄性绝育混血犬的 CT 扫描，用于评估它在张开嘴时出现疼痛反应（图 126）。未触及明显肿物，但感觉右下颌略大于左下颌。MDB 包括胸片未见异常。它在其他方面都很健康。由于体格检查结果不明确，建议进行 CT 扫描。

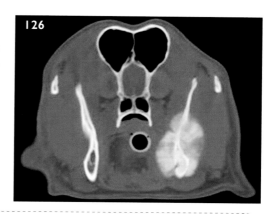

1. 描述 CT 扫描结果。
2. 这种病灶的鉴别诊断是什么？
3. 活检证实为多小叶骨肿瘤。为了评估预后，需要从组织病理学中获取哪些重要信息？在手术完整的切除后，对这位患病犬有什么手术预期？

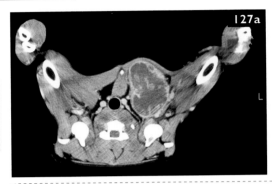

病例 127

127a

一只9岁的雄性绝育拉布拉多猎犬，在6周内出现左前肢跛行逐渐恶化的病史。曾看到过腕部扭伤。体格检查发现左肩肌肉萎缩，怀疑左腋窝深部存在增厚迹象，触诊有明显疼痛，其余体格检查正常。X线检查未能显示跛行的原因。进行CT扫描，图片显示为造影后图像（图127a）。

1. 描述CT的表现和可能的诊断。
2. 应该进行什么诊断性检查？
3. 建议采用哪种类型的手术？

病例 128

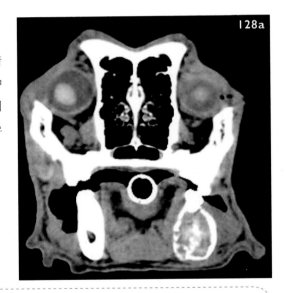

128a

一只12岁的雄性绝育拉布拉多猎犬，在右侧下颌骨尾部存在一个实性肿物。该肿物最初是在患病犬出现进食困难时发现的。体格检查没有发现更多异常情况。

1. 需要什么诊断检查来确定是否需要进一步治疗？
2. CT扫描（图128a）有什么明显的表现？
3. 建议如何治疗？
4. 进行干净的手术切除后，生存预期是怎么样的？
5. 犬口腔骨肉瘤的有利预后指标是什么？

病例 129

　　一只 14 岁雄性绝育家养短毛猫最初表现为 6 个月的间歇性咳嗽和进行性呼吸困难。体格检查发现胸腔入口有肿物。肿物的性质是波动感的。抽吸出血性液体，结果肿物的大小明显下降，临床症状改善。当肿物再次开始生长时，该患病猫开始出现大约每天反流一次食物的现象。胸部 X 线片显示肺实质无异常。除了白细胞略微升高外，其他血液学检查正常。进行了 CT 扫描并如图所示（图 129a，造影前；图 129b，造影后）。超声引导和细胞学检查显示为低细胞含量的液体，可见红细胞、巨噬细胞、少量的鳞状上皮细胞和蛋白质。

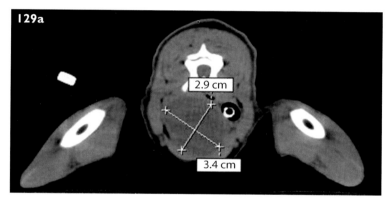

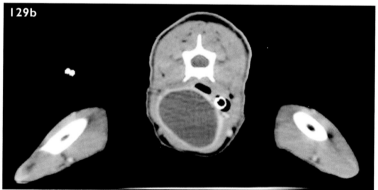

1. 该患病猫有哪些鉴别诊断？

2. 这种病变的病因和生物学行为是什么？

病例 130

一只 14 岁雄性绝育家养短毛猫，有 1 个月的打喷嚏和流鼻涕病史。首先发现右侧鼻孔浆液性清涕。几周后，发现左侧鼻孔也有分泌物。随着喷嚏越来越频繁和严重，出血也越来越多。在正常 MDB 之后，进行了 CT 扫描（图 130a）。对右鼻腔进行拭子检查，细胞学检查结果显示（图 130b）。

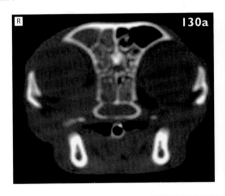
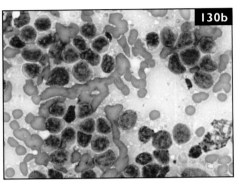

1. 描述 CT 和细胞学检查结果。

2. 诊断是什么？

3. 组织活检有必要吗？

4. 应推荐何种治疗方法？治疗后的生存预期如何？

5. 猫鼻淋巴瘤最重要的预后因素是什么？

病例 131

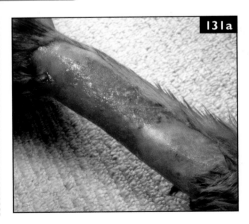

一只 10 岁的雄性绝育金毛猎犬因未完全切除前肢外侧尾侧软组织肉瘤而接受术后放疗。这是放射治疗后，18 次放疗方案中 13 次后放射部位外观（图 131a）。

1. 图 131a 说明了什么？

2. 这只患病犬应该如何治疗？

病例 132

这是一只 9 岁雄性绝育拳狮犬上颌骨尾侧／眼眶水平的 CT 扫描（图 132a），表现为右上颌骨坚实肿胀。麻醉下口腔检查正常。

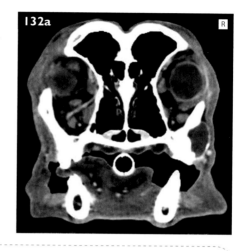

1. 描述 CT 表现。
2. 细针抽吸可见蛋白质样液体伴轻度出血。此外，偶尔可见巨噬细胞、中性粒细胞和淋巴细胞。临床诊断是什么？
3. 建议如何治疗？

病例 133

一只 6 岁的雄性绝育魏玛猎犬，有 1 个月的排便困难病史。在发病前两周，发现一个肿物从直肠内突出（图 133a），没有其他临床症状。对肿物进行细针抽吸，细胞学检查结果显示如图 133b 所示。

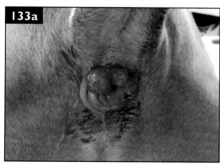
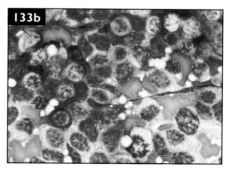

1. 临床诊断是什么？
2. 需要做哪些进一步的分期检查？
3. 假设是区域性疾病且没有远端转移的证据，该患病犬的预后如何？

病例 134

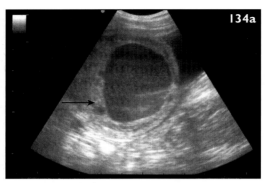

一只 7 岁雄性绝育德国短毛指示犬在每年例行身体检查中发现后腹部可触及一个肿物。无任何临床症状。进行腹部超声检查，发现唯一的异常是在膀胱内（图 134a，箭头：膀胱顶）。MDB 正常，但是从无接触采集的尿液样本中发现红细胞和白细胞增多。

1. 描述超声图。
2. 需要做哪些进一步的检查？
3. 这只患病犬适合做手术吗？
4. 肿瘤的大体外观是否能提供诊断依据？

病例 135

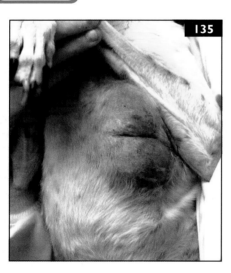

一只 12 岁的雄性绝育意大利灰犬，最初在主人看来是左前臂下有瘀伤。认为是由于在家里与另一只犬玩耍时受的伤。2 周内，瘀伤区域明显扩大，形成肿物。就诊时，肿物大小为 10 cm×6 cm×4 cm（图 135）。MDB 正常。采用细针抽吸，主要是出血，偶尔有间充质细胞存在。活组织检查发现为皮下血管肉瘤。

1. 这种病变的生物学行为与发生在内脏的血管肉瘤有何不同？
2. 这个病变太大、太宽，不能完全手术切除，应该考虑什么治疗？
3. 哪些因素被认为是皮下 HSA 消极的预后指标？

病例 136

这些是腹部超声图像（图 136a，脾肿物大小为 7.0 cm×4.8 cm；图 136b，左髂内淋巴结大小为 2.0 cm×2.0 cm），这是一只 8 岁雄性绝育的金毛猎犬，嗜睡（不愿散步）和食欲不佳。体格检查时，前腹部可触诊到一个坚硬的肿物。没有其他重要的发现。血液检查显示红细胞比容 30.7%（参考范围 38.3% ~ 56.5%），网织红细胞计数 $91×10^3/\mu L$ ［正常（10 ~ 110）$×10^3$ 个 /μL］。包括血小板在内的其他指标均正常。胸片检查正常。

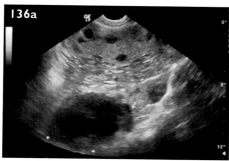 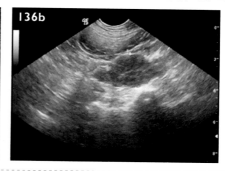

1. 描述超声图。
2. 在超声引导下对脾脏进行细针抽吸检查，发现脾脏有大量非典型组织细胞。假定性诊断是什么？
3. 如何确诊？
4. 这只患病犬应该怎么治疗？

病例 137

　　一只 9 岁的雌性绝育比格猎犬有多发性皮肤色素性结节病灶，发生在所有有毛发的头部皮肤（图 137）。一年多时间里未见变化。患者在其他方面均健康，体格检查无明显异常。病灶似乎仅限于头部。活检显示其中两个病变为黑色素瘤，有些分裂指数 <1。

1. 这只患病犬的预后如何？
2. 有哪些治疗方案可供选择？

病例 138

一只 8 岁雄性绝育家养短毛猫表现为食欲不振、体重减轻和脚趾肿胀 2 ~ 3 周的病史。体检时发热（103.5 °F；39.7 ℃），右前脚第二指远端肿胀（图 138a），怀疑感染。经过 10 天的抗生素疗程后，脚趾症状稍有改善，但肿物仍然存在。足部 X 线片显示 P3 骨溶解。肿胀脚趾的细针抽吸如图 138b 所示。

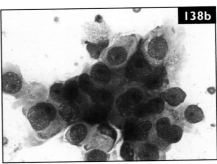

1. 细胞学诊断是什么？

2. 接下来需要做哪些诊断检查？

3. 对临床发现的可能解释是什么？

4. 这只患病猫的预后如何？

病例 139

这是一张手术标本的照片（图 139a，由 MSU DCPAH 的 MattiKiupel 博士提供）。一个未完全切除的软组织肉瘤再次切除以获得干净的边缘。

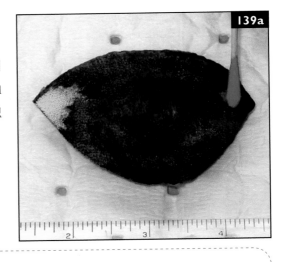

1. 图 139a 说明了什么？

2. 如果这是犬软组织肉瘤，需要多大的显微边缘宽度才能确定手术边缘是干净的？

一只 9 岁的雌性绝育拉布拉多猎犬因咳嗽而就诊，并有进展，但早在一年前就已发现。它的叫声也发生了变化。这些症状最初被归于喉麻痹。我们进行了 X 线片检查，发现一个肿物将气管移到背侧，并造成了前纵隔扩大。肺实质及血管组织正常。心脏轮廓也正常。MDB 及腹部超声正常。超声心动图证实一个 8 cm × 9 cm 均匀的包膜肿物，与升主动脉相关。心功能正常。以下图像来自 CT 扫描。胸部 CT 扫描图(图 140a)虚线与所示 CT 图像对应。图 140b 显示胸腔窗口。肺窗图 140c 处于下方。

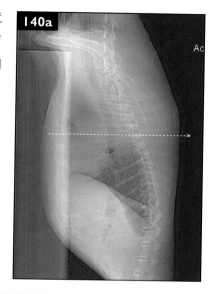

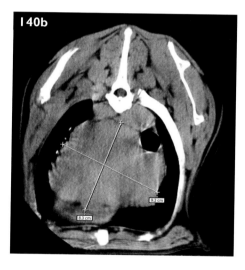

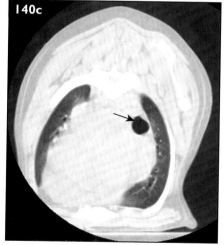

1. 肿物的解剖位置和特征是什么？图 140c 的箭头指向什么？

2. 请列出此肿物的鉴别诊断。什么肿瘤是最有可能的？为什么？

3. 应该进行哪些进一步的诊断检查？

4. 对这只患病犬应该考虑什么治疗？

病例 141

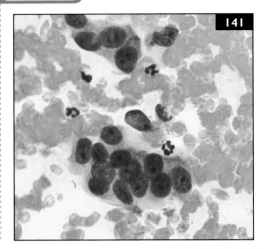

一只 13 岁雄性绝育暹罗猫，持续 4 个月厌食、呕吐、体重减轻。体格检查发现中腹部团块，5% 脱水。无其他异常。超声显示小肠有个 4 cm 团块，5 处肠系膜淋巴结肿大，从 0.6 cm×0.4 cm 到 1.5 cm×1.0 cm 不等。胸片可见胸骨淋巴结肿大。CBC 和生化无异常，FeLV 和 FIV 阴性。

1. 超声引导下小肠团块 FNA 细胞学如图 141 所示，细胞学诊断是什么？

2. 肿大的淋巴结对生存期有何影响？

3. 主人选择手术切除原发肿瘤和肿大淋巴结，组织病理结果会对预后有哪些显著影响？

4. 这个病例的品种有何特点？

病例 142

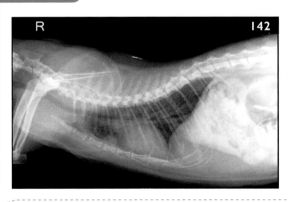

这是一只 10 岁雌性绝育老年家养长毛猫年度体检的胸片（图 142）。体格检查无异常。CBC、生化、尿检无异。

1. 描述影像学表现。

2. 这可以考虑为是正常的变化吗？

3. 胸骨淋巴结引流区域是哪里？

4. 进一步诊断应考虑哪些？

病例 143

  一只 8 岁雌性绝育吉娃娃混血犬近 3 周厌食。目前体重 4.5 kg，较 6 个月前体重下降 1 kg。体格检查瘦且腹部可触及多个团块，其他无异常。血检尿检无异常。胸片、腹超可见图 143a 至图 143c。

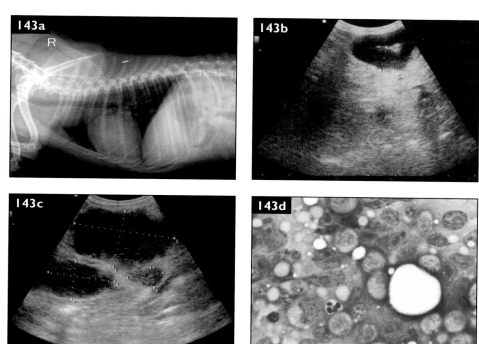

1. 胸片（图 143a）有哪些异常？

2. 图 143b 为小肠的横切面，图 143c 是中腹部的图像，请描述超声影像。

3. 图 143d 为超声引导下肠系膜淋巴结的细胞学。诊断是什么？

4. 建议进一步检查什么？

5. 该病例预后和治疗如何？

📝 **病例 144**

一只 12 岁雄性绝育德国牧羊混血犬近 2 周咳嗽，图 144a 是胸片右侧位，图 144b 是胸片腹背位。主人发现较 4 个月前体重下降 5 kg 并且后肢虚弱，有时咳嗽会咳出清亮液体。体格检查瘦，呼气时呼吸音大。

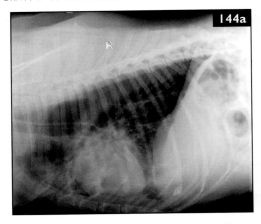
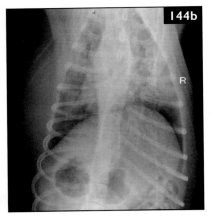

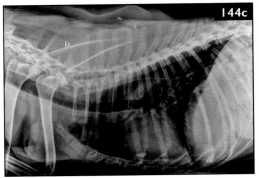

1. 图 144a 和图 144b 的胸片诊断是什么？

2. 图 144c 是使用 2 周抗生素后的胸片，胸片诊断是什么？

3. 鉴别诊断有什么？

4. 食道扩张和前纵隔肿物关系是什么？

5. 需要进行哪些进一步检查？

6. 可能的治疗选择有哪些？

病例 145

一只 4 岁绝育家养短毛猫腰荐椎尾侧正中线皮下肿物。无游离性。MDB 无异。肿物细针抽吸细胞学检查无诊断意义。所以进行了切除活检（图 145）。手术时发现肿物有蒂深入脊柱。

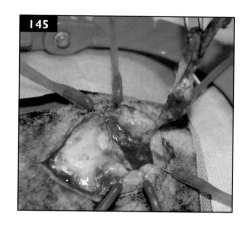

1. 这个肿物可能是什么？
2. 如果肿物外部破裂，可能出现哪些并发症？

病例 146

一只 11 岁绝育混血猎犬近几周出现体重下降，下颌淋巴结细胞学图片（图 146）。主人表示犬在家有鼻塞表现，且有过数次干呕。上、下颌淋巴结均肿大（1.5 cm）且坚硬。其他体格检查无异常。胸腹片无异常。血液检查无异常。

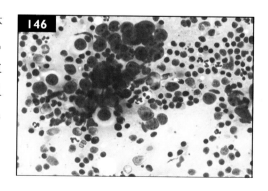

1. 细胞学有哪些表现？
2. 淋巴结病可能的原因有什么？还需要做什么来评估预后？

病例 147

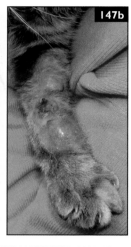

147a
147b

一只 6 岁雄性绝育家养短毛猫左前肢出现两处皮肤结节，如图 147a 所示。2 周后又出现了至少 8 处新结节在另一前肢和颈部（图 147b）。一个结节做了细胞学采样，显示为肥大细胞瘤。

1. 分期检查应建议做什么？
2. 组织病理对于预后的评估有哪些意义？
3. 猫要做像犬似的 c-KIT 突变检查吗？胞浆 KIT 标志评估在猫上有益处吗？
4. 猫肥大细胞瘤消极的预后因素有哪些？
5. 这个病例应考虑哪些治疗？

病例 148

148

一只 12 岁雌性绝育家养短毛猫右侧第三眼睑脱垂。近几天食欲下降。体格检查发现右侧瞳孔缩小，第三眼睑脱垂，右眼球突出（图 148）。其余无其他异常。

1. 图 148 显示出什么临床表现？
2. 这些异常的鉴别诊断有哪些？
3. 建议做哪些检查？

病例 149

一只 7 岁基本健康的雄性绝育金毛猎犬当在和家里其他犬玩耍时晕倒，怀疑被其他犬撞到。1 周后，穿过厨房时出现共济失调再次摔倒。有意识（无癫痫表现）但几分钟后才站起来。体格检查心肺无异常，后肢本体反射轻度减弱。MDB 显示无临床异常。腹超无异常。

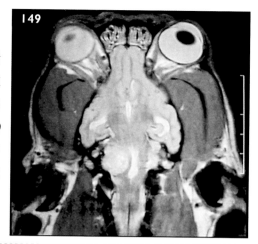

1. 摔倒可能的原因是什么？

2. 该病例后续应该做哪些检查？

3. 基于 MRI 结果（图 149），可考虑哪些治疗？

4. 该病例预后如何？

病例 150

一只 10 岁绝育金毛猎犬，左后肢大肿物（图 150a）。近一年缓慢长大，但最近开始导致犬不适和跛行。多处对肿物细针抽吸显示脂肪。X 线片显示脂肪密度贯穿左腿。

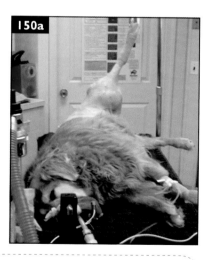

1. 可能的诊断是什么？

2. 进一步检查建议做什么？

3. 该病例最好的治疗方案是什么？

✎ **病例 151**

一只 13 岁绝育西施犬, 间断性咳嗽、干呕, 增强 CT 软组织窗 (图 151a), 肺窗增强 (图 151b)。其他无异。胸片显示胸前区肿物。MDB 无异常。腹超无异常。CT 引导下肿物细胞学 (图 151c)。

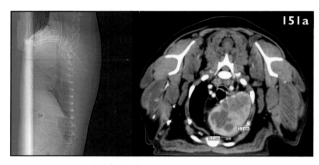

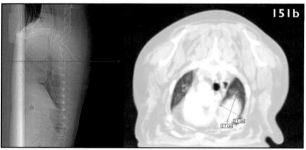

1. 描述 CT 影像。

2. 细胞学诊断是什么?

3. 该肿物的鉴别诊断是什么?

4. 该病例选择手术, 右肺前叶肿物已经浸润到纵隔。手术摘除, 组织病理显示为分化良好的乳头状癌, 边缘干净。犬原发肺肿瘤消极的预后因素有哪些?

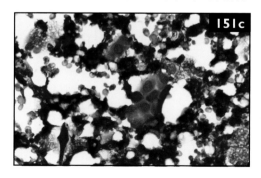

　　一只 15 岁雄性绝育家养短毛猫因右鼻腔流鼻涕，打喷嚏，以及右侧面部明显疼痛前来就诊。体格检查提示存在低级别心杂音。右侧鼻孔有血性分泌物，右侧额窦增厚。右眼无法活动。没有证据提示存在淋巴结增大。其余体格检查正常。图中所示为肿物最大部分没有造影增强 CT 结果（图 152a）和 CT 引导细针抽吸细胞学结果（图 152b）。

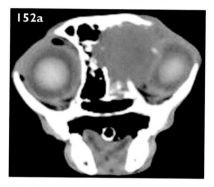
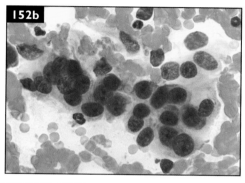

1. 描述 CT 结果，并列出该病变处鉴别诊断。

2. 细胞学检查诊断是什么？

3. 需要进行哪些进一步检查？

4. 可以采取哪些治疗方案？

　　这是一只 2.5 岁雄性绝育长毛腊肠犬（图 153）。宠主偶然间在犬喘气的时候发现舌头长了一个肿物。随后进行活检，组织病理学诊断为未分化圆形细胞瘤。进行免疫组织化学染色，结果是：CD79a、CD3、CD18 为阴性；CD45 为阳性。

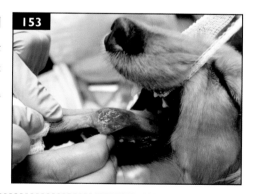

1. 免疫组织化学的结果如何解读？

2. 肿瘤已越过舌中线，是否可以选择手术？

3. 需要进一步进行哪些检查？

病例154

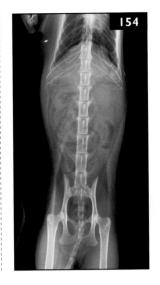

一只临床正常的 8 岁雄性绝育家养短毛猫，在一次常规年度体检中腹部触诊发现左侧肾脏肿大（图 154）。

1. 这个病例的鉴别诊断是什么？
2. 建议进行哪些诊断性检查？

病例155

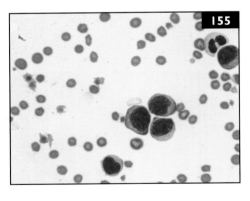

一只 10 岁雄性绝育金毛猎犬因全身淋巴结肿大就诊。当淋巴结肿大首次被发现的 1 周前，患犬没有症状。上周以来，淋巴结迅速增大，目前出现呕吐，脱水，非常虚弱，可视黏膜苍白。胸部放射检查发现胸骨淋巴结和肺门淋巴结肿大，腹部超声提示脾脏回声不均并肿大，肠系膜及腰下淋巴结肿大。淋巴结细胞学检查提示为淋巴瘤。外周血涂片如图 155 所示。

1. 该病例处于疾病分期第几期？
2. 建议进行哪些进一步检查？
3. 这个病例有哪些预后不良因素？

 **病例 156**

这是用来注射犬黑色素瘤疫苗 Oncept® 的经皮注射装置（图 156a、图 156b）。

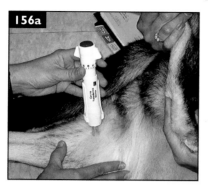

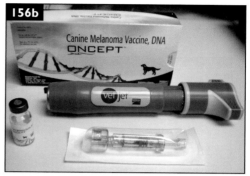

1. 为什么使用经皮装置注射疫苗？

2. 用这种装置主要的副作用是什么？

病例 157

一只 10 岁雌性绝育混血犬出现吞咽困难。颈部触诊可以发现一个大的、坚实的肿物位于中间。颈部侧位片（图 157a）和细胞学涂片如图 157b 所示。细胞学样本血液丰富，但仍可以在羽状缘发现呈簇分布的细胞。

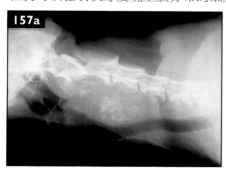

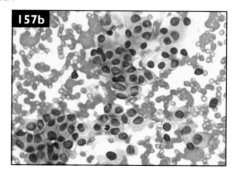

1. 最有可能的诊断是什么？

2. 除了进行 MDB 之外，还需要做哪些诊断检查？

3. 影响治疗决定的因素是什么？

4. 可以考虑哪种治疗方案？

病例 158

图 158a 显示正在抽取多柔比星（Adriamycin®）用于治疗一只患有血管肉瘤的犬。已使用 II 级化疗垂直层流面罩，同时也使用了其他的预防措施。

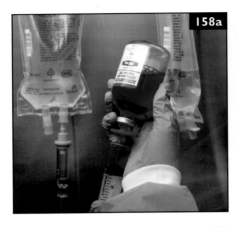

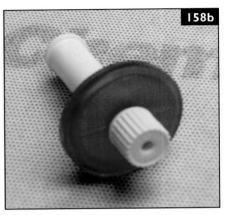

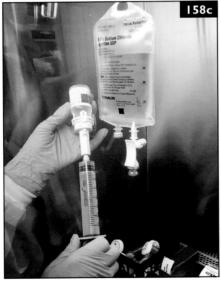

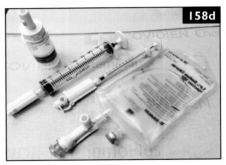

1. 图 158a 和图 158b 中展示的物品是什么？

2. 使用该装置主要是为了克服什么污染风险？

3. 图 158c 和图 158d 展示的装置是什么？它们的优点是什么？

病例159

　　一只8岁雄性绝育西施犬因多饮多尿2～3个月就诊。最近开始体重减轻，食欲下降。体格检查正常。基础数据分析提示游离钙为2.2 mmol/L，腹部超声未见明显异常。甲状旁腺素、游离钙、甲状旁腺激素相关肽（PTHrP）评估结果如下：

项目	结果	参考范围	单位
甲状旁腺素	3.90	0.50～5.80	pmol/L
游离钙	2.2	1.25～1.45	mmol/L
甲状旁腺相关肽	0.0	0.0～1.0	pmol/L

1. 造成犬高钙血症的原因是什么？
2. 请解释一下这些结果。
3. 需要进行哪些进一步诊断检查？
4. 该如何治疗这只犬？
5. 治疗的并发症包括什么？

病例160

　　一只6岁雌性绝育美国斗牛犬，皮肤病史长达6个月，一开始认为是细菌性皮炎。患犬十分瘙痒，但是用苯海拉明控制效果较好。皮肤病灶全身分布，但是腹部尾侧以及腹股沟处病情比较严重。皮肤病灶表现不一，包括局部皮肤脱色、结痂，斑块样病变伴有溃烂，痂皮（图160）。同时也可以看到弥散性红疹。其他体格检查结果未见明显异常。未见淋巴结肿大。进行皮肤活检提示为趋上皮性淋巴瘤［皮肤T细胞淋巴瘤（CTCL）或蕈样肉芽肿］。免疫组织化学确认为CD8（+）T细胞。

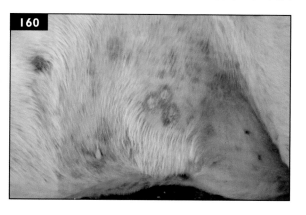

1. 治疗之前需要进行哪些进一步诊断检查？
2. 推荐进行哪些治疗以及支持性护理？
3. 这个病例的预后如何？

病例 161

很多宠主自己正在接受化疗，或者也见过他们的朋友亲戚经历化疗，非常担心肿瘤潜在副作用。其中，脱毛是宠主非常担心的问题。图 161a 显示的是一只正在进行化疗的巨型雪纳瑞混血犬；图 161b 显示的是一只正在接受多柔比星化疗的金毛猎犬尾部羽状边缘脱毛。

1. 请列出最容易发生化疗相关性脱毛的犬品种。

2. 在进行化疗的猫当中，会有哪些脱毛表现？

3. 哪些化疗药最可能导致脱毛？

病例 162

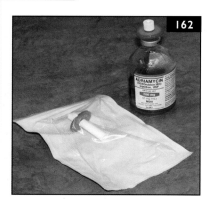

Adriamycin®（盐酸多柔比星）在人和动物上面是最常用的化疗药之一。图 162 中所示的是一个化疗配药针。

1. 犬最常见的多柔比星的副作用有哪些？

2. 多柔比星对于猫的副作用相较于犬有哪些不同？

病例 163

　　一只 9 岁的雌性绝育混血犬，体重 10 kg，因急性左前肢跛行就诊。肱骨近端疼痛并肿胀。拍摄了肢体的 X 线片（图 163）。胸片、全血细胞计数、化学检查和尿检均正常。

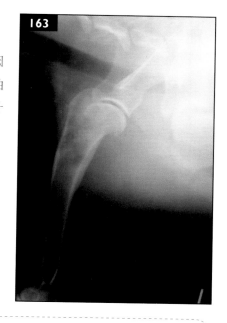

1. 描述 X 线片并给出鉴别诊断。
2. 需要做哪些进一步的诊断检查？
3. 活检显示骨肉瘤，低分级，应该提出什么样的治疗建议？
4. 这只患病犬的预后与大多数其他被诊断为骨肉瘤的犬有什么不同？

 病例 164

　　一只 32 kg 的混血金毛猎犬在肘部外侧肿瘤切除活检后，诊断为 II 级软组织肉瘤图 164，肿瘤细胞延伸至外侧和深部边缘。宠物主人不希望继续进行更多的手术或术后放射治疗。制订的化疗方案如下：
- 吡罗昔康 10 mg，每日 1 次。
- 环磷酰胺 15 mg，每日 1 次。

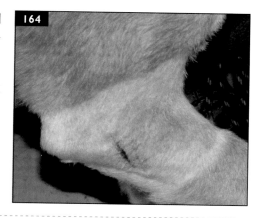

1. 描述这代表性的化疗方案的类型。
2. 这种化疗方案在犬、猫的哪些癌症中被评估过？

病例 165

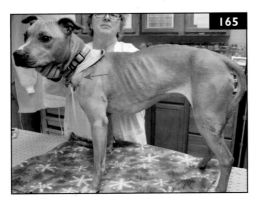

165

一只 9 岁雌性绝育比特混血犬，在食欲良好的情况下，2 周前出现体重快速下降（5.5 kg）的病史。体检时，除了体重严重减轻、肌肉萎缩外，周围淋巴结肿大（图 165，箭头指向左肩胛前淋巴结）。进一步的诊断试验包括 MDB、腹部超声和多个淋巴结的细胞学检查，推断诊断为淋巴瘤。

1. 该患病犬的病史和临床表现提示什么副肿瘤综合征？

2. 癌症的宠物患有这种副肿瘤综合征有多普遍？

3. 该综合征的存在如何影响患者的预后？

4. 什么是肌肉减少症？

病例 166

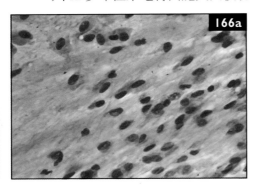

166a

一只 12 岁雌性未绝育西施犬因便秘、尿淋漓、阴道分泌物和腹胀而就诊。腹部尾端可触诊到一个巨大的肿物，但其余检查无明显异常。MDB 包括胸片检查均正常。腹部超声显示大而均匀的肿物，大小为 10.9 cm×6.9 cm×11.8 cm。肿物出现在膀胱和结肠的外侧和其他器官的头侧。超声引导下对肿物行 FNA 检查，细胞学显示（图 166a）。

1. 描述细胞学检查并给出初步诊断。

2. 鉴别诊断有哪些？

3. 为了确定最佳的治疗方案，需要做哪些进一步的检查？

4. 最好的治疗方案是什么？

病例 167

图 167a 是一只 9 岁雌性未绝育边境牧羊犬的 X 线片，它最近出现了干咳，每天至少有 4～5 次。有长达 2 年偶尔咳嗽的病史，被认为是过敏导致。病犬在其他方面健康，食欲良好，体格检查正常，除心音模糊外，没有其他临床症状。MDB 是正常。对心脏及周围组织进行超声检查，心功能正常，心脏附近组织超声显示如图 167b 所示。

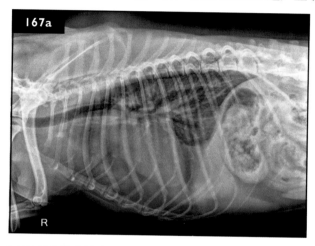

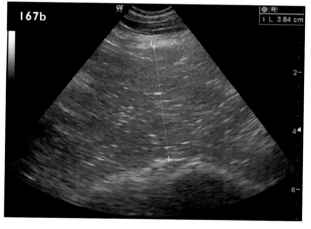

1. 描述 X 线片和超声。

2. 对该患病犬还需要做哪些进一步的诊断？

3. 治疗建议是什么？

4. 患病犬的预后如何？

　　9岁雄性绝育罗威纳犬右后足X线片，表现为跛行和最右面脚趾肿胀疼痛（图168a）。右侧腘窝淋巴结肿大（2 cm）；左侧腘窝淋巴结正常。MDB包括胸片检查正常。

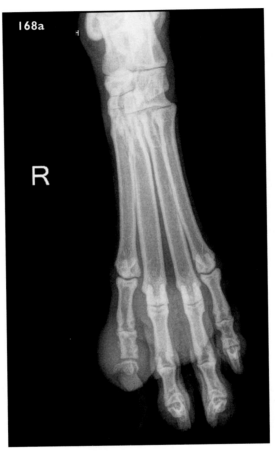

1. X线片检查有什么发现？

2. 该患病犬的鉴别诊断是什么？

3. 还需要做哪些其他的检查？

4. 该患病犬的治疗方法和预后如何？

病例 169

　　一只 10 岁的巨型雪纳瑞混血犬有 3 天前房积血病史（前房出血）。前房积血为双侧，但左眼更为明显（图 169a）。没有外伤史。除可触及 1.0 cm 左右的左侧下颌下淋巴结外，其余检查均无异常。胸片检查正常。脾脏中度增大，呈斑驳状。全血细胞计数和化学检查均正常，但球蛋白升高（10 mg/dL）。对下颌下淋巴结进行细针抽吸，细胞学显示如图 169b 所示。

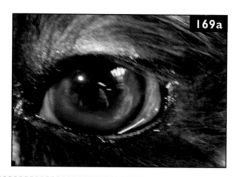
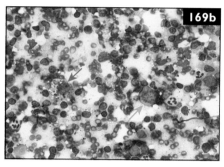

1. 描述细胞学。
2. 应该进行哪些进一步的诊断检查？
3. 前房积血和高球蛋白血症的鉴别诊断是什么？
4. 前房积血的可能机制是什么？

病例 170

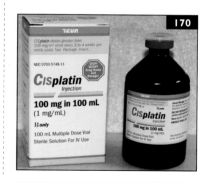

　　一只 12 岁的雌性绝育罗威纳犬和一只 12 岁的雄性家养短毛猫被诊断为肱骨近端骨肉瘤。两名病患的 MDB 正常，无转移迹象。两名病患的前肢都被截肢了。顺铂是治疗骨肉瘤的药物之一（图 170）。

1. 这 2 只患病犬、猫的治疗方案有何不同？
2. 在犬和猫身上使用顺铂的主要毒性是什么？
3. 顺铂的管理方案是什么？

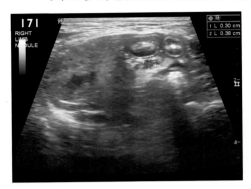

病例 171

一只 12 岁的雄性绝育约克夏犬在散步时晕倒。先前没有临床症状。晕倒后犬在 1 min 内就清醒了，犬的主人认为这是因为天气太热导致的，所以一开始并不担心。1 周后，该犬再次昏倒，但这次是癫痫发作。体格检查，除双眼晶状体硬化（OU）外，看上去它是健康的。没有发现心脏杂音或心律失常。黏膜呈粉红色，湿润，毛细血管再充盈时间 <1 s。然而，在检查过程中，这只犬很兴奋，出现共济失调，然后昏倒。

1. 该患病犬的鉴别诊断是什么？

2. 除了 MDB 外，还进行了腹部超声检查。胰腺区域的超声图像（图 171）。右肢胰腺可见 0.30 cm×0.38 cm 低回声结节。需要做哪些进一步的诊断检查？

3. 休克时血糖为 40 mg/dL。基于这一发现还需要做哪些进一步的检查？

4. 胰岛素瘤的诊断是如何做出的？

5. 列出犬胰岛素瘤的预后指标。

病例 172

这是一只 12 岁的雌性金毛猎犬，因食欲不振和右侧鼻出血而进行鼻腔 CT 扫描（图 172）。

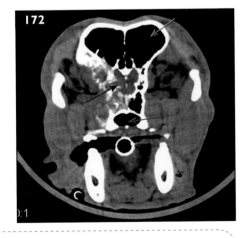

1. 图 172 中蓝色箭头指向的是什么结构？

2. 图 172 中黑色箭头指向的是什么结构？

3. 图 172 中红色箭头指向的是什么结构？

4. 描述 CT 扫描结果。在黑箭头的顶端看到变化的意义是什么？

病例173

　　一只4岁的雌性黑色拉布拉多猎犬因疑似背部疼痛而就诊。在过去的几周里，它不再像往常一样活跃，也不再在家具上跳来跳去。步幅缩短，后肢步态狭窄。它肩膀部位也有肌肉颤抖的症状。体检时它警觉，反应敏捷。它的后肢和尾巴的张力减弱了。通过深层触诊脊柱腰骶区表现轻度腰骶疼痛。神经学检查显示姿势反应正常，双跗关节屈曲减少，双髌骨假性反射亢进。疑似L4−S2脊髓病。MDB和腹部超声均在正常范围内（图173a，t2加权图像；图173b，t1加权图像）。脊柱MRI检查（图173c），同时提取脑脊液（CSF）。［图片来自Michael Wolf DACVIM医生（神经病学）］。

脑脊液细胞学
颜色：透明
澄清度：略显混浊
白细胞（CSF）：0
红细胞（CSF）：1（高）
蛋白：35 mg/dL（正常范围：≤30 mg/dL）
描述：离心后，细胞学片可见缺乏明显的有核细胞结构，偶尔存在无核角质细胞、红细胞和手套上的粉末晶体

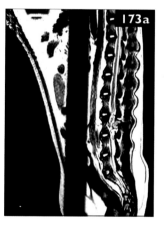
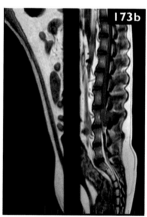
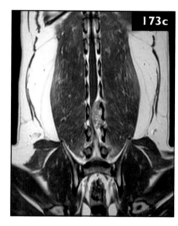

1. 描述MRI上的病变。

2. 此病变的鉴别诊断是什么？

3. 如何获得最终诊断？

4. 应该考虑哪些治疗方案？该患病犬的预后如何？

病例 174

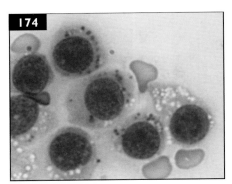

一只 9 岁雄性绝育的家养短毛猫因呕吐、嗜睡和体重减轻就诊。在体格检查中，发现腹部有一个坚实的肿物，直径约 5 cm。动物黏膜苍白，发黏。FeLV 和 FIV 呈阴性。超声显示小肠内有 5 cm×4 cm 的肿物。几个肠系膜淋巴结肿大，测量 ≤ 2 cm。肝脾回声不均，提示有浸润性病变。图 174 为超声引导下肠道肿物的细胞学检查照片。

1. 细胞学诊断是什么？

2. 需要进行哪些进一步的诊断试验才能做出明确诊断以及进行临床分期？

3. 这个病例预后如何？

病例 175

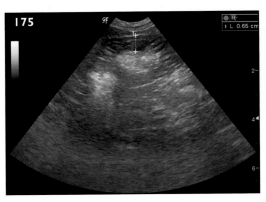

一只 12 岁雄性绝育松狮犬因厌食、体重减轻、间歇性黑色焦油样大便就诊。除直肠检查发现黑便外，体格其他检查正常。红细胞比容为 28%。血涂片显示轻度贫血。其余 CBC 和血清生化均正常。胸片正常。图 175 为胃部超声影像，大约 75% 的胃壁出现异常。

1. 超声图像上看到了什么？

2. 主要鉴别诊断是什么？

3. 应如何获得明确诊断？

4. 这个患病犬的预后如何？

病例 176

一只 10 岁雄性绝育家养短毛猫，因呼吸困难伴腹式呼吸就诊。自从上一次称体重以来，它已经瘦了将近 1 kg。因嗜睡和出现过几次反流就诊。除显著淋巴细胞增多（8 000/μL）外，MDB 结果正常。FeLV/FIV 状态为阴性。腹背位和侧位胸片（图176a、图 176b）以及心脏层面（图 176c）的如图所示。超声引导下的细针抽吸显示混合细胞群主要由小淋巴细胞组成，偶尔可见上皮细胞和肥大细胞。

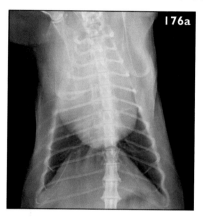
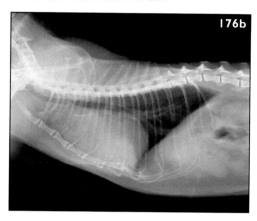

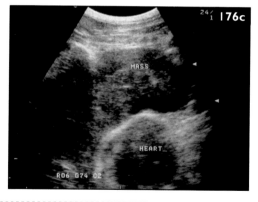

1. 描述 X 线片和超声。

2. 列出该部位肿物的鉴别诊断。

3. 根据目前进行的检查，最有可能的诊断是什么？

4. 哪些进一步检查可以提供明确的诊断和确定疾病的程度？

5. 该患病猫有哪些治疗方案？

6. 列出本病的预后良好指标和不良指标。

7. 该患病猫有哪些副肿瘤综合征？

一只 7 岁 26 kg 的雄性绝育混血犬有几个月的慢性呕吐症状，偶尔出现血样，经治疗后还有间歇性腹泻伴黑便。自症状出现以来，它的体重减轻了约 3 kg，而且精神越来越差。最初使用胃复安、法莫替丁和清淡的饮食，症状有所改善，但后期症状复发。

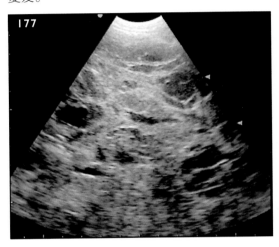

体格检查时，心率升高（160 次 / min），体温升高（103.7 ℉；39.8 ℃），触诊前腹部疼痛。胸部和腹部 X 线片无明显改变。腹部超声检查发现胃壁弥漫增厚，皱襞明显。肠系膜淋巴结肿大（直径 1 ~ 2 cm）。肝脏多发性低回声病灶，大小 0.5 ~ 2 cm（图 177）。红细胞比容为 24%，白细胞 32 000/μL，血小板 230 000/μL。生化结果见下表。内窥镜检查发现了几个胃溃疡。

项目	结果	趋势	单位	正常范围
尿素氮	52.0	高	mg/dL	9.0 ~ 29.0
肌酐	1.0		mg/dL	0.4 ~ 1.4
磷	3.3		mg/dL	1.9 ~ 5.0
总钙	9.8		mg/dL	9.0 ~ 12.2
矫正钙	9.9		mg/dL	9.0 ~ 12.2
总蛋白	5.0	低	g/dL	5.5 ~ 7.6
白蛋白	2.1	低	g/dL	2.5 ~ 4.0
球蛋白	2.9		g/dL	2.0 ~ 3.6
白球比	0.72			
血糖	111		mg/dL	75 ~ 125
胆固醇	305		mg/dL	120 ~ 310
谷丙转氨酶	140	高	U/L	0 ~ 120
碱性磷酸酶	180	高	U/L	0 ~ 140
谷酰转肽酶	16	高	U/L	0 ~ 14
胆红素	0.3		mg/dL	0.0 ~ 0.5

1. 需要进行哪些进一步的诊断检查？

2. 超声检查有转移性疾病的证据，需要手术吗？

3. 什么是佐林格‑埃利森综合征？该如何进行医学治疗？

4. 这个病例的预后如何？

病例 178

一只 16 岁的雌性绝育家养长毛猫有 2 年的轻度氮质血症病史。就诊前的 3 周开始，动物频繁地躲藏，无其他临床症状。胸部和腹部 X 线片正常。超声检查发现右肾有病变。血液检查见下表，右肾超声图像见图 178a，以及超声引导下细针穿刺细胞学检查见图 178b。

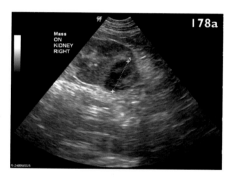

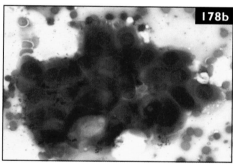

项目	结果	趋势	单位	正常范围
白细胞	9.6		$10^3/\mu L$	5.5 ~ 19.5
淋巴细胞	0.9	低	$10^3/\mu L$	1.8 ~ 7.0
单核细胞	0.4		$10^3/\mu L$	0.2 ~ 1.0
中性粒细胞	8.3		$10^3/\mu L$	2.8 ~ 13.0
淋巴百分比	10.1		%	
单核百分比	3.7		%	
中性粒百分比	86.2		%	
红细胞比容	32.0		%	25.0 ~ 45.0
红细胞体积	44.1		fL	39.0 ~ 50.0
平均红细胞血红蛋白浓度	32.1		fL	20.0 ~ 35.0

续表

项目	结果	趋势	单位	正常范围
平均红细胞血红蛋白	19.5	高	%	13.5 ~ 18.0
血红蛋白	12.2		g/dL	8.0 ~ 15.0
红细胞分布宽度	38.2		g/dL	31.0 ~ 38.5
血红蛋白浓度	16.9		pg	12.5 ~ 17.5
红细胞	7.25		$10^6/\mu L$	5.00 ~ 11.00
血小板	333		$10^3/\mu L$	200 ~ 500
平均血小板体积	9.4		fL	8.0 ~ 12.0
尿素氮	39.4	高	mg/dL	15.0 ~ 32.0
肌酐	2.5	高	mg/dL	0.8 ~ 1.8
磷	3.8		mg/dL	2.6 ~ 6.0
总钙	10.0		mg/dL	9.0 ~ 11.9
总蛋白	7.4		g/dL	5.5 ~ 7.6
白蛋白	3.4		g/dL	2.5 ~ 4.0
球蛋白	4.0		g/dL	2.0 ~ 3.6
白球比	0.9			
血糖	147	高	mg/dL	75 ~ 130
胆固醇	223	高	mg/dL	70 ~ 200
谷丙转氨酶	35		U/L	0 ~ 85
碱性磷酸酶	42		U/L	0 ~ 90
谷酰转肽酶	<10		U/L	0 ~ 10
胆红素	<0.1		mg/dL	0.0 ~ 0.5

1. 描述超声和细胞学检查结果。可能的诊断是什么?

2. 原发性肾肿瘤的治疗选择是什么?

3. 对该患病猫的建议是什么?

✏ **病例 179**

　　一只 12 岁雄性绝育比格犬／德国牧羊犬的混血犬急性直肠出血。几周来它的食欲一直在下降，但最初以为是最近家里又添了一只宠物的原因。体格检查正常，只有直肠滴血（图 179a）。直肠检查，肛囊正常。直肠检查后立即排出大量血凝块（图 179b）。

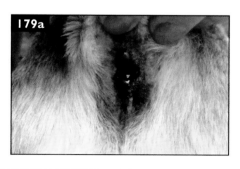

1. 这只患病犬便血的鉴别诊断有哪些？

2. 直肠检查后血凝块立即排出的可能原因是什么？

3. 下一步应检查什么？

4. 在直肠中发现的最常见的恶性肿瘤是什么？

5. 建议该患病犬做直肠牵拉切除手术。这类手术可能伴有哪些并发症？

✏ **病例 180**

　　一只 10 岁雄性绝育家养短毛猫精神食欲下降，体格检查无异。除 CBC 外，MDB 正常。比容 73%，血红蛋白 23.1 g/dL（参考范围 8.0 ～ 15.0），RBC 计数为 $16.46 \times 10^{6}/\mu L$（参考范围 5.00 ～ 11.00）。血清无异常。

1. 图 180 是在做什么操作？

2. 该病例鉴别诊断有哪些？

3. 建议进一步诊断检查什么？

4. 该病例如何管理？

病例181

　　一只3岁雌性绝育金毛猎犬怀疑有人畜共患性皮炎，腹部照片如图181所示。曾经去过有较多蜱虫的地方度假，且皮肤上有黑色、扁平的斑点，疑似蜱虫。主人使用了福来恩，但病变斑点逐渐长大，破溃并有渗出液。另外出现了更多皮肤病变以及中度体表淋巴结肿大（1～3 cm）。皮肤活检显示结节为非退行性组织细胞瘤，免疫组织化学染色 CD3（－），E- 钙黏蛋白（＋）。

1. 这个病例诊断结果是什么？
2. 应该建议后续诊断检查什么？
3. 该病病因是什么？
4. 该病例如何管理？

病例182

　　一只10岁雄性绝育金毛猎犬突发左侧颧弓坚硬肿胀，平片（图182a），增强 CT（图182b）。肿物感觉骨化并伴颞部和咬肌的萎缩。双侧眨眼反射正常，体格检查无其他异常。

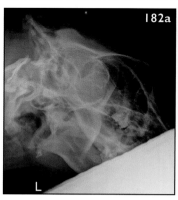
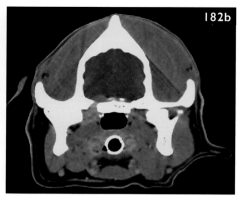

1. 描述平片和 CT。
2. 这些病变的鉴别诊断有什么？

病例183

一只16岁雄性绝育贵宾犬左上颌坚硬且肿胀（图183a、图183b）。主人以为是牙根脓肿，实施了拔牙。拔牙后使用抗生素2周未见好转，且肿胀更严重了。考虑到动物年纪，主人不希望做抗癌治疗，如根治性放疗、手术或化疗；只希望做些姑息治疗。

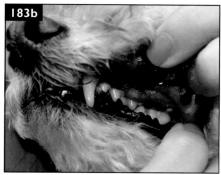

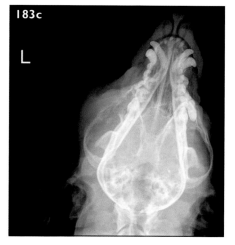

1. 描述 X 线片（图183c）。

2. 该病变鉴别诊断有哪些?

3. 推荐哪些姑息治疗方法?

病例184

一只10岁雄性绝育拉布拉多犬，每年定期进行血液检查。除了轻度的饮水量增多，无其他临床表现。主人感觉是因为近期天气炎热导致。它聪明、机警、活跃，无体重下降。做了球蛋白电泳实验。通过血清电泳确定为单克隆 γ 球蛋白病。

项目	结果	趋势	单位	正常范围
白细胞	5.3	低	$10^3/\mu L$	6.0 ~ 17.0
淋巴细胞	1.5		$10^3/\mu L$	0.9 ~ 5.0
单核细胞	0.5		$10^3/\mu L$	0.3 ~ 1.5
中性粒细胞	3.3	低	$10^3/\mu L$	3.5 ~ 12.0
淋巴百分比	28.1		%	
单核百分比	9.8		%	
中性粒百分比	62.1		%	
红细胞比容	29.7	低	%	37.0 ~ 55.0
红细胞体积	58.0	低	fL	60.0 ~ 72.0
平均红细胞血红蛋白浓度	46.3		fL	35.0 ~ 53.0
平均红细胞血红蛋白	20.5	高	%	12.0 ~ 17.5
血红蛋白	11.5	低	g/dL	12.0 ~ 18.0
红细胞分布宽度	38.7	高	g/dL	32.0 ~ 38.5
血红蛋白浓度	22.4		pg	19.5 ~ 25.5
红细胞	5.12	低	$10^6/\mu L$	5.50 ~ 8.50
血小板	123	低	$10^3/\mu L$	200 ~ 500
平均血小板体积	7.4		fL	5.5 ~ 10.5
尿素氮	27.7		mg/dL	9.0 ~ 29.0
肌酐	1.3		mg/dL	0.4 ~ 1.4
磷	4.4		mg/dL	1.9 ~ 5.0
总钙	>15.3	高	mg/dL	9.0 ~ 12.2
矫正钙	****		mg/dL	9.0 ~ 12.2
总蛋白	>11.0	高	g/dL	5.5 ~ 7.6
白蛋白	3.6		g/dL	2.5 ~ 4.0

续表

项目	结果	趋势	单位	正常范围
球蛋白	****		g/dL	2.0 ~ 3.6
白球比	****			
血糖	122		mg/dL	75 ~ 125
胆固醇	201		mg/dL	120 ~ 310
谷丙转氨酶	176	高	U/L	0 ~ 120
碱性磷酸酶	34		U/L	0 ~ 140
谷酰转肽酶	10		U/L	0 ~ 14
胆红素	<0.1		mg/dL	0.0 ~ 0.5
氧分压	32.7	低	mmHg	80.0 ~ 100.0
氧饱和度	65.6		%	
二氧化碳分压	34.1	低	mmHg	35.0 ~ 45.0
碳酸氢根	22.7		mmol/l	
酸碱度	7.441			7.330 ~ 7.450
组织液剩余碱	−1.4		mmol/L	
剩余碱	−0.7		mmol/L	
钠	154.7	高	mmol/L	139.0 ~ 151.0
钾	4.23		mmol/L	3.80 ~ 5.30
氯	113.0		mmol/L	102.0 ~ 120.0
阴离子间隙	23.3		mmol/L	
离子钙	1.52	高	mmol/L	1.25 ~ 1.43

1. 单克隆 γ 球蛋白病有哪些鉴别诊断？

2. 下一步推荐哪些诊断检查？

3. 诊断多发性骨髓瘤需要满足什么条件？

4. 该犬预后和治疗方案是什么？

5. 消极的预后因素有哪些？

病例185

这是一只 9 岁雄性绝育比格犬的背腹位胸部 X 线片（图 185a）和外观照片（图 185b），表现为急性全身性多发的皮下结节（最初被认为是过敏反应）和咳嗽。体检时，精神状态良好，未见异常。有多个 0.5 ~ 1 cm 的皮下隆起性肿物 IV/VI 级全收缩期心脏杂音和全身性淋巴结肿大。图 185c 显示了一个皮下肿物细针抽吸后的细胞学结果。血常规显示轻度贫血（PCV 29%）和血小板减少症（58 000/μL），血涂片也证实了这一点。钙等生化指标在正常范围内。

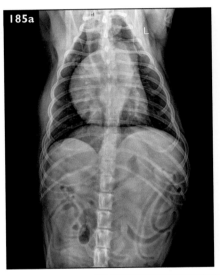
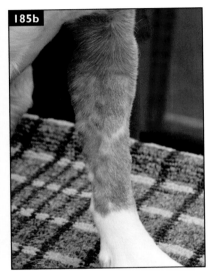
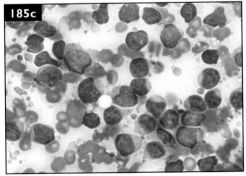

1. 这个病例的诊断结果是什么？

2. 描述 X 线片。可能是什么原因导致的咳嗽？

3. 为了进一步诊断，应该进行哪些检查？

4. 疾病目前处于什么阶段？对预后有什么影响？

5. 考虑血液问题，为该病例制订一个治疗方案。

病例 186

这是一只 9 岁雄性绝育家养短毛猫胃壁的超声图像（图 186），临床表现为食欲不振、呕吐和发烧（103.5 ℉，39.7 ℃）。除了一个 0.9 cm × 1.0 cm 的局部淋巴结异常外，其余超声检查正常。在超声引导下，对胃壁进行细针抽吸，显示单形态的中到大淋巴细胞群。胸片正常，血液检查无明显异常。

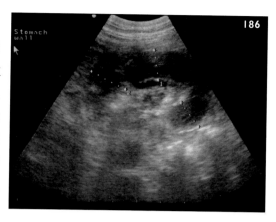

1. 根据超声表现和细胞学描述，疾病的诊断和分期是什么？

2. 猫的胃部诊断最常见的淋巴瘤类型是什么？

3. 这种淋巴瘤的最佳预后指标是什么？

病例 187

帕拉定（磷酸托西尼布）是一种酪氨酸激酶抑制剂，最近批准用于犬（图 187）。

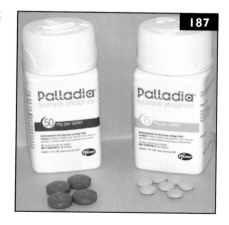

1. 这种药的作用机制是什么？

2. 使用帕拉定有哪些适应症？

3. 虽然这种药物不被认为是化疗药物，但其使用可能会产生显著的毒性。描述潜在的副作用和这些副作用的管理。

4. 宠物主人给宠物使用帕拉定时有哪些注意事项？

病例 188

对一只 12 岁的雌性绝育巴哥犬进行了左侧颈部 6.5 cm×5 cm×2 cm 皮肤肿物的评估（图 188a）。主诉该肿物在 4 年前首次被发现为小（2 cm）肿物，但当时没有进行诊断和治疗。做了细针抽吸，并进行细胞学检查（图 188b）。该病例其他临床检查正常。

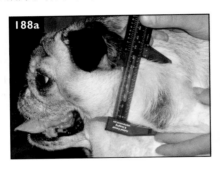
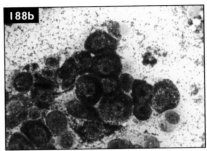

1. 这个病例的诊断结果是什么？

2. 在这些照片中看到的哪些因素有助于预测这种肿瘤的生物学行为？

3. 为了制订治疗计划，应该进行哪些进一步的诊断检查？

病例 189

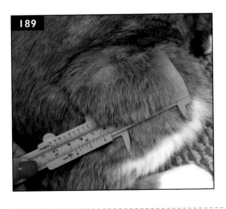

一只 12 岁的雄性绝育家养短毛猫最近被发现在右侧大腿和侧面区域有一个肿物并进行了评估（图 189）。测量肿物长 6 cm，并牢固地附着在下面的组织上。肿物的一部分涉及腹壁组织，并向远侧延伸至膝关节。进行了细针抽吸，结果显示软组织肉瘤。体检结果是正常的。

1. 从临床病史中应该获得哪些进一步的信息？

2. 应做哪些检查？

3. 应该提供哪些治疗选择？

病例 190

　　一只 6 岁的雌性绝育金毛猎犬因连续几天的嗜睡、食欲不振和左嘴唇下垂而就诊（图 190a）。左右无感觉反射，没有左眼眨眼反射，左侧鼻口结痂，符合面部神经麻痹。颌下淋巴结突出（双侧 1.5 cm）。没有发现其他异常，胸腹片正常。图 190b 为血常规和血涂片。生化检查在正常范围内。

项目	结果	趋势	单位	正常范围
白细胞	47.4	高	$10^3/\mu L$	6.0 ~ 17.0
淋巴细胞	27.8	高	$10^3/\mu L$	0.9 ~ 5.0
单核细胞	7.9	高	$10^3/\mu L$	0.3 ~ 1.5
中性粒细胞	11.7	高	$10^3/\mu L$	3.5 ~ 12.0
淋巴百分比	37.6		%	
单核百分比	16.6		%	
中性粒百分比	45.8		%	
红细胞比容	36.2	低	%	37.0 ~ 55.0
红细胞体积	66.3		fL	60.0 ~ 72.0
平均红细胞血红蛋白浓度	50.0		fL	35.0 ~ 53.0
平均红细胞血红蛋白	17.3%		%	12.0 ~ 17.5
血红蛋白	14.2		g/dL	12.0 ~ 18.0
红细胞分布宽度	39.3	高	g/dL	32.0 ~ 38.5
血红蛋白浓度	26.1	高	pg	19.5 ~ 25.5
红细胞	5.46	低	$10^6/\mu L$	5.50 ~ 8.50
血小板	184	低	$10^3/\mu L$	200 ~ 500
平均血小板体积	8.3		fL	5.5 ~ 10.5

190a

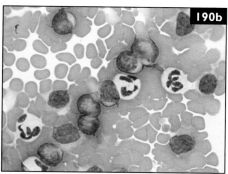
190b

1. 该病例诊断结果可能是什么？

2. 需要做什么进一步的检查来确诊？

3. 面神经麻痹的可能原因是什么？

4. 这个病例应该怎么治疗？

病例 191

这是一只 10 岁的雄性绝育混血犬的口腔，它食欲良好，但开始出现体重减轻（图 191a）。它看起来很有食欲，偶尔会出现类似呕吐的动作。颌下淋巴结双侧增大，每个约 2 cm。其余体检结果正常。进行了骨髓增生异常综合征检查，结果正常。图示为颌下淋巴结细针抽吸细胞学（图 191b）。

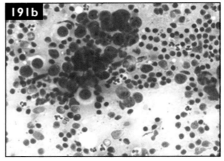

1. 口腔有什么异常？

2. 描述下颌下淋巴结的细胞学。

3. 最有可能的诊断是什么？

4. 可以提供哪些治疗选择？

5. 这个病例的预后如何？

病例 192

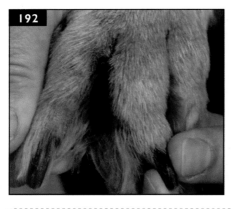

一只 10 岁的雄性绝育金毛猎犬被发现在右前脚有一个 1.5 cm 的指间肿物（图 192）。肿物手术切除，结果为恶性黑色素瘤，手术边缘干净但狭窄（<2 mm）。有丝分裂指数为 7，恶性细胞被认为是中度恶性。右侧肩胛前淋巴结可触及并测量为 2 cm。进行了细针抽吸，细胞学检查与反应性淋巴结一致。

1. 应进行哪些进一步的检查／分期？为什么？

2. 描述一下这个病例的治疗方案。

3. 这个病例的预后如何？

病例 193

　　一只 9 岁雄性绝育孟加拉猫厌食和体重减轻持续了约 3 个月。除了明显的脾肿大，其他检查正常。腹部超声，脾增大，弥漫性低回声，有结节。图 193 是实验室检查结果。

蛋白电泳， 血清		
总蛋白	11.5 （高）	6.6 ~ 7.8 g/dL
白蛋白	2.85	2.1 ~ 3.3 g/dL
球蛋白	8.65 （高）	2.6 ~ 5.1 g/dL
α-1	0.20	0.2 ~ 1.1 g/dL
α-2	0.67	0.4 ~ 0.9 g/dL
β-1	1.11 （高）	0.3 ~ 0.9 g/dL
γ-1	6.66 （高）	0.3 ~ 2.5 g/dL

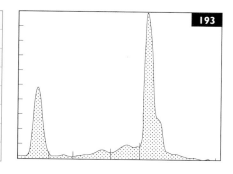

1. 蛋白质电泳表明了什么？

2. 这个病例的鉴别诊断是什么？

3. 应该做哪些进一步的检查来帮助确诊？

4. 应该如何治疗？

病例 194

　　一只 14 岁雌性绝育黑色混血拉布拉多猎犬已诊断为 IVa 期多中心淋巴瘤。在威斯康星大学麦迪逊分校进行了犬淋巴瘤化疗方案的治疗。治疗方案结束后，临床缓解 11 个月后在腹中部可触诊肿物。进行分期（MDB，胸部 X 线片，腹部超声）。超声显示一个巨大的脾脏肿物（图 194）。超声引导下细针抽吸确诊淋巴瘤复发。患犬无临床症状。

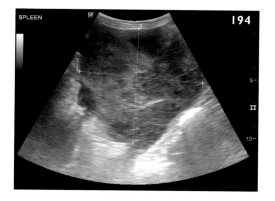

1. 该患病犬适合进一步化疗吗？

2. 应该提出哪些化疗建议？

病例195

这是一只 10 岁雄性绝育混血比格犬的超声图像（图 195a，左肾；图 195b，膀胱），临床表现为尿血和尿频。膀胱创伤性导尿后进行细胞学检查（图 195c）。

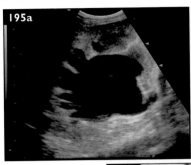

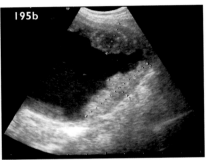

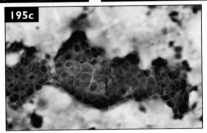

1. 初步诊断是什么？

2. 其他哪些分期 / 诊断检查对此病例进行评估较为重要？

3. 采取什么措施可以防止肾脏进一步被损害？

 病例196

一只 10 岁雄性绝育拳狮犬突然出现饮欲增加。体格检查正常。CBC 显示轻度贫血（红细胞比容为 29%，血红蛋白为 10 g/dL，WBC（148 370/μL）增多，中性粒细胞（6 200/μL）、淋巴细胞（133 340/μL）和血小板（76 000/μL）。生化检查包括钙都是正常的。腹部超声显示脾脏中度肿大，但是未见明显肿物或浸润性病变。流式细胞术显示 CD21 淋巴细胞增多，但淋巴细胞大小处于大、小范围"边缘"之间。未见 CD34（＋）细胞。

1. 该患病犬的诊断是什么？

2. 淋巴细胞大小的意义是什么？

3. 细胞缺少 CD34（＋）意味什么？

4. 应该提供什么治疗？

病例 197

一只 10 岁雄性绝育拉布拉多猎犬表现 2 周昏睡史以及呼吸困难急性发作（2 天前）。除此之外，患病犬身体健康，体格检查无明显异常，无明显外伤史或手术史。进行 MDB 以及胸部 X 线检查，如图 197a 所示。如图 197b 为胸腔穿刺液体。腹部超声未见明显异常。

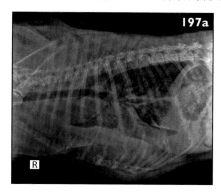
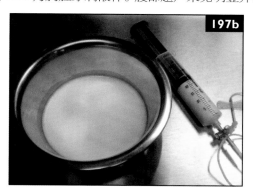

液体细胞学
离心前液体颜色： 白色
离心前液体清澈度： 混浊
离心后液体颜色： 白色
离心后液体清澈度： 混浊
比重： 由于液体特性而无法读取
总蛋白： 由于液体特性而无法读取
有核细胞： 2 290/μL
PCV<2%

显微镜检查描述液体直接涂片，以及直接涂片和离心后涂片。直接涂片由中至大量厚蛋白物质组成，细胞扩散不足以进行详细评价。离心后有大量细胞，除少量血液外，还包括大量小淋巴细胞和少量浆细胞、中等量巨噬细胞和间皮细胞、中等量中性粒细胞、少量肥大细胞和罕见嗜酸性粒细胞。中等数量的巨噬细胞含有少量离散的透明细胞质空泡，少数含有大量小的透明细胞质空泡。未观察到微生物或非典型细胞群。

1. 描述胸片和胸腔穿刺术获得的液体。

2. 根据液体的外观，首要考虑是什么？已经给出了液体的分析结果，你的诊断是什么？

3. 进行液体分析后，后续的诊断步骤是什么？

病例198

这是一只 7 岁雄性绝育迷你雪纳瑞犬的胸部背腹 X 线片（图 198a）和侧位（图 198b），临床表现为急性的嗜睡、呕吐和抱起来后腹部或臀部的明显不适。在 X 线片上发现胸部肿物后，患犬需要进一步做 CT 扫描以确定胸部肿物是否可以手术切除。CBC、生化、尿常规结果正常。怀疑是原发性肺肿瘤。

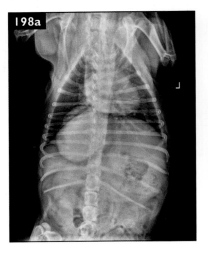

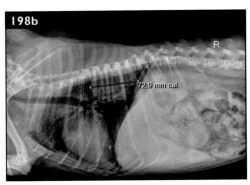

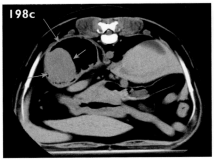

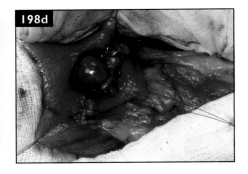

1. CT 扫描前还需要做哪些其他检查？

2. 如图为胃水平面的 CT 影像（图 198c，橙色箭头指向胃壁，绿色箭头指向肿物）。除了胸腔的单一肿物，胃壁也有肿物。对肺肿物尝试进行了 FNA，但无法诊断。我们应该做些什么才能获得最终诊断结果？

3. 以胃肿物所致症状为主，通过剖腹探查切除胃肿物。胃壁有一个界限清楚的肿物（图 198d）。组织病理学显示为未分化的圆形细胞瘤。CD3 和 CD79a 均阴性，CD18 呈阳性。诊断是什么？

4. 对该患病犬治疗流程和诊断的建议是什么？

病例 199

一只 10 岁雄性绝育杰克罗素梗犬 6 个月前最初为肥大细胞局部侵袭左肘部。细胞学检查为Ⅲ级（Patnaik）/高分化（Kiupel）MCT。区域淋巴结正常。肿瘤 c-KIT 突变（外显子 8 和 11）均为阴性，为 KIT 模式 2。考虑到肿瘤的高分化和局部侵袭性，选择截肢。术后化疗（长春花碱、CCNU 和强的松）。使用长春花碱和 CCNU 的第 4 个周期，患犬表现 1 周左右食欲不佳。CBC 和生化检查正常。没有局部复发迹象并且其余体格检查正常。超声脾脏图像（图 199a）和脾脏细针抽吸后细胞学检查（图 199b）也是正常的。脾脏只是轻微增大。

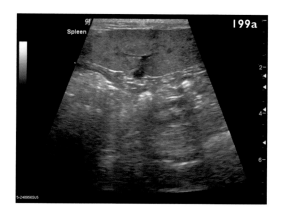
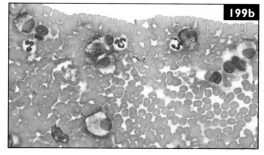

1. 诊断结果是什么？
2. 进一步检查表明什么？
3. 该患病犬需要考虑什么治疗？

病例 200

这是一只 9 岁雄性绝育爱尔兰软毛梗犬的腹部 X 线片（图 200a），持续 1 个月表现为里急后重、体重减轻以及间歇性黑粪。体格检查可在腹中部触诊到一个肿物，约 5 cm。进行 MDB。胸部 X 线片正常。如图为血液结果和腹部超声图像（图 200b，箭头指向十二指肠）。

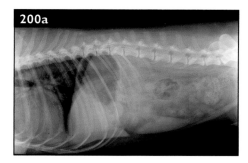
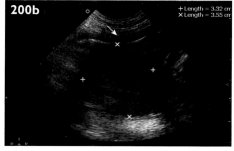

项目	结果	趋势	单位	正常范围
白细胞	4.8	低	$10^3/\mu L$	6.0 ～ 17.0
淋巴细胞	2.6		$10^3/\mu L$	0.9 ～ 5.0
单核细胞	0.4		$10^3/\mu L$	0.3 ～ 1.5
中性粒细胞	1.8	低	$10^3/\mu L$	3.5 ～ 12.0
淋巴百分比	53.6		%	
单核百分比	7.6		%	
中性粒百分比	38.8		%	
红细胞比容	33.4	低	%	37.0 ～ 55.0
红细胞体积	65.2		fL	60.0 ～ 72.0
平均红细胞血红蛋白浓度	54.9	高	fL	35.0 ～ 53.0
平均红细胞血红蛋白	20.8	高	%	12.0 ～ 17.5
血红蛋白	11.6	低	g/dL	12.0 ～ 18.0
红细胞分布宽度	34.7		g/dL	32.0 ～ 38.5
血红蛋白浓度	22.6		pg	19.5 ～ 25.5
红细胞	5.12	低	$10^6/\mu L$	5.50 ～ 8.50
血小板	66	低	$10^3/\mu L$	200 ～ 500
平均血小板体积	8.3		fL	5.5 ～ 10.5
尿素氮	20.1		mg/dL	9.0 ～ 29.0
肌酐	1.0		mg/dL	0.4 ～ 1.4
磷	3.3		mg/dL	1.9 ～ 5.0
总钙	9.8		mg/dL	9.0 ～ 12.2
矫正钙	9.9		mg/dL	9.0 ～ 12.2
总蛋白	6.3		g/dL	5.5 ～ 7.6
白蛋白	3.4		g/dL	2.5 ～ 4.0
球蛋白	2.9		g/dL	2.0 ～ 3.6
白球比	1.2			
血糖	111		mg/dL	75 ～ 125
胆固醇	305		mg/dL	120 ～ 310
谷丙转氨酶	33		U/L	0 ～ 120
碱性磷酸酶	72		U/L	0 ～ 140
谷酰转肽酶	16	高	U/L	0 ～ 14
胆红素	0.3		mg/dL	0.0 ～ 0.5

1. 描述腹部 X 线片、血检和超声检查的结果。

2. 还需要做哪些进一步的检查？

3. 进行了手术探查。可见分叶状的硬物，并与胰管对面的十二指肠近端肠系膜交界相连。肿物包膜良好。因为肿物靠近胰管，所以进行边缘切除手术。组织病理学符合软组织梭形细胞肉瘤。显微镜可见正常的结缔组织边缘，但无法明确清晰的边缘。诊断的考虑因素是什么？

4. 免疫组织化学的结果对该患病犬的诊断有何帮助？

5. 该患病犬的预后如何？

病例201

　　一只 8 岁雌性绝育罗威纳犬与另一只犬玩耍激烈时造成左前肢跛行。已静养并使用了非甾体抗炎药。跛行改善了几周，但随后开始加重。跛行出现时发现一处坚实肿胀（图 201a）。体格检查未发现淋巴结肿大或其他异常现象。如图为肘部 X 线片（图 201b）和关节周围肿胀处细针抽吸细胞学（图 201c）。

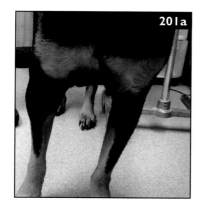

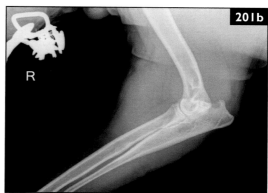

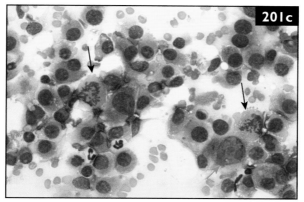

　　1. 解读 X 线片和细胞学。

　　2. 该病例的鉴别诊断是什么？

　　3. 应该做哪些进一步的诊断？

　　4. 该患病犬的预后如何？

对一只16岁雄性绝育家养短毛猫进行了疑似肾肿物的评估。临床表现为面部抽搐、共济失调和跌倒等急性症状。体格检查发现肾脏明显肿大和疼痛。左侧面部敏感，左下肢丧失本体感觉。进行了血常规、生化、尿检。胸片检查正常，FeLV 和 FIV 阴性。超声波检查、血检、尿比重检查结果如下表所示。左肾超声图像（图202a）。右侧肾脏类似。

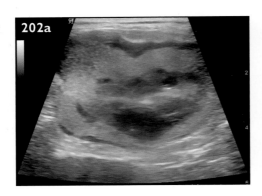
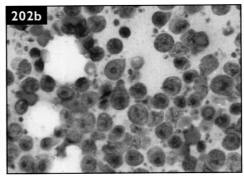

项目	结果	趋势	单位	正常范围
白细胞	26.2	高	$10^3/\mu L$	5.5 ~ 19.5
淋巴细胞	1.6	低	$10^3/\mu L$	1.8 ~ 7.0
单核细胞	1.6	高	$10^3/\mu L$	0.2 ~ 1.0
中性粒细胞	23.0	高	$10^3/\mu L$	2.8 ~ 13.0
淋巴百分比	6.2		%	
单核百分比	6.0		%	
中性粒百分比	87.8		%	
红细胞比容	40.2		%	25.0 ~ 45.0
红细胞体积	50.9	高	fL	39.0 ~ 50.0
平均红细胞血红蛋白浓度	39.0	高	fL	20.0 ~ 35.0
平均红细胞血红蛋白	19.3	高	%	13.5 ~ 18.0
血红蛋白	15.0		g/dL	8.0 ~ 15.0
红细胞分布宽度	37.4		g/dL	31.0 ~ 38.5
血红蛋白浓度	19.0	高	pg	12.5 ~ 17.5

续表

项目	结果	趋势	单位	正常范围
红细胞	7.89		$10^6/\mu L$	5.00 ～ 11.00
血小板	252		$10^3/\mu L$	200 ～ 500
平均血小板体积	8.6		fL	8.0 ～ 12.0
尿素氮	36.1	高	mg/dL	15.0 ～ 32.0
肌酐	2.1	高	mg/dL	0.8 ～ 1.8
磷	5.4		mg/dL	2.6 ～ 6.0
总钙	11.4		mg/dL	9.0 ～ 11.9
总蛋白	7.3		g/dL	5.5- ～ 7.6
白蛋白	3.3		g/dL	2.5 ～ 4.0
球蛋白	4.0		g/dL	2.0 ～ 3.6
血糖	85		mg/dL	75 ～ 130
胆固醇	93		mg/dL	70 ～ 200
谷丙转氨酶	30		U/L	

1. 描述超声检查结果。

2. 仅根据超声检查，该病例的鉴别诊断是什么?

3. 肾脏肿物细针抽吸获得的细胞学如图 202b 所示。诊断结果是什么?

4. 氮质血症对患病猫的预后影响是什么?

5. 神经症状与这种癌症有什么关系?

6. 随着时间的推移，该疾病如何发展?

7. 该患病猫的预后如何?

一只 12 岁雄性绝育罗威纳犬临床评估为运动不耐受。宠物主人形容为正常运动后突然的渐进且严重虚弱。体格检查发现，患犬可正常行走几分钟，无明显呼吸困难，随后昏倒（图 203）。除了昏倒外，体格检查未见其他异常。全血细胞计数、生化、尿常规正常。胸部 X 线片显示头侧纵隔肿物。腹部超声和超声心动图正常。

1. 临床症状和纵隔肿物的相互关联是什么？

2. 应该进行哪些诊断检查？

3. 应该进行哪些术前管理？

答案

病例1

1. 如何对 X 线片解读？

右上颌骨附近有软组织密度肿物，上颌骨溶解。右侧第三门齿从上颌骨分离，右侧其余门齿也疑似松动。

2. 为了确诊，还需要做哪些进一步诊断？

进行 MDB 排除转移，仔细评估局部淋巴结并进行肿物的组织活检。对于淋巴结评估不应仅限于体格检查或细针穿刺和细胞学检查。一项研究发现，40%淋巴结大小正常的犬，可在显微镜下观察到肿瘤转移，因此推荐对淋巴结进行切除活检，以评估是否存在淋巴结侵袭。

3. 组织活检提示未分化肉瘤。为了从组织样本中获得更多信息，还需要哪些检查？

因肿瘤位置，黑色素瘤是重要的鉴别诊断之一，因此建议进行 Melan-A 和 S-100 的免疫组织化学（IHC）检测。该病例两项检测均为阳性，提示肿物为黑色素瘤。

4. 根据组织学结果，为了临床分期，还需要做哪些检查？

因口腔黑色素瘤侵袭性强、转移率高，因此，为了排除腹部转移，建议进行腹部超声检测；为了规划手术和放射治疗，进行头部 CT 扫描。

5. 如何对患病犬进行手术和术后治疗？

体格检查发现肿物从右侧犬齿至左侧第二门齿，跨越头中线，因此，上颌切除术很难在保持动物外观的情况下，同时完整切除肿物。若患病犬的肿物无法完全切除或主人不愿进行肿物切除术，可考虑放射治疗。目前有多篇关于低分次放疗方案治疗犬口腔黑色素瘤的报道，治疗方案为每周放疗一次，每次剂量 6~9 Gy，总剂量为 53~69 Gy，完全反应率为 54%~69%，部分反应率为 25%~30%。远端转移是放疗后犬的主要死因。黑色素瘤对化疗反应不好（一项研究中，不可切除的黑色素瘤对卡铂的反应率为 28%），因此对黑色素瘤远端转移控制的研究主要集中在免疫治疗。新开发的异种人类 DNA 酪氨酸酶疫苗可能可以安全地用于 II 期和 III 期犬口腔黑色素瘤进行局部控制后（即手术或放射治疗后）的辅助治疗。在一项报告中，58 只患有 II 期或 III 期口腔恶性黑色素瘤（MM）的犬接受了手术和疫苗接种，结果支持了疫苗作为辅助治疗的安全性和有效性。但另一项对 30 只具有类似分期 MM 的犬的治疗研究中，疫苗似乎并没有疗效。

参考文献

Boston SE, Xiaomin L, Culp WTN et al. (2014) Efficacy of systemic adjuvant therapies administered to dogs after excision of oral malignant melanomas: 151 cases (2001–2012). J Am Vet Med Assoc 245: 401–407.

Grosenbaugh DA, Leard AT, Bergman PJ (2011) Safety and efficacy of a xenogeneic DNA vaccine encoding for human tyrosinase as adjunctive treatment for oral malignant melanoma in dogs following surgical excision of the primary tumor. Am J Vet Res 72: 1631–1638.

Koenig A, Wojcieszyn J, Weeks BR et al. (2001) Expression of S100a, vimentin, NSE, and melan A/MART–1 in seven canine melanoma cell lines and twenty–nine retrospective cases of canine melanoma. Vet Pathol 38(4): 427–435.

Liptak JM, Withrow SJ (2013) Cancer of the gastrointestinal tract. Oral tumors. In: Withrow SJ, Vail DM, Page RL, editors, Small Animal Clinical Oncology, 5th edition. St. Louis, Elsevier Saunders, pp. 381–399.

Murphy S, Hayes AM, Blackwood L et al. (2005) Oral malignant melanoma – the effect of coarse fractionation radiotherapy alone or with adjuvant carboplatin therapy. Vet Comp Oncol 3: 222–229.

Ottnod JM, Smedley RC, Walshaw R et al. (2013) A retrospective analysis of the efficacy of Oncept vaccine for the adjunct treatment of canine oral malignant melanoma. Vet Comp Oncol 11(3): 219–229.

Rassnick KM, Ruslander DM, Cotter SM et al. (2001) Use of carboplatin for treatment of dogs with malignant melanoma: 27 cases (1989–2000). J Am Vet Med Assoc 218: 1444–1448.

Williams LE, Packer RA (2003) Association between lymph node size and metastasis in dogs with oral malignant melanoma: 100 cases (1987–2001). J Am Vet Med Assoc 222: 1234–1236.

📝 病例 2

1. 主要鉴别诊断有哪些？

口腔肿瘤的主要的鉴别诊断为：鳞状细胞癌、恶性黑色素瘤、纤维肉瘤、牙源性肿瘤（棘皮瘤型成釉细胞瘤、纤维型牙龈瘤、骨化型牙龈瘤）。

2. 活组织检查显示为棘皮瘤型成釉细胞瘤。为了治疗还需要进行哪些评估？

棘皮瘤型成釉细胞瘤是一种起源于牙根的良性肿瘤，局部侵袭性很强，可能会出现局部骨骼的破坏，但通常不会发生远端转移。虽然可以单独使用X线片来规划手术切除范围，但X线片通常会低估骨骼受侵袭的范围，X线片只能发现超过50%皮质骨受损时的侵袭。CT扫描是更好地评估骨侵袭的方法，特别是肿瘤发生在上颌骨、鼻腔和眼眶等复杂结构部位。大范围切除通常是治愈性的，但是通常会涉及下颌骨切除。边缘切除时的局部复发率较高。下颌骨吻侧切除术是最有可能治愈的方法，但是根据患病犬的病情，需要切除下颌骨的50%，主人拒绝了这一选择。

3. 手术是该犬的首选治疗方法，但主人不愿意进行下颌骨切除术，还有什么其他方法可能控制/治愈该肿瘤？

对于未进行手术的患犬，放射治疗（RT）是最有可能长期控制/治愈这种肿瘤的方法。接受RT治疗的患病犬中有85%在1年内无复发，80%在3年内无复发。据报道，有5%~18%的犬在RT治疗后数年，照射范围内发生了其他的肿瘤。常电压放疗法风险最高，兆伏电压放疗法风险最低。

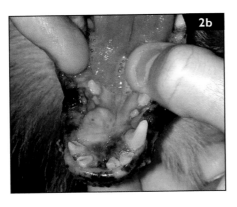

虽然这种风险很低，但这是年轻患病犬在放疗时需要考虑的风险之一。有报道病灶内化疗（博来霉素）可能有效。该患病犬对RT具有良好的反应，放疗结束3年后该部位发生了第二次恶性肿瘤。虽然下颌骨切除术仍是治疗选择，但是主人选择了再一次进行放疗。

随访/讨论

放射治疗后，肿瘤几乎消失了（图2b）。不仅肉眼看不到肿瘤，活检也仅看到瘢痕组织，未发现肿瘤细胞。

参考文献

Bostock DE, White RA (1987) Classification and behavior after surgery of canine epulides. J Comp Pathol 97: 197–206.

Kelly JM, Belding BA, Schaefer AK (2010) Acanthomatous ameloblastoma in dogs treated with intralesional bleomycin. Vet Comp Oncol 8: 81–86.

Mayer MN, Anthony JM (2007) Radiation therapy for oral tumors: canine acanthomatous ameloblastoma. Can Vet J 48: 99–101.

Théon AP, Rodriguez C, Griffey S et al. (1984) Analysis of prognostic factors and patterns of failure in dogs with periodontal tumors treated with megavoltage irradiation. J Am Vet Med Assoc 184: 826–829.

White RAS, Gorman NT (1989) Wide local excision of acanthomatous epulides in the dog. Vet Surg 1: 12–14.

病例3

1. 简述X线片和血检结果。肿物的解剖位置如何确认？

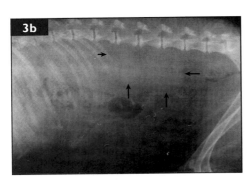

图中箭头所指的大肿物位于腰椎腹侧（图3b），导致结肠从腹侧偏移，为腹膜后腔肿物。腹腔中的金属密度影像为之前肠异物手术时留下的夹子。血常规：白细胞升高，轻度贫血和血小板减少。正常肌酐水平下，尿素氮轻度升高，这提示可能存在胃肠道出血、早期肾功能不全或脱水。进行超声检查，肿物位于腹膜后间隙，肿物内有多个无回声的空腔。

2. 请列出鉴别诊断。

可能出现在腹膜后间隙的肿物有：血管肉瘤（基于超声和血检可能性最高）、骨肉瘤、平滑肌肉瘤、周围神经鞘肿瘤、血管外皮细胞瘤和其他软组织肉瘤。也可能是腹膜后脓肿，但超声影像不提示脓肿且病患并不发热。

3. 为了制订治疗计划，还需要做哪些进一步检查？

完整的临床分期还需要进行胸部 X 线片、心动超声（排除心房或心脏基部肿物／或心包积液）、凝血检测和 CT（用于手术计划指定）。通过网织红细胞计数和血涂片确定贫血性质（再生性 vs 非再生性）。手术或 CT 或超声引导下细针抽吸或活检，以获得基础的诊断。本病例通过外科手术摘除肿物，肿物最终确诊为血管肉瘤。

4. 该病例预后如何？

腹膜后腔血管肉瘤预后非常差。一项评估所有腹膜后腔肿瘤的研究，在进行手术切除和化疗的中位生存期仅为 37.5 天。一只患有 II 级平滑肌肉瘤的患病犬，在发现 400 天后仍存活。另一项研究，3 只患有腹膜后腔血管肉瘤的犬，均接受了化疗和姑息剂量的放疗，结果较好。一只没有接受手术的犬生存期为 258 天，另一只没有接受手术的犬生存期为 408 天，一只接受手术的犬生存期为 500 天。没有接受手术治疗的犬化疗和放疗后，肿物明显缩小。

参考文献

Hillers KR, Lana SE, Fuller CR et al. (2007) Effects of palliative radiation therapy on nonsplenic hemangiosarcoma in dogs. J Am Anim Hosp Assoc 43: 187–192.

Liptak JM, Dernell WS, Ehrhart EJ et al. (2004) Retroperitoneal sarcomas in dogs: 14 cases (1992–2002). J Am Vet Med Assoc 224: 1471–1477.

病例 4

1. 乳腺肿物恶性的可能性有多少？

猫的乳腺肿物 85%~95% 是恶性的。猫乳腺肿瘤侵袭强，转移率高。猫大多数乳腺肿瘤是癌（约 86%），不到 1% 是肉瘤（其余为其他罕见肿瘤类型或良性肿瘤）。在乳腺癌中，约 90% 是腺癌，10% 的为其他癌。

2. 除了 MDB 之外，还需要进行哪些进一步检查？

因为肿瘤转移率高，因此，除了 MDB 之外，还需要进行胸部 X 线片。因乳腺肿瘤还可能扩散到腹腔内淋巴结或肝脏，因此还需要进行腹部超声检查。

3. 对于该患病猫，建议采用哪种手术方式进行治疗？

与更保守的外科手术（即乳房肿瘤切除术）相比，单侧根治性乳房切除术（图 4b 至图 4d）可显著增加患乳腺肿瘤猫的存活时间。猫左、右乳房链之间没有淋巴连接，仅在两侧都有肿瘤时才需要双侧乳房根治术。但最近的研究表明，双侧乳腺癌根治术可能可以延长生存期。在一项对 37 只猫进行手术和多柔比星化疗的研究中，手术范围是预后因子。接受双侧乳腺癌

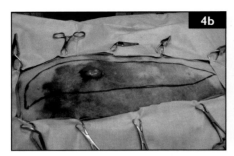

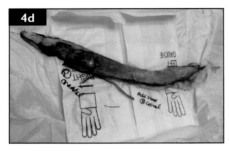

根治术和多柔比星化疗的患者中位生存期为 917 天，单侧根治性乳房切除术患者的中位生存期为 348 天，而进行区域乳房切除术的猫的中位生存期为 428 天。这一发现很有意思，因为早期的研究表明，手术类型对生存时间没有影响，仅对无疾病间隔有影响。对于无法在一次外科手术进行双侧根治性乳房切除术的猫，特别是在猫皮肤松弛度较低时，手术可以分次进行，称为"双侧分期根治性乳房切除术"。在第一次手术后，休息数周再进行对侧的乳腺切除。

4. 是否建议进行术后治疗？

鉴于猫乳腺癌的恶性临床表现，通常建议进行化疗。但兽医界目前没有对术后化疗方案达成共识。目前最常用的方案是基于多柔比星的化疗方案。在一项研究中，术后使用多柔比星化疗的中位生存期为 448 天。根据世界卫生组织分期系统，临床分期 III 期患病猫仅接受手术治疗的中位生存期为 4~6 个月，而同样临床分期的猫，在接受手术治疗和多柔比星化疗后中位生存期为 416 天。其他研究表明，基于辅助多柔比星的其他方案并没有带来更多益处。侵袭性更强的猫乳腺肿瘤中具有更高的 COX-2 表达，因此兽医开始研究 COX-2 抑制剂是否能治疗猫乳腺癌。然而，最近的一项研究表明，除手术和多柔比星化疗外，使用美洛昔康对乳腺癌并没有明显疗效，但非甾体抗炎药是否能治疗猫乳腺癌仍需进一步研究。

5. 猫乳腺肿瘤重要的预后因子有哪些？

以下因素与乳腺肿瘤猫的预后不良有关：

肿瘤大小（>3 cm）。

更高的临床分期（存在淋巴结或远处转移）。

组织学分级较高的肿瘤（低分化；高有丝分裂，AgNOR 或 Ki67 指数高；血管或淋巴管被侵犯）。

保守性手术（区域性与单侧或双侧根治性乳房切除术）。

世界卫生组织的猫乳腺肿瘤临床分期系统

T ：	原发肿瘤		
T_1 ：	最大直径 <2 cm		
T_2 ：	最大直径 2~3 cm		
T_3 ：	最大直径 >3 cm		
N ：	区域淋巴结		
N_0 ：	没有转移的组织学证据		
N_1 ：	组织学转移证据		
M ：	远端转移		
M_0 ：	没有远端转移的证据		
M_1 ：	有远端转移的证据		
临床分期			
I 期	T_1	N_0	M_0
II 期	T_2	N_0	M_0
III 期	T_3	N_0 或 N_1	M_0
IV 期	任何 T	任何 N	M_1

引自：MacEwen EG, Withrow SJ (2001) Tumors of the mammary gland. In: Withrow SJ, MacEwen EG, editors, Small Animal Clinical Oncology, 3rd edition. New York, WB Saunders, pp. 467−473.

参考文献

McNeill CJ, Sorenmo KU, Shofer FS et al. (2009) Evaluation of adjuvant doxorubicin−based chemotherapy for the treatment of feline mammary carcinoma. J Vet Intern Med 23: 123–129.

Morris J (2013) Mammary tumours in the cat. J Fel Med Surg 15: 391–400.

Novosad CA, Bergman PJ, O'Brien MG et al. (2006) Retrospective evaluation of adjunctive doxorubicin for the treatment of feline mammary gland adenocarcinoma: 67 cases. J Am Anim Hosp Assoc 42: 110–120.

Seixas F, Palmeira C, Pires MA et al. (2011) Grade is an independent prognostic factor for feline mammary carcinomas: a clinicopathological and survival analysis. Vet J 187: 65–71.

Viste JR, Myers SL, Singh B et al. (2002) Feline mammary adenocarcinoma: tumor size as a prognostic indicator. Can Vet J 43: 33–37.

病例5

1.请描述该疾病的自然进程。

上皮性淋巴瘤，也被称为蕈样真菌病，常表现为多中心型，也称为皮肤 T 细胞淋巴瘤

（CTCL）。该病很少表现为口腔的局部疾病，但口腔通常为多中心型的一个发病部位。疾病早期，表皮和上皮滤泡有轻微的淋巴细胞浸润，类似于任何非特异性过敏反应或轻度皮炎。可以看到轻微的红斑、鳞屑和轻度脱毛。病灶通常表现出瘙痒，所以该病早期阶段通常被误诊。这个早期阶段通常为很长一段时间（对人来说，它们将持续几十年）。随着病情的发展，更典型的表皮内微脓疱（Pautrier的微脓疱）开始形成。随着病情的恶化，表皮内肿物变得溃疡、结痂和脱毛。疾病的所有阶段都可能以单灶性或多灶性病变的形式出现。肿瘤的发展缓慢，通常在发病数年后才被确诊。

2. 该患病犬还需进行哪些进一步检查？

该病的分期应包括胸片、腹部超声、血常规和生化。考虑到该患病犬鼻部受侵袭，还建议进行头部CT扫描。

3. 该疾病有哪些治疗方案以及预后如何？

洛莫司汀（CCNU）是最常用的化疗药物。也有人尝试过糖皮质激素，$L-$天冬酰胺酶，达卡巴嗪，或以CHOP为基础的联合方案。除化疗外，对于弥漫性皮肤损伤，可能还需要使用omega-3脂肪酸、亚油酸以及使用抗菌香波和全身抗生素来控制皮肤症状。如果临床分期显示疾病仅局限于鼻腔/口腔，没有远端转移，局部放射治疗也有助于疾病控制。对于口腔内的单独病变，有疗效的放射治疗可实现长期地控制甚至治愈该疾病。

参考文献

Berlato D, Schrempp D, Van Den Steen N et al. (2011) Radiotherapy in the management of localized mucocutaneous oral lymphoma in dogs: 14 cases. Vet Comp Oncol 10(1): 16–23.

deLorimier LP (2006) Updates on the management of canine epitheliotropic cutaneous T-cell lymphoma. Vet Clin N Am Small Anim Pract 36: 213–228.

Petersen A, Wood S, Rosser E (1999) The use of safflower oil for the treatment of mycosis fungoides in two dogs [abstract]. In: Proceedings of the 15th Annual Meeting of the American Academy of Veterinary Dermatology. Maui (HI), pp. 49–50.

Risbon RE, de Lorimier LP, Skorupski K et al. (2006) Response of canine cutaneous epitheliotropic lymphoma to lomustine (CCNU): a retrospective study of 46 cases (1999–2004). J Vet Intern Med 20: 1389–1397.

病例6

1. X线片有什么异常？

侧位片，可见心脏头侧有一软组织密度团块（图6e，箭头）。在腹背位，可见纵隔增宽（图6f，箭头）。X线片提示纵隔肿物。

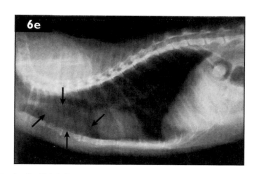
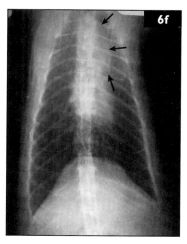

2. 该患病猫最常见的鉴别诊断有哪些?

鉴别诊断主要有：淋巴瘤、胸腺瘤、其他不常见的肿瘤（如甲状腺癌、血管肉瘤）和良性囊肿。

3. 如何确诊?

超声有助于评估肿物的性质（固体、混合回声或液体），然后可以进行超声引导的细针抽吸或活组织检查。

4. 肿物超声（图 6c）和肿物的液体（图 6d）如图所示。该病的诊断是什么?

超声提示肿物为液性，FNA 抽出物为清澈的液体，诊断为鳃裂囊肿（branchial cyst）。鳃裂囊肿通常是先天性的，直到动物老年才表现出症状。

5. 该病例如何治疗?

在多数情况下，用超声引导抽出囊肿液即可长时间控制症状。对于囊肿很快复发的病例，可以考虑手术切除。该患病猫的囊肿抽空后超过 1 年才复发，然后又进行了一次抽吸治疗。

参考文献

Nelson LL, Coelho JC, Mietelka K et al. (2012) Pharyngeal pouch and cleft remnants in the dog and cat: a case series and review. J Am Anim Hosp Assoc 48: 105–112.

Zekas LJ, Adams WM (2002) Cranial mediastinal cysts in nine cats. Vet Radiol Ultrasound 43: 413–418.

📝 **病例 7**

1. 该病例主要的鉴别诊断有哪些?

皮下肿物可能是肿瘤（根据病史推测，可能是疫苗相关肉瘤）、炎性病变、创伤（受伤引起的肿胀）或感染。

2. 哪种检查可以轻松地获得进一步诊断？

细胞学。细胞学发现肿物以分叶和退行性中性粒细胞为主。给予患病猫抗生素后，肿物消退。

3. 对于该患病猫，下次接种疫苗时需考虑哪些因素？

鉴于脓肿位于接种疫苗的区域，可能与疫苗良性反应以及随后发生感染有关。出现良性疫苗反应的猫，随后发生疫苗相关肿瘤的风险增高。但由于猫生活在户外，不能排除肿物是咬伤造成的。因无法明确疫苗的接种部位，且患病猫是室内 / 室外生活，所以建议该猫继续使用非佐剂疫苗接种方案，但需密切监测疫苗接种后的反应。还应注意遵循美国猫科医生协会咨询小组的建议，即在右侧膝关节以下给予狂犬病疫苗，在左侧膝关节以下给予猫白血病病毒疫苗，并在右肘下方给予猫疱疹病毒、猫疱疹病毒 -1 和猫杯状病毒疫苗。最近的一项研究表明，尾部接种引起的免疫力与其他部位相似。

参考文献

Hendricks CG, Levy JK, Tucker SJ (2014) Tail vaccination in cats: a pilot study. J Feline Med Surg 16(4): 275–280.

Macy DW, Hendrick MJ (1996) The potential role of inflammation in the development of postvaccinal sarcomas in cats. Vet Clin N Am Small Animal Pract 26: 103–109.

病例 8

1. 该病例的鉴别诊断有哪些？

犬最常见的口腔恶性肿瘤有鳞状细胞癌、纤维肉瘤和恶性黑色素瘤（无黑色素的黑色素瘤）。

2. 进行临床分期，该患病犬还需要哪些进一步检查？

首先需要对增大的淋巴结进行细针抽吸并拍摄胸部 X 线片以评估肿瘤是否转移。肿物细针穿刺可以提供初步诊断。由于肿物位于口腔尾侧，CT 扫描有助于评判肿瘤的侵袭情况，在 CT 麻醉时还可以进行活组织检查，以便对肿瘤确诊。该病例的最终诊断为鳞状细胞癌，胸部 X 线片未见明显异常，淋巴结为反应性淋巴结。

3. 该患病犬治疗方案有哪些？

手术（下颌骨切除术）是实现局部控制的最有效方法。位于口腔头侧的肿瘤更容易通过手术完全切除。无法通过手术完全切除的肿瘤建议进行放射治疗，该患病犬可能需要术后放疗。据报道：头侧口腔鳞状细胞癌，手术后局部复发率较低（约 10%），尾侧较高（约 50%）。一篇文献报道，7 只犬使用卡铂和吡罗昔康的联合治疗，7 只犬中的 4 只达到完全缓解。在 534 天后，仍无法计算总生存期。单独用吡罗昔康治疗，可达到 6 个月的疾病稳定。

4. 该患病犬的预后如何？

根据口腔内的位置，鳞状细胞癌生物学行为不同。与头侧相比，尾侧或扁桃体的鳞癌更具侵袭性，这可能与尾侧的肿瘤无法彻底切除有关。手术联合放射治疗，中位生存期可接近3年。除了肿瘤位置外，肿瘤大小是显著的预后不良因子，在一项研究中，肿瘤直径 >4 cm的犬的无进展存活（progression-free survival，PFS）时间为 8 个月；肿瘤直径 <2 cm 的犬 PFS时间 >68 个月；肿瘤直径 2~4 cm 的犬 PFS 时间为 28 个月。

参考文献

deVos JP, Burm AGD, Focker AP et al. (2005) Piroxicam and carboplatin as a combination treatment of canine oral non-tonsillar squamous cell carcinoma: a pilot study and a literature review of a canine model of human head and neck squamous cell carcinoma. Vet Comp Oncol 3(1): 16–24.

Kosovsky JK, Matthiesen DT, Marretta SM et al. (1991) Results of partial mandibulectomy for the treatment of oral tumors in 142 dogs. Vet Surg 20(6): 397–401.

Schmidt BR, Glickman NW, DeNicola DB et al. (2001) Evaluation of piroxicam for the treatment of oral squamous cell carcinoma in dogs. J Am Vet Med Assoc218(11): 1783–1786.

Théon AP, Rodriguez C, Madewell BR (1997) Analysis of prognostic factors and patterns of failure in dogs with malignant oral tumors treated with megavoltage irradiation. J Am Vet Med Assoc210: 778–784.

病例 9

1. 根据临床表现，腹部头侧肿物的主要鉴别诊断是什么？

根据出现的皮肤病，胰腺癌或胆管癌是最可能的鉴别诊断。脱毛是在猫的胰腺癌和胆管癌中特有的副肿瘤综合征。脱毛是对称性的，通常被描述为"闪亮的脱毛"。脱毛常见部位为面部、胸腹部、四肢内侧。甲沟炎也是常见病变。

2. 如何对该患病猫进行确诊？ 可能的治疗方法有哪些？

可以尝试超声引导的细针抽吸，以获得细胞学诊断。如果细胞学检查无法诊断，建议进行手术（腹部探查和尝试肿物切除）。在手术中，发现该患病猫的肿物为胰腺肿物，在肝脏中发现的几个小的（<3 mm）病变，也同时进行了活组织检查，并证明为胰腺癌的肝脏转移。由于存在转移，无法通过手术完全切除肿瘤。肝脏是胰腺癌最常见的转移部位，转移通常发生于疾病早期。

3. 该患病猫的预后如何？

与其他物种（包括人类）一样，猫胰腺癌的预后通常很差。

参考文献

Linderman MJ, Brodsky EM, De Lorimier LP et al. (2012) Feline exocrine pancreatic carcinoma: a retrospective study of 34 cases. Vet Comp Oncol 11(3): 208–218.

Seaman RL (2004) Exocrine pancreatic neoplasia in the cat: a case series. J Am Anim Hosp Assoc 40: 238–245.

Turek MM (2003) Invited review. Cutaneous paraneoplastic syndromes in dogs and cats: a review of the literature. Vet Dermatol 14: 279–296.

病例 10

1. 图 10 正在进行何种操作？

正在进行上颌嘴侧（眶下）阻滞。

2. 镇痛的益处有哪些？

这种类型的阻滞可为疼痛的口腔外科手术提供辅助镇痛。在上颌骨（眶下）阻滞的情况下，可麻醉同侧前臼齿、犬齿和切齿以及相关的软组织。局部麻醉的时长取决于使用的药剂。利多卡因持续 1~2 h，甲哌卡因持续 2~2.5 h，布比卡因持续 2.5~6 h。加入肾上腺素可以增加上述药物的作用时间。在猫中，不小心静脉给予布比卡因可能会致死。

参考文献

Beckman B, Legendre L (2002) Regional nerve blocks for oral surgery in companion animals. Compend Contin Educ Vet 24: 439–442.

病例 11

1. 该病例的细胞学诊断是什么？

细胞学显示肥大细胞，提示肥大细胞瘤（MCT）。

2. 这种疾病的两种组织学形式是什么？

在猫中有两种组织学类型的 MCT。最常见的为肥大细胞形，组织学上类似于犬 MCT。肥大细胞形进一步分为"致密"型或"弥散"型。致密型占所有猫科动物 MCT 的 50%～90%，而弥散型具有高有丝分裂指数。组织细胞形相对少见，特征是组织细胞样肥大细胞，通常会自行消退，而无须治疗。

3. 如何对该患病猫进行管理？

建议对疾病进一步评估，如对任何淋巴结肿大的穿刺、胸部 X 线片和腹部超声。猫皮肤 MCT 可能是系统性 MCT 的皮肤转移，单个猫皮肤的 MCT 很少发生转移，所以对于猫的单个皮肤 MCT，这些分期测试诊断的阳性率很低。该病例建议进行肿瘤完全切除术。猫 MCT 常见于头颈部皮肤（>50%），难以进行广泛的手术切除。猫 MCT 的边缘切除似乎比犬更有效。在猫中，组织学分级不像犬一样可以预测皮肤 MCT 的行为。肿瘤完全切除通常就可有效治疗猫头部皮肤 MCT。

4. 什么组织学参数提供了关于复发或转移可能性的最重要信息？

在组织学上，肿瘤分化程度低或有丝分裂指数高提示肿瘤具有更恶性的生物学表现。

参考文献

Johnson TO, Schulman FY, Lipscomb TP et al. (2002) Histopathology and biologic behavior of pleomorphic cutaneous mast cell tumors in fifteen cats. Vet Pathol 39: 452–457.

Lepri E, Ricci G, Leonardi L et al. (2003) Diagnostic and prognostic features of feline cutaneous mast cell tumours: a retrospective analysis of 40 cases. Vet Res Commun 27 (suppl 1): 707–709.

Wilcock BP, Yager JA, Zink MC (1986) The morphology and behavior of feline cutaneous mastocytomas. Vet Pathol 23: 320–324.

病例 12

1. 图 12 中的药物在犬猫的适应症有哪些?

在犬中,洛莫司汀用于多中心淋巴瘤、上皮性淋巴瘤、组织细胞肉瘤和肥大细胞瘤的治疗。犬脑肿瘤,对洛莫司汀的反应有限,可作为姑息治疗药物使用。在猫中,CCNU 可用于治疗淋巴瘤和肥大细胞瘤,并有初步证据表明它可用于治疗疫苗相关肉瘤。

2. 洛莫司汀的作用机制是什么?

洛莫司汀是属于亚硝基脲亚类的口服烷化剂。烷基化剂通过向 DNA 添加烷基来破坏癌细胞,从而阻止细胞的复制。洛莫司汀具有高度脂溶性。

3. 洛莫司汀常见的相关副作用有哪些? 如何减轻?

骨髓抑制和肝毒性是主要的副作用。在犬和猫中,洛莫司汀的潜在累积效应是血小板减少症,其可以延迟发作并很严重。当中性粒细胞计数显著降低时,仔细监测治疗前和治疗后的 CBC 并使用预防性抗生素可有助于预防由骨髓抑制引起的败血症。如果患者出现严重的骨髓抑制,则需要减少随后的洛莫司汀剂量。如果发生长期血小板减少症,可能需要停止治疗。因洛莫司汀被肝脏广泛代谢。还可以看到累积的肝脏中毒。接受洛莫司汀治疗后,高达 86% 的犬会有肝酶升高。研究表明,同时给予 Denamarin®［S- 腺苷甲硫氨酸（SAMe）和水飞蓟宾］作为肝脏保护剂会降低肝酶升高的严重程度。在猫中,目前认为临床上显著的肝损伤风险较低。洛莫司汀还可引起恶心和呕吐,但在犬或猫中不常见。在人类中,空腹服用洛莫司汀,然后限制饮食 2 h 有助于减少恶心。

4. 该药物的哪个特性在其他化疗药物中不常见?

洛莫司汀是一种高度脂溶性的药物,可以穿过血脑屏障。在人类医学中,该药物主要用于脑肿瘤的治疗。

参考文献

Heading KL, Brockley LK, Bennett PF (2011) CCNU (lomustine) toxicity in dogs: a retrospective study (2002–2007). Aust Vet J 89: 109–116.

Moore AS, Kitchell BE (2003) New chemotherapeutic agents in veterinary medicine. Vet Clin N

Am Small Anim Pract 33: 629–649.

Musser ML, Quinn HT, Chretin JD (2012) Low apparent risk of CCNU (lomustine)– associated clinical hepatotoxicity in cats. J Feline Med Surg 14: 871–875.

Saba CF, Vail DM, Thamm DH (2012) Phase Ⅱ clinical evaluation of lomustine chemotherapy for feline vaccine–associated sarcoma. Vet Comp Oncol 10: 283–291.

Skorupski KA, Hammond GM, Irish AM et al. (2011) Prospective randomized clinical trial assessing the efficacy of Denamarin for prevention of CCNU–induced hepatopathy in tumor–bearing dogs. J Vet Intern Med 25: 838–845.

病例 13

1. 描述 X 线检查结果。箭头指出的具体结构是什么?

在远端胫骨的尾侧可看到骨皮质溶解和小梁结构缺失。病变没有跨越关节。箭头指向损伤侵袭皮质骨造成的骨膜隆起区域。骨膜隆起,形成所谓的"Codman 三角"。虽然不是病理学上的确诊,但这一影像学发现对骨肿瘤具有高度提示性。

2. 鉴别诊断有哪些?

原发性骨肿瘤:由于病变的位置,骨肉瘤是最可能的诊断,其他原发性骨肿瘤的可能性不到 5%,如软骨肉瘤、纤维肉瘤、血管肉瘤和其他不太常见的原发性骨肿瘤(如淋巴瘤或孤立性骨浆细胞瘤)。

转移性骨肿瘤:根据该病变的干骺端位置,来自另一个原发肿瘤的转移性疾病的可能性较小。

骨髓炎:由于缺乏创伤或以前的手术证据,细菌性骨髓炎的可能性极小。真菌感染也是一个鉴别诊断,特别是在流行地区并具有典型的全身性疾病临床病史。

多发性骨髓瘤无其他临床发现,如通常同时发现单克隆丙种球蛋白。

骨囊肿:罕见。

3. 还需要做哪些进一步诊断?

应该进行 MDB 以及胸部 X 线片(3 个视图)。细针穿刺和细胞学检查可以提供初步诊断,但确诊需要骨活检和组织病理学。组织病理学提示该病例为骨肉瘤。

4. 简述该患病犬的根治和姑息治疗方案。

骨肉瘤的根治治疗是截肢和化疗(据报道,卡铂、顺铂或多柔比星可提高生存时间)。后肢不建议采用保肢手术。仅截肢手术的治愈率 <10%,因此目前认为仅做截肢不做化疗是姑息性的。姑息性放射治疗,每周 8 Gy,持续 4 周,主观改善大于 90%,可获得 2~3 个月的无疼痛生存期。仅使用此姑息性放射治疗方案,中位生存期中轴侧为 5.4 个月,四肢侧为 10.4 个月。二磷酸盐(破骨细胞活性抑制剂)对一些原发性或转移性骨肿瘤患者提供主观改善;然而,放疗似乎在减轻疼痛方面更有效。

5. 这种疾病的预后指标是什么？

血清碱性磷酸酶升高（总血清 ALP>110 U/L 或血清骨 ALP>23 U/L）的患者已显示具有较短的无病间隔和总存活时间。对于长期血清 ALP 升高和／或高肾上腺皮质激素或肝病症状的患者，应谨慎使用这一预后指标。

参考文献

Bacon NJ, Ehrhart NP, Dernell WS et al. (2008) Use of alternating administration of carboplatin and doxorubicin in dogs with microscopic metastases after amputation for appendicular osteosarcoma: 50 cases (1999–2006). J Am Vet Med Assoc 232(10): 1504–1510.

Ehrhart N, Dernell WS, Hoffmann WE et al. (1998) Prognostic importance of alkaline phosphatase activity in serum from dogs with appendicular osteosarcoma: 75 cases (1990–1996). J Am Vet Med Assoc 213: 1002–1006.

Fan TM, deLorimier LP, O'Dell–Anderson K et al. (2007) Single–agent pamidronate for palliative therapy of canine appendicular osteosarcoma bone pain. J Vet Intern Med 21: 431–439.

Garzotto CK, Berg J, Hoffman WE et al. (2000) Prognostic significance of serum alkaline phosphatase activity in canine appendicular osteosarcoma. J Vet Intern Med 14: 587–592.

Green EM, Adams WM, Forrest LJ (2002) Four fraction palliative radiotherapy for osteosarcoma in 24 dogs. J Am Anim Hosp Assoc 38: 445–451.

Phillips B, Powers BE, Dernell WS et al. (2009) Use of single–agent carboplatin as adjuvant or neoadjuvant therapy in conjunction with amputation for appendicular osteosarcoma in dogs. J Am Anim Hosp Assoc 45(1): 33–38.

病例 14

1. 图 14 中所示是哪种操作？

使用组织活检针"tru-cut"进行组织活检。

2. 该操作有哪些适应症？

该操作的适应症为获得适合于组织病理学评估的组织核心。例如：

较大的皮肤或皮下肿物，不适合切除活检。

获得肿瘤类型和等级将有助于制订治愈性手术计划。

超声或 CT 引导穿刺腹腔肿物。

3. 该操作有哪些限制？

由于在活组织检查的肿物内的位置（例如肿物的坏死中心或囊性区域）导致的非诊断性样本。

诊断成功率取决于操作者。

样本量不足以进行明确的诊断。

4. 该操作潜在的并发症有哪些？

出血（最常见）。

针头放置位置过深导致穿透相邻器官。

在接受肝脏活检的猫中，全自动活检针可导致19%的患病猫发生致命的低血压性休克反应。如果使用半自动针芯活检器械，则不会出现这种并发症。

病例 15

1. 哪些免疫组织化学（IHC）染色有助于确认该患病犬的软组织骨肉瘤？

IHC染色，如骨连素（osteonectin）和骨钙素（osteocalcin）可能有帮助。该患病犬骨连素阳性，骨钙素阴性。某些成纤维细胞源性软组织肉瘤中可见到骨连素阳性标记。当结合骨钙素的总体阴性标记（成骨过程的一个更具体的标记物）时，在这种情况下不能确诊为骨肉瘤。因此，本例的诊断仍为未分化肉瘤，III级。

2. 除了 MDB 之外，还应该进行哪些分期检查？

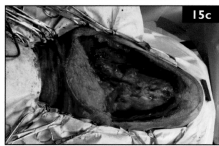

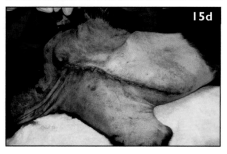

鉴于高等级肉瘤的潜在转移风险，在临床分期时应进行腹部超声检查。造影前和造影后的CT扫描可以帮助确定该肿物侵入胸腔的深度。

3. 治疗建议有哪些？

根据肿物的大小，不可能完全切除。对这只犬来说，推荐的治疗方法是手术减积（部分切除），随后进行术后放射治疗。切除术难度较大，可能只有技术高超的肿瘤/软组织外科医生才能完成。术前的放疗和化疗可以减少肿瘤细胞数量，使手术范围更明确。有文献表明，人类患者在减积手术配合术后放疗，治疗的成功率会更高。最近的研究表明，当无法术后放疗或客户不选择放疗时，可使用节拍化疗。该患病犬的肿瘤经手术切除（图15b、图15c）并选择节拍化疗。尽管手术切除不完全，但术后1年（图15d）患病犬仍存活且无复发。

4. 该病例的转移风险如何？有哪些预后不良因子？

软组织肉瘤的转移率取决于等级：I级和II级<15%，III级肿瘤大约40%。转移通常发生在疾

病的晚期。一项研究报道，发生转移的中位时间为 1 年。

该患病犬有多种预后较差的指标：

肿瘤大（>5 cm）。

组织学 III 级。

无法实现微观无肿瘤边缘（译者注：肿瘤无法完全切除，获得组织学上干净的边缘）。

参考文献

Elmslie RE, Glawe P, Dow SW (2008) Metronomic therapy with cyclophosphamide and piroxicam effectively delays tumor recurrence in dogs with incompletely resected soft tissue sarcomas. J Vet Intern Med 22(6): 1373–1379.

Kuntz CA, Dernell WS, Powers BE et al. (1997) Prognostic factors for surgical treatment of soft-tissue sarcomas in dogs: 75 cases (1986—1996). J Am Vet Med Assoc 211: 1147–1151.

Liptak JM, Forrest LJ (2013) Soft tissue sarcomas. In: Withrow SJ, Vail DM, Page RL, editors, Small Animal Clinical Oncology, 5th edition. St. Louis, Elsevier Saunders, pp. 356–380.

病例 16

1. 简述对于该病例的适当诊断计划。

建议进行 MDB、CT 扫描和活检。CT 扫描显示肿物扩散引起硬腭广泛溶解，并侵入鼻腔。肿物跨越口腔中线，紧贴眼球腹侧。组织活检证实肿物为骨肉瘤。

2. 可行的治疗方案有哪些？

考虑到肿物的位置，肿瘤无法完全切除，因此只能考虑放射治疗和 / 或化疗。一般来说，患有中轴性骨肉瘤的猫预后不良（据报道，中位生存时间为 5~6 个月），这可能与肿瘤位置导致无法完全切除有关。猫骨肉瘤的预后也与肿瘤分级和有丝分裂指数有关。猫口腔骨肉瘤的转移率较低（<10%）。猫的四肢或者可手术的轴性骨肉瘤（OSA）有很好的预后。

参考文献

Bitetto WV, Patnaik AK, Schrader SC et al. (1987) Osteosarcoma in cats: 22 cases (1974–1984). J Am Vet Med Assoc 190(1): 91–93.

Heldmann E, Anderson MA, Wagner-Mann C (2000) Feline osteosarcoma: 145 cases (1990–1995). J Am Anim Hosp Assoc 36: 518–521.

病例 17

1. 为了长期控制，建议如何治疗？

虽然肿物位置难以手术，但应尽量尝试完全切除。如果不能获得组织学上的无肿瘤边缘，建议进行放射治疗。活检标本可进行组织学分级、有丝分裂指数、PCR 检测 c-KIT 突变和免疫组织化学（Ki-67、Agnor 和 c-KIT 染色）的评估，以提供额外的信息来预测该患病犬肿瘤的生物学行为。如果根据组织病理学和/或附加测试怀疑有恶性生物学行为，可考虑化学治疗。

2. 肿瘤的位置如何影响预后？

总的来说，犬口鼻上的肥大细胞瘤比其他部位的肥大细胞瘤更具侵袭性。影响犬口鼻

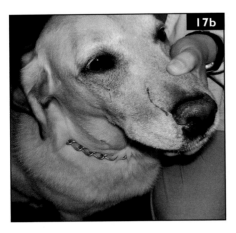

部 MCT 存活时间的预后因素包括肿瘤分级和诊断时是否有转移。总体上，口鼻部 MCT 的中位生存时间为 30 个月。该患病犬进行手术，显微镜下肿物侧边缘 >10 mm 的，肿瘤下方为一层筋膜。然而，离鼻孔最近的皮肤边缘接近 2 mm（图 17b）。肿瘤组织学等级为 II 级（Patnaik 系统）和低等级（Kiupel 等），有丝分裂指数为 2。c-KIT 突变的 PCR 为阴性，其余免疫组织化学为较低等级。该病例最后没有进一步地治疗，这只患病犬在术后 4 年仍然活着，没有疾病复发，之后没有对该病例再进行回访。

参考文献

Gieger T L, Théon AP, Werner JA et al. (2003) Biologic behavior and prognostic factors for mast cell tumors of the caninemuzzle: 24 cases (1990-2001). J Vet Intern Med 17(5): 687-692.

Kiupel M, Webster JD, Bailey KL et al. (2011) Proposal of a 2-tier histologic grading system for canine cutaneous mast celltumors to more accurately predict biological behavior. Vet Pathol 48: 147-155.

Webster JD, Yuzbasiyan-Gurken V, Miller RA et al. (2007) Cellular proliferation in canine cutaneous mast cell tumors: association with c-KIT and its role in prognostication. Vet Pathol 44: 298-308.

病例 18

1. 描述 CT 结果。箭头指向什么结构？

颈部腹中线有软组织肿物。肿瘤内部有广泛的钙化区域。肿物紧靠气管，并广泛黏附于下部组织。箭头指向的结构为气管插管。

2. 除了 MDB 之外，为了临床分期还需要进行哪些进一步检查？

仔细评估局部淋巴结很重要，如果淋巴结肿大，应进行 FNA 和细胞学检查。由于甲状腺肿瘤往往是富含血管，出血会影响 FNA 或肿瘤切开活检。如果要进行切开活检，建议采用腹侧中线通路，以避免将肿瘤组织沿着颈静脉沟散播。在肿瘤无法自由移动的情况下，建议进行 CT（如本例所述）或 MRI 以帮助制订手术计划。甲状腺功能筛查套组（包括 T3、T4、

TSH 和甲状腺球蛋白自身抗体）检测。虽然大多数犬甲状腺肿瘤不具有功能性，但有一小部分患犬会出现甲状腺功能亢进的症状。该患病犬的淋巴结未触及，甲状腺功能正常，切开活检显示为甲状腺滤泡上皮细胞癌（图 18b）。患病犬活检切片（H & E 染色）显示肿物边界不清、具有浸润性、无包膜，肿物由腺泡、小梁和肿瘤上皮细胞组成。该肿物显著浸润结缔组织，有丝分裂偶见，肿瘤内有不规则的骨碎片。（由密歇根州立大学的 M.Kiupel 提供）

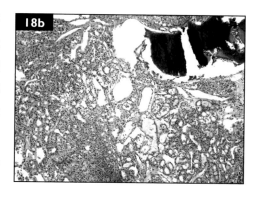

3. 该患病犬的治疗方法有哪些?

具有游离性的甲状腺肿瘤，手术切除是首选方法。如果肿物很小且可自由移动，建议手术治疗，若无法完全切除，则可能需要术后放疗。对于较大的固定肿瘤，放射治疗可作为主要治疗手段，也可以尝试放疗将肿瘤缩小后再手术。术前放疗可使肿瘤缩小，形成纤维囊，使肿瘤更易于手术切除。在一项研究中，接受放射治疗的犬肿瘤大小稳定或见效。一些患犬直到治疗后的 22 个月，肿瘤才达到最小。1 年无进展生存率为 80%，3 年无进展生存率为 72%。研究发现，无论其甲状腺功能状态（如甲状腺功能减退、甲状腺功能正常、甲状腺功能亢进）如何，放射性碘 131（I 131）均可用于犬甲状腺瘤的治疗。研究发现，手术边缘不完整、晚期不可切除或转移性甲状腺肿瘤的患者接受 I 131 治疗，非转移性甲状腺肿瘤中位生存期超过 2 年，转移性甲状腺肿瘤中位生存期超过 1 年。本病例，由于临床和组织学证据表明疾病浸润周围组织，为降低手术难度，建议术前进行放射治疗、I 131 和化疗治疗。主人拒绝进一步的治疗，但患病犬在进行活检和补充甲状腺素的情况下存活超过 2 年。补充甲状腺激素通过负反馈降低促甲状腺激素的生成。目前认为，即使在非功能性肿瘤中，TSH 也会影响肿瘤细胞的生长。这在人类已有该现象的报道，但犬仍是轶事。尽管有文献报道多柔比星、顺铂、放线菌素 D 和米托蒽醌是有效的，但化疗在治疗犬甲状腺肿瘤中的作用仍存在争议，主要用于不可切除或转移的肿瘤。在一项研究中，术后化疗并不能提高有或无转移的患病犬的生存率。在这只患病犬身上，肿瘤的大小进展缓慢，由于体重减轻和上呼吸道阻塞，它最终被安乐死。

参考文献

Barber LG (2007) Thyroid tumors in dogs. Vet Clin N Am Small Anim Pract 37: 755–773.

Hammer AS, Couto CG, Ayl RD et al. (1994) Treatment of tumor–bearing dogs with actinomycin D. J Vet Intern Med 8(3): 236–239.

Jeglum KA, Whereat A (1983) Chemotherapy of canine thyroid carcinoma. Compend Contin Educ Vet 5: 96–98.

Nadeau ME, Kitchell BE (2011) Evaluation ofthe use of chemotherapy and other prognostic variables for

surgically excisedcanine thyroid carcinoma with and without metastasis. Can Vet J 52: 994–998.

Ogilvie GK, Obradovich JE, Elmslie RE et al. (1991) Efficacy of mitoxantrone againstvarious neoplasms in dogs. J Am Vet Med Assoc 198: 1618–1621.

Théon AP, Marks SL, Feldman ES et al. (2000) Prognostic factors and patterns of treatment failure in dogs with unresectable differentiated thyroid carcinomastreated with megavoltage irradiation. J AmVet Med Assoc 216: 1775–1779.

Turrel JM, McEntee MC, Burke BP et al. (2006) Sodium iodide I 131 treatment of dogs withnonresectable thyroid tumors: 39 cases (1990–2003). J Am Vet Med Assoc 229: 542–548.

病例 19

1. 描述 CT 扫描。

甲状腺区域有两个对比增强的肿物。根据对比增强的程度，肿瘤富含血管。颈静脉和颈动脉血管与双侧肿物密切相关。虽然肿物在 CT 上表现出很好的局限性，但体格检查证实它们牢固地附着在颈静脉沟的组织上。CT 提示肿物紧靠或附着于颈动脉和颈静脉。

2. 该患病犬可选的治疗方案有哪些？

可使用放射性碘（I 131）治疗。但该病例选择了多柔比星和卡铂交替进行的化疗方案。化疗后，肿物缩小约 25%，且具有游离性，随后进行了双侧甲状腺切除术。

3. 双侧甲状腺肿瘤有多常见？

25%~47% 的犬甲状腺癌为双侧性。

4. 双侧甲状腺癌的转移率是多少？

在一项研究中，患双侧甲状腺癌的犬比患单侧肿瘤的犬转移率高 16 倍。最近对 15 例双侧甲状腺癌的一项研究中，预后较好，转移率低得多，中位生存期为 38.3 个月。

5. 双侧甲状腺切除术的潜在并发症有哪些？

甲状腺手术并发症包括术中出血、喉返神经损伤导致的喉麻痹和甲状旁腺功能减退。在进行双侧甲状腺切除术时，通常不可能保留甲状旁腺。考虑到这一点，手术前 3 天开始服用维生素 D（以骨化三醇的形式）和钙。术前测量离子化钙水平,术后仔细监测离子化钙水平（最初为每日一次，随后为每周一次）。

参考文献

Théon AP, Marks SL, Feldman ES et al. (2000) Prognostic factors and patterns of treatment failure in dogs with unresectable differentiated thyroid carcinomastreated with megavoltage irradiation. J Am Vet Med Assoc 216: 1775–1779.

Tuohy JL, Worley DR, Withrow SJ (2012) Outcome following simultaneous bilateral thyroid lobectomy for treatment of thyroid gland carcinoma in dogs: 15 cases (1994—2010). J Am Vet Med Assoc 241: 95–103.

病例 20

1. 根据肿物的外观，鉴别诊断有哪些？

肿物外观较大、相对局限，高度提示为颗粒细胞瘤（或颗粒细胞成肌细胞瘤）。其他需要考虑的鉴别诊断为黑色素瘤、鳞状细胞癌和肥大细胞瘤；浆细胞瘤、上皮样 T 细胞淋巴瘤（或其他圆形细胞瘤）、肉瘤和其他更为罕见的肿瘤也是可能的鉴别诊断。

2. 如何进行手术治疗？

鉴于肿瘤的位置和大小，舌骨切除术并不适用于该病例。由于肿瘤的局限性，建议进行局部手术切除。

3. 该病例的预后如何？

肿瘤边界清晰，切除后保持舌功能（图 20b）。组织学诊断为颗粒细胞成肌细胞瘤（GCMB）。GCMB 预后较好，接受手术治疗的患犬中，80% 以上可以实现局部肿瘤的长期控制。如果不能获得干净的手术切缘，复发的肿瘤通常可以通过 2 次手术治疗。尽管该病例肿瘤细胞延伸至肿瘤切除边缘，但术后 2 年未见复发。

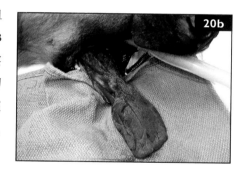

参考文献

Beck ER, Withrow SJ, McChesne AE et al. (1986) Canine tongue tumors: aretrospective review of 57 cases. J Am Anim Hosp Assoc 22: 525–532.

Liptak JM, Withrow SJ (2013) Cancer of thegastrointestinal tract. In: Withrow SJ, Vail DM, Page RL, editors, Small Animal Clinical Oncology, 5th edition. St. Louis, Saunders Elsevier, p. 392.

Turk MAM, Johnson GC, Gallina AM et al. (1983) Canine granular cell tumor (myoblastoma): a report of four cases andreview of the literature. J Small Anim Pract 24: 637–645.

Rallis TS, Tontis DK, Soubasis NH et al. (2001) Immunohistochemical study of a granular cell tumor on the tongue of adog. Vet Clin Pathol 30: 62–66.

病例 21

1. 描述 CT 扫描。

扫描显示颅骨背面有一个大的矿化肿物。肿物紧靠骨头，但似乎没有骨侵袭。这种肿物

外观在 X 线片或 CT 上称为"爆米花样"。

2. 该患病犬如何治疗?

21c

目前认为手术是这类病例的首选治疗方法。多小叶骨肿瘤常见于颅骨、上颌骨和下颌骨，下颌骨肿瘤似乎有更好的预后。考虑到该肿物可能没有骨侵袭，肿瘤位置更易手术治疗，在这种情况下可以考虑手术切除。图 21c 显示了肿瘤的外观，肿物边界清晰。根据肿瘤的大小和位置，很难获得组织学上的无肿瘤边缘，因此建议进行术后放射治疗。对于多小叶骨肿瘤，化疗（传统化疗或节拍化疗）的疗效目前仍未得到充分评估。

3. 这类肿瘤最重要的预后因子有哪些?

组织学分级和完全手术切除是最重要的预后因子。总的来说，术后复发率 <58%，平均复发时间为 26 个月。Ⅲ 级肿瘤复发率为 78%，而 Ⅰ 级肿瘤复发率为 30%，Ⅱ 级肿瘤复发率为 47%。组织学上手术切缘无肿瘤，复发率约为 25%，而不完全手术切除，复发率为 75%。总的中位存活时间约为 21 个月，根据研究报告，Ⅰ 级存活 29~50 个月，Ⅱ 级存活 17~22 个月，Ⅲ 级存活 11~13 个月。即使在手术不太可能完全切除的患病犬中，复发也很慢。该患病犬的肿瘤仍为 Ⅰ 级，尽管显微镜下手术边缘不干净，但术后 18 个月仍无复发（图 21d、图 21e）。

21d

21e

参考文献

Dernell WS, Straw RC, Cooper MR et al. (1998) Multilobular osteochondrosarcomain 39 dogs: 1979–1993. J Am Anim Hosp Assoc 34: 11–18.

Hathcock JT, Newton JC (2000) Computedtomographic characteristics of multilobular tumor of bone involving the craniumin 7 dogs and zygomatic arch in 2 dogs. Vet Radiol Ultrasound 41: 214–217.

Straw RC, LaCouteur RA, Powers BE et al. (1989) Multilobular osteochondrosarcoma of the canine skull: 16 cases (1978–1988). J Am Vet Med Assoc 195: 1764–1769.

 **病例 22**

1. 犬舌部最常见的肿瘤类型是什么？

鳞状细胞癌（SCC）约占犬舌肿瘤的 50%。SCC 外观通常为溃疡样，本病历的外观很像 SCC。尽管舌肿瘤在犬中很罕见，但其次最常见的舌肿瘤为颗粒细胞成肌细胞瘤和恶性黑色素瘤。其他的肿瘤更为罕见，如肥大细胞瘤、纤维肉瘤、腺癌、血管肉瘤、平滑肌肉瘤、黏液瘤、淋巴瘤和脂肪瘤等。本病例细针抽吸细胞学检查提示为鳞状细胞癌。

2. 手术切除舌肿瘤的标准是什么？

对于不穿过中线的单侧肿瘤或限制在舌头延伸部分的肿瘤，可以移除高达 60% 的舌头。据报道，5 只犬的舌头切除率高达 100%，术后并发症很少。术后期间需要食管，但从长远来看，功能仅受轻度影响。

3. 该患病犬是否具有手术的适应症？

该患者的肿瘤穿过中线，远离尾侧，无法通过手术切除同时保留住部分舌头。客户不想进行更积极的舌切除术。

4. 该患病犬的预后如何？

因肿瘤的位置和局部疾病的程度，该患病犬的预后极差。在无法手术的肿瘤患病犬，可以考虑放射治疗。本病例因为肿瘤舌侵袭，严重地影响了动物的生活质量，建议安乐死。对于肿瘤可通过手术切除的患病犬，组织学分级可帮助进一步确定预后。I 级舌 SCC 的术后中位生存时间为 16 个月，II 级 4 个月和 III 级 3 个月。整体 1 年生存率为 50%，但是在组织学上确认切除完全的 I 级舌头 SCC 1 年生存率接近 80%。

参考文献

Carpenter LG, Withrow SJ, Powers BE et al. (1993) Squamous cell carcinoma of the tongue in 10 dogs. J Am Anim Hosp Assoc 29: 17–24.

Dennis MM, Ehrhart N, Duncan CG et al. (2006) Frequency of and risk factors associated with lingual lesions in dogs: 1,196 cases (1995–2004). J Am Vet Med Assoc 228: 1533–1537.

Dvorak LD, Beaver DP, Ellison GW et al. (2004) Major glossectomy in dogs: a case series and proposed classification system. J Am Anim Hosp Assoc 40: 331–337.

 **病例 23**

1. 描述超声检查结果。可能的诊断是什么？

图像是从腹壁获得的，因此图像的顶部代表膀胱的腹侧。膀胱三角区可见软组织肿物。考虑到患病犬的年龄、品种和肿物的位置，可能的诊断为移行细胞癌。

2. 临床分期还需要进行哪些检查？如何确诊？

应进行 MDB 检查，需要注意尿液采集，建议自由收集或导尿而不是膀胱穿刺。完整的腹部超声检查，应特别注意检查膀胱、前列腺、肾脏、输尿管和腰下淋巴结。为了确诊，可通过创伤性导管插入术导尿获得细胞学标本；如果可行，膀胱镜检查可用于获取活检样本。

3. 在获得确诊样本时应避免哪些操作？

如有可能，应通过非手术手段进行诊断。应避免超声引导下的 FNA 或膀胱穿刺。据报道，肿瘤细胞通过膀胱切开术移植腹壁的发生率高达 10%，这种移植也可发生于 FNA 或膀胱穿刺术。最近的报道表明，与 FNA 或膀胱穿刺术相比，犬膀胱切开术更易导致移行细胞癌（TCC）的腹壁定植。事实上，未进行行膀胱切开术的 TCC 患病犬，体壁 TCC 发生率仅为 1.6%。对于不能通过非手术手段获得诊断的病患，应谨慎使用 FNA。（译者注：因近期研究发现，FNA 等方式引起的 TCC 种植并不影响患病犬的生存期，因此 FNA 等手术手段是否不适用于 TCC 目前存在争议。因国内缺乏很多控制 TCC 的药物，TCC 治疗后的生存期远低于国外水平，因此不必过度担心 FNA、膀胱切开等引起的腹腔传播，进而缩短动物的生存期。）

4. 这个病例如何治疗？

膀胱 TCC 通常采用米托蒽醌（化疗）和吡罗昔康联合治疗。手术的适应症通常为影像学和超声表现以及在膀胱内的位置（即不在三角区）不高度怀疑 TCC 的病例（译者注：这些肿瘤更容易被切除）。由于 TCC 的浸润性，即使肿瘤看起来很小且具有局限性，也很难获得切缘干净的肿瘤切除。目前已有关于全膀胱切除术（如输尿管结肠吻合术）等报道，但手术困难，肿瘤转移发生迅速，存活时间很少超过 5 个月。最近，对一只犬进行了全膀胱切除术，并将输尿管植入阴道近端，结果良好（存活 447 天）。对于大多数 TCC 患者，建议进行内科治疗。米托蒽醌化疗与吡罗昔康（或卡铂与吡罗昔康）的联合应用，取得了良好的疗效和生存时间。单用吡罗昔康治疗的患者的 MST 约为 6 个月。加入米托蒽醌后，MST 为 291 天。米托蒽醌/吡罗昔康的无进展间隔为 109 天，卡铂/吡罗昔康的无进展间隔为 73.5 天（无统计学差异）。当米托蒽醌为一线治疗时，MST 为 247.5 天，而卡铂一线治疗时为 263 天；但是，该研究允许进行补救治疗。长春花碱也有被证明对犬的 TCC 有抗肿瘤活性，PFI 为 122 天，MST 为 147 天。节拍化疗式给予苯丁酸氮芥作为一线治疗的疗效尚未充分评价，但已发现其可以作为其他治疗失败后的补救治疗。据报道，其他化学治疗失败后的 TCC，节拍化疗式给予苯丁酸氮芥仍有 70% 的应答率（部分缓解 PR 和疾病稳定 SD，没有病例完全缓解 CR），PFI 为 119 天，总 MST 为 221 天。在一项研究中，强度调制和图像引导放射治疗（IGRT）耐受性良好，MST 达到 654 天。

参考文献

Allstadt SD, Rodriguez CO, Boostrom B et al. (2015) Randomized phase Ⅲ trial of piroxicam in combination with mitoxantrone or carboplatin for first-line treatment of urogenital tract transitional cell carcinoma in dogs. J Vet Intern Med 29: 261–267.

Boston S, Singh A (2014) Total cystectomy for treatment of transitional cell carcinoma of the urethra and bladder trigone in a dog. Vet Surg 43: 294–300.

Henry CJ, McDaw DL, Turnquist SE et al. (2003) Clinical evaluation of mitoxantrone and piroxicam in a canine model of human invasive bladder cancer. Clin Cancer Res 9: 906–911.

Higuchi T, Burcham CN, Childress MO et al. (2013) Characterization and treatment of transitional cell carcinoma of the abdominal wall in dogs: 24 cases (1985–2010). J Am Vet Med Assoc 242: 499–506.

Nolan MW, Kogan L, Griffin LR et al. (2012) Intensity-modulated and image-guided radiation therapy for treatment of genitourinary carcinomas in dogs. J Vet Intern Med 26: 987–995.

病例24

1. 在治疗建议之前，应对该患病犬进行哪些诊断和分期检查？

建议进行 MDB，还需进行区域淋巴结的 FNA。可以尝试对肿瘤进行 FNA 检查，但由于可能继发炎症和感染，可能无法做出明确诊断。为了更准确地确定肿瘤类型，可能需要进行组织活检。

2. 犬脚趾最常见的肿瘤是什么？还有哪些其他的鉴别诊断？

鳞状细胞癌是犬最常见的脚趾肿瘤。在一项大型回顾性研究中，鳞状细胞癌占脚趾肿瘤的 51.6%。其他肿瘤类型为恶性黑色素瘤（15.6%）、骨肉瘤（6.3%）、血管外皮细胞瘤（4.7%）、良性软组织肿瘤（7.8%）和恶性软组织肿瘤（14%）。通过单独的 X 线片很难区分足皮炎与恶性肿瘤，但考虑到给予抗生素后疾病继续发展和在 X 线片上发现的严重骨溶解，该患病犬的脚趾肿物为炎性增生的可能性很低。

3. 该病例如何治疗，预后如何？

建议截趾。在该患病犬中，FNA 提示 SCC，因此进行了截趾（图 24c）。组织病理学证实为 SCC 和手术边缘干净。根据不同的研究，脚趾 SCC 截趾后的 1 年和 2 年生存率分别为 50%~95% 和 18%~74%。与脚趾其他部位的 SCC 相比（60% 在 1 年，40% 在 2 年），趾甲下的 SCC 具有更长的生存期（1 年存活率为 95%，2 年存活率为 74%）。

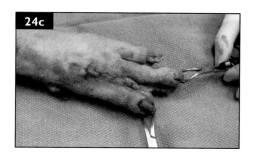

24c

参考文献

Henry CJ, Brewer WG, Whitley EM et al. (2005) Canine digital tumors: a Veterinary Cooperative Oncology Group retrospective study of 64 dogs. J Vet Intern Med 19: 720–724.

Marino DJ, Matthiesen DT, Stefanacci JD et al. (1995) Evaluation of dogs with digit masses: 117 cases (1981–1991). J Am Vet Med Assoc 207: 726–728.

Voges AK, Neuwirth L, Thompson JP et al. (1996) Radiographic changes associated with digital, metacarpal and metatarsal tumors, and pododermatitis in the dog. Vet Radiol Ultrasound 37: 327–335.

Wobeser BK, Kidney BA, Powers BE et al. (2007) Diagnosis and clinical outcomes associated with surgically amputated canine digits submitted to multiple veterinary diagnostic laboratories. Vet Pathol 44: 355–461.

病例 25

1. 描述 X 线片并列出鉴别诊断。

右髂骨可见一增生性和溶解性病变，该病变延伸至髂骨周围的软组织（图 25b）。病变可

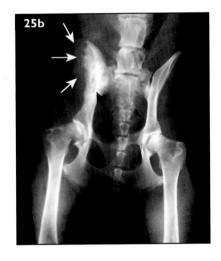

能为髂骨原发肿瘤，该部位最常见的肿瘤为骨肉瘤和软骨肉瘤。其他软组织来源肿瘤可能性不大，因它们通常不会侵袭骨骼。

2. 应该进行哪些进一步检查？

建议 MDB，以及胸部 X 线片（3 个方向）。为了制订手术计划，建议进行骨活检和 CT。该病例的组织病理学证实为骨肉瘤（OSA）。

3. 该患病犬有哪些治疗选择，预后如何？

肿瘤切除需要进行半骨盆切除术。中轴骨骨肉瘤占犬所有骨肉瘤的 20%~25%。盆腔骨肉瘤是最不常见的中轴骨骨肉瘤，因此有关各种治疗的预后信息十分有限。骨盆骨肉瘤的表现似乎与四肢骨肉瘤类似，因此建议进行手术切除，然后进行化疗。对于中轴骨骨肉瘤，能否获得无肿瘤手术边缘是最重要的预后指标。利用 CT 或 MRI 辅助制订手术计划来提高完全切除的概率，并避免在一些无法切除的病例进行手术。在一些研究中，相较于大型犬较小体型的犬似乎预后更好。血清 ALP 水平是否可作中轴骨骨肉瘤的预后指标仍需要进一步评估。

参考文献

Ehrhart NP, Ryan SD, Fan TM (2013) Osteosarcoma in dogs. In: Withrow SJ, Vail DM, Page RL, editors, Small Animal Clinical Oncology, 5th edition. St. Louis, Elsevier Saunders, pp. 463–503.

Heyman SJ, Diefenderfer DL, Goldschmidt MH et al. (1992) Canine axial skeletal osteosarcoma. A retrospective study of 116 cases (1986–1989). Vet Surg 21: 304–310.

Kramer A, Walsh PJ, Seguin B (2008) Hemipelvectomy in dogs and cats: technique overview, variations, and description. Vet Surg 37: 413–419.

病例 26

1. 该患病犬需要哪些进一步检查？

建议进行 MDB 并仔细评估区域淋巴结。该犬 MDB 在正常范围内，区域淋巴结无法触及。

2. 假设该病例只有局部疾病，控制疾病或治愈该患病犬的最佳方法是什么？

最佳的治疗方法是肿物完全切除，实现术缘无肿瘤。考虑到肿瘤的位置，移除跖骨垫可能会导致严重的术后并发症，该患病犬手术治疗难度较高。

3. 切除犬的跖骨垫有哪些主要并发症？

切除跖骨垫会对犬造成严重的问题，通常因为磨损（特别是在较粗糙的表面上）导致开放的切口不愈合及行走时的极度不适。猫能更好地耐受跖骨垫切除。该患病犬最佳的手术治疗方法是切除跖骨垫，以期获得更宽和更深的无肿瘤边缘，并进行脚趾垫推进皮瓣以重建跖骨垫。

4. 可以考虑哪些非手术治疗？

作为初级治疗，可在手术前进行放射治疗，以尝试将肿物缩小至更容易手术的大小，或在没有获得无肿瘤边缘的情况下作为手术后辅助治疗。化疗（无论是最大剂量还是节拍化疗）更适用于治疗微观疾病，而不是宏观疾病。

5. 如果无法获得无肿瘤边缘，会考虑进一步的治疗吗？

对于中级（II 级）软组织肉瘤，复发和转移率高度依赖于肿瘤的有丝分裂指数。可以考虑术后放疗或节拍化疗延缓肿物复发。该患病犬的转移风险较低（<15%）。

跟进 / 讨论

常规术部准备，在跖骨垫周围进行椭圆形皮肤切口，以包括先前的手术瘢痕和开放垫伤口（图 26b）。将跖骨垫和瘢痕切开并移除，深部解剖平面为屈肌腱。为了链接移植垫，留下跖骨垫的远端边缘。然后处理第 5 趾的足趾垫（图 26c）。切除在趾垫和跖骨之间的足底部分皮肤，使趾垫进入伤口。然后缝合跖骨垫的残余部分（图 26d）。图 26e 为切除术后的外观。手术后的组织病理学显示边缘宽阔、干净。未建议该犬进一步治疗。手术后 18 个月，患病犬临床上仍无肿瘤复发。

参考文献

Cantatore M, Renwick MG, Yool DA (2013) Combined Z-plasty and phalangeal fillet for reconstruction of a large carpal defect following ablative oncologic surgery. Vet Comp Orthop Traumatol

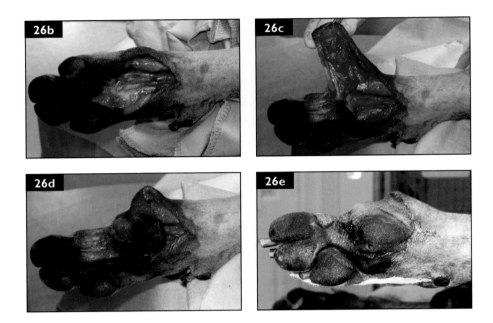

26: 510–514.

Elmslie RE, Glawe P, Dow SW (2008) Metronomic therapy with cyclophosphamide and piroxicam effectively delays tumor recurrence in dogs with incompletely resected soft tissue sarcomas. J Vet Intern Med 22: 1373–1379.

Forrest LJ, Chun R, Adams WM et al. (2000) Postoperative radiotherapy for canine soft tissue sarcoma. J Vet Intern Med 14: 578–582.

Kuntz CA, Dernell WS, Powers BE et al. (1997) Prognostic factors for surgical treatment of soft-tissue sarcomas in dogs: 75 cases (1986–1996). J Am Vet Med Assoc 21: 1147–1151.

病例27

1. 这种病变的鉴别诊断有哪些？

鉴别诊断有：鳞状细胞癌（SCC）、皮肤淋巴肉瘤、毛囊炎（猫蠕形螨或皮肤癣菌病）、嗜酸性粒细胞性皮炎、猫进行性组织细胞增多症（FPH）和日光性皮炎。

2. 活组织检查的组织病理学诊断为猫进行性组织细胞增生症（FPH）。这种疾病的预期临床病程如何？

FPH是一种罕见的组织细胞增殖性疾病，是树突状细胞（DC）或巨噬细胞的反应性或肿瘤性增殖。它通常为单个或多个斑块、丘疹或结节，多发于足、腿和面部。在疾病的早期，可能仅为局部缓慢进展的小病变，其可长时间限于皮肤（报告长达3年）。随着疾病的进展，细胞的形态变得更具异型性，并且最终发展为难以与组织细胞肉瘤区分的恶性病变。在晚期，可以见肿瘤淋巴结侵袭和内脏器官转移。

3. 推荐的治疗方法有哪些?

FPH 对类固醇或化疗的反应很差。据报道:干扰素－γ、类维生素 A、环孢菌素 A、来氟米特、长春新碱、长春花碱、氮芥和 L－天冬酰胺酶对 FPH 无效。对于孤立性较小的病变,可以考虑手术切除。手术治疗的患者中约有 50% 患有局部复发。目前尚无放射治疗的报道,但放疗可能是姑息性的。有传闻 CCNU 可能有效。

参考文献

Affolter VK, Moore PF (2006) Feline progressive histiocytosis. Vet Pathol 43: 646–655.

Moore PF (2014) A review of histiocytic diseases of dogs and cats. Vet Pathol 5: 167–184.

病例 28

1. 简述细胞学发现了什么? 并给出诊断。

细胞学可见异常的圆形细胞,可见细胞大小不一、细胞核大小不一和核仁增多(核仁大小不一)。细胞质中也可见深蓝色／黑色色素颗粒。细胞学提示为黑色素瘤,所以诊断为口腔恶性黑色素瘤(OMM)。

2. 对于临床分期,还需要做哪些进一步诊断?

还需要进行 MDB 检查和 3 方位 X 线片。区域淋巴结的细针穿刺细胞学检查,细胞学通常可以确定黑色素瘤淋巴结侵袭,但阴性结果并不能完全排除转移性疾病。对于淋巴结触诊正常的患者,约 40% 在组织病理学下发现黑色素瘤转移。因此,建议切除引流淋巴结进行组织学检查,因为这是一种更准确地判断是否发生转移的方法。一些学者还建议同时切除同侧和对侧淋巴结。定位和切除前哨淋巴结对人类的口腔黑色素瘤有诊断、预后和临床价值,但目前缺乏犬的相关研究。

3. 简述治疗方案。

治疗的目的是控制局部疾病和防止转移。不幸的是犬的口腔黑色素瘤预后很差。对于该犬,手术切除肿瘤会引起一个巨大的口鼻瘘,因此可以考虑用放射治疗来控制局部疾病。其他全身治疗,如化疗或 Oncept® 犬黑色素瘤疫苗,疗效目前并不确实。最近,一项大型回顾性研究发现,与单纯手术相比,任何形式的术后治疗并不能改善生存期。但对于该病例,由于可能无法手术,额外的全身治疗可作为姑息性治疗使用。单用放疗与辅助卡铂治疗的放疗相比,中位生存期无显著性差异。然而,在另一项研究中,口腔黑色素瘤局部治疗后使用卡铂具有生存优势。

参考文献

Bergman PJ, Kent MS, Farese JP (2013) Melanoma. In: Withrow SJ, Vail DM, Page RL, editors, Small Animal Clinical Oncology, 5th edition. St. Louis, Elsevier Saunders, pp. 321–334.

Boston SE, Lu X, Culp WTN et al. (2014) Efficacy of systemic adjuvant therapies administered to dogs after excision of oral malignant melanomas: 151 cases (2001–2012). J Am Vet Med Assoc 245: 401–407.

Dank G, Rassnick KM, Sokolovsky Y et al. (2012) Use of adjuvant carboplatin for treatment of dogs with oral malignant melanoma following surgical excision. Vet Comp Oncol 12: 78–84.

Murphy S, Hayes AM, Blackwood L et al. (2005) Oral malignant melanoma – the effect of coarse fractionation radiotherapy alone or with adjuvant carboplatin therapy. Vet Comp Oncol 3: 222–229.

Williams LE, Packer RA (2003) Association between lymph node size and metastasis in dogs with oral malignant melanoma: 100 cases (1987–2001). J Am Vet Med Assoc 222(9): 1234–1236.

病例 29

1. 描述超声检查结果。

肾周可见包膜增厚（图 29a，红色箭头），为新月形低回声。肾皮质回声增强，肾缘不规则。这些超声发现高度提示猫肾淋巴瘤。在一项研究中，该影像特征的猫 80% 以上被诊断为肾淋巴瘤。

2. 在超声引导下对肾脏进行 FNA 检查，并进行细胞学检查（图 29b）。临床诊断是什么？

细胞学检查提示淋巴瘤。细胞学标本中有中度血液污染，但有明显的较大淋巴细胞群。有丝分裂图（图 29b，箭头）。随后进行免疫细胞化学检查，证实为 B 细胞淋巴瘤。

3. 根据肾功能衰竭的程度，该患病猫是否可以进行治疗？

可以治疗。对化疗有反应的患病猫，甚至可以观察到严重氮质血症被逆转。

4. 该病例共济失调的可能原因有哪些？

虚弱和脱水很可能是导致疑似共济失调的原因。然而，肾淋巴瘤有较高的中枢神经系统受累率。尽管这还没有得到证实，化疗方案中包括穿过血脑屏障的药物（如阿糖胞苷或 ccnu）可能有助于肾淋巴瘤的治疗。

参考文献

Taylor SS, Goodfellow MR, Browne WJ et al. (2009) Feline extranodal lymphoma: response to chemotherapy and survival in 110 cats. J Small Anim Pract 50: 584–592.

Valdes-Martinez A, Cianciolo R, Mai W (2007) Association between renal hypoechoic subcapsular thickening and lymphosarcoma in cats. Vet Radiol Ultrasound 48: 357–360.

病例 30

1. 描述在 CT 上看到的病变。

在垂体窝中有一个对比度增强的病变，大约 2.1 cm × 2 cm，该病变最有可能是垂体腺瘤。

2. 动眼神经功能障碍的原因是什么？

最有可能为肿瘤压迫视交叉。

3. 建议采用何种治疗方法？患病犬的预后如何？

放射治疗是垂体腺瘤的首选治疗方法。虽然垂体腺瘤在犬中比较少见，但放疗可提高患者的总生存率。在一项研究中，接受放射治疗的功能性垂体腺瘤和腺癌患病犬的中位生存期为743天。无临床症状且肿瘤小于1.5 cm的犬预后最好。在另一项研究中，肿瘤大小和神经症状的严重程度是独立影响总生存时间的预后因子。

参考文献

deFornel P, Delisle F, Devauchelle P et al. (2007) Effects of radiotherapy on pituitary corticotroph macrotumors in dogs: a retrospective study of 12 cases. Can Vet J 48: 481–486.

Dow SW, LeCouteur RA, Rosychuk RAW et al. (1990) Response of dogs with functional pituitary macroadenomas and macrocarcinomas to radiation. J Small Anim Pract 31: 287–294.

Theon AP, Feldman EC (1998) Megavoltage irradiation of pituitary macrotumors in dogs with neurologic signs. J Am Vet Med Assoc 213: 225–231.

 **病例 31**

1. 该患病猫应考虑哪些治疗方案？

在这种情况下，除了截肢没有其他更好的选择。由于肿瘤覆盖了腿的全方位，因此治疗性的放射治疗十分困难。除非有可能从放射治疗中保留正常组织，否则可能出现远端肢体的淋巴和血管供应受损，导致远端坏死。考虑到肿瘤是低等级的，化疗获益极小。因此，尽管主人不喜欢截肢，但从治疗和减轻疼痛的角度来看，截肢是最好的治疗方法。

2. 接受治疗的患病猫的长期预后如何？

截肢后，肿瘤可以被长期控制。最终这个病例进行了截肢术，主人对猫的术后恢复十分满意。在一项研究中，术前肿瘤大小和肿瘤类型是猫软组织肉瘤预后的最重要预测因素。如果肿瘤小于2 cm，术后中位生存时间为643天；如果肿瘤小于5 cm，术后中位生存时间为558天；如果肿瘤大于5 cm，术后中位生存时间为394天。在评估的软组织肉瘤中，纤维肉瘤和神经鞘瘤的预后最好（中位生存期分别为640天和645天）。

参考文献

Dillon JD, Mauldin GN, Baer KE (2005) Outcome following surgical removal of nonvisceral soft tissue sarcomas in cats: 42 cases (1992–2000). J Am Vet Med Assoc 12: 1955–1957.

📝 **病例 32**

1. 描述 X 线检查结果（图 32）。

X 线片显示桡骨远端和尺骨压缩性骨折。桡骨远端干骺端有一个巨大的溶解性病变。诊断：病理性骨折。

2. 该病例需进行哪些进一步的诊断检查？

对于一只 10 岁的罗威纳犬，桡骨远端病变和病理性骨折的主要鉴别诊断是骨肉瘤。因此，除了进行 MDB（血常规、生化、尿检）外，还建议进行四肢骨和中轴骨的影像学检查，以排除转移。为了确诊，需要进行骨组织活检。

3. 简述适当的治疗方案。

可进行病理性骨折的修复。在一项研究中，使用骨板和交锁钉进行修复，术后患病动物可立即使用患肢。该治疗为病患提供了姑息治疗方案，术后中位生存时间为 166 天，但部分病患还同时使用了化疗、放疗或双磷酸盐的辅助治疗。积极的治疗是截肢和化疗。文献中描述了各种化疗药物和方案，主要为铂类化合物（卡铂、顺铂、洛铂）单独或与多柔比星联合使用，也有多柔比星作为单一药物的报道。顺铂具有肾毒性，需要积极的治疗前后利尿，与顺铂相比卡铂给药更方便，因此应用更广泛。最近一项比较卡铂单独使用和卡铂与多柔比星交替使用的研究显示，卡铂作为单一药物的效果优于多柔比星。单独使用卡铂（6 个总剂量）的犬比交替使用卡铂和多柔比星（各 3 个剂量）的犬有更长的无病间隔（425 天和 135 天）。卡铂组的中位生存期为 479 天，卡铂／多柔比星组的中位生存期为 287 天。这些结果支持患病动物进行截肢和化疗。各种化疗方案的中位生存期接近 1 年，2 年生存率 <28%。除非骨折得到修复，否则使用放射的姑息治疗方案不太可能帮助到患病动物。在考虑疼痛控制时，截肢是最好的选择。

参考文献

Boston SE, Bacon NJ, Culp WTN et al. (2011) Outcome after repair of a sarcoma-related pathologic fracture in dogs: a Veterinary Society of Surgical Oncology retrospective study. Vet Surg 40(4): 431–437.

Selmic LE, Burton JH, Thamm DH et al. (2014) Comparison of carboplatin- and doxorubicin-based chemotherapy protocols in 470 dogs after amputation for treatment of appendicular osteosarcoma. J Vet Intern Med 28: 554–563.

Skorupski KA, Uhl JM, Szivek A et al. (2016) Carboplatin versus alternating carboplatin and doxorubicin for the adjuvant treatment of canine appendicular osteosarcoma: a randomized, phase III trial. Vet Comp Oncol 14(1): 81–87, doi:10.1111/vco.12069.

Szewczyk M, Lechowski R, Zabielska K (2015) What do we know about canine osteosarcoma treatment? – Review. Vet Res Commun 39: 61–67.

病例 33

1. 建议对该患病犬进行哪些诊断检查？

应通过血常规、生化、胸片、腹部超声和新病灶的 FNA 评估患病犬的病情缓解情况。

血液检查未见明显异常。体格检查、胸片和腹部超声证实肿瘤已完全缓解。FNA 无法确诊，仅显示肿物为上皮细胞。

皮肤病变活检显示犬皮肤病毒性鳞状乳头状瘤，是由犬乳头状瘤病毒感染引起的良性病变。这些肿瘤最常见于幼犬和老年免疫抑制的犬，但可见于任何年龄的犬。它们经常自发地消退。

2. 简述该病例的治疗方法。

虽然在犬上不常见，但免疫抑制最有可能继发于化疗。该病例停用泼尼松，化疗推迟至病变消退。再次开始化疗时，不再使用每周进行一次的诱导治疗间隔，而是使用每 2~3 周进行一次的较保守治疗间隔。

参考文献

Lange CE, Favrot C (2011) Canine papillomaviruses. Vet Clin N Am Small Anim Pract 41: 1183–1195.

病例 34

1. 该病例的鉴别诊断有哪些？

对于犬的脾脏肿物，大约 1/3 是良性的（血肿、髓外造血、脓肿），2/3 是恶性的。在这些恶性肿瘤中，约 2/3 为血管肉瘤（HSA），其余 1/3 是其他类型的恶性肿瘤（纤维肉瘤、未分化肉瘤等）。因此，几乎 50% 的脾脏肿物的最终诊断为血管肉瘤。

2. 患病犬的品种风险对诊断有什么影响？

德国牧羊犬脾脏血管肉瘤的发病风险较高，发生脾血肿的风险也较高。虽然该病例疑似血管肉瘤，但为了做出明确诊断，必须进行组织病理学检查。

3. 应进行哪些进一步的诊断检查？

MDB、凝血（约 75% 的血管肉瘤患病犬有临床或亚临床的 DIC）和腹部超声检查。血液检查和胸片检查均正常。超声显示脾脏上有一个大的、大部分充满液体的肿物。腹腔没有游离液体或其他损伤的迹象。

4. 该病例的建议治疗和预期预后如何？

该病例建议进行开腹探查。尽管品种和年龄高度怀疑脾脏肿物为血管肉瘤，但手术是唯

一的获得明确诊断和提供治疗的途径。该病例的肿物如图34b所示，最终诊断为良性血肿。

参考文献

Hammer AS, Couto CG (1992) Diagnosing and treating canine hemangiosarcoma. Vet Med 3: 188–201.

Hammer AS, Couto CG, Swardson C et al. (1991) Hemostatic abnormalities in dogs with hemangiosarcoma. J Vet Intern Med 5: 11–14.

Johnson KA, Powers BE, Withrow SJ et al. (1989) Splenomegaly in dogs: predictors of neoplasia and survival after splenectomy. J Vet Intern Med 3: 160–166.

Srebrenik N, Appelby RC (1991) Breed prevalence and sites of hemangioma and hemangiosarcoma in dogs. Vet Rec 129: 408–409.

病例 35

1. 该患病犬还需要进行哪些诊断检查？

诊断试验包括：

完成 MDB，应进行胸片检查。这个患病犬没有胸部转移的迹象。

超声引导下的肝脏细针抽吸可用于获得初步诊断。在这个病例中，细胞学检查发现肝细胞有轻微的细胞大小不一和细胞异形性。

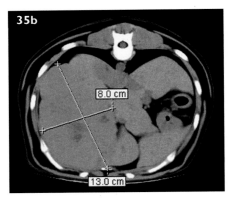

为了确定疾病的程度和帮助制订手术计划，建议进行 CT 扫描，图 35b 为该病例的 CT 扫描。除原发肿瘤外，该病例没有进一步的疾病证据。

2. 肿物位于左侧的意义是什么？

肝脏左侧出现的肿物似乎更易于手术切除，因此，预后比右侧的好。

3. 肿物主要的鉴别诊断有哪些？

肝血肿和肝细胞癌是最可能的鉴别诊断。考虑到肿物为巨大且孤立的，因此最有可能是"巨大"的肝细胞癌。

4. 是否会因肿物太大，该病例无法进行手术治疗？

肝肿瘤和大面积肝癌切除手术预后良好。尽管肿瘤体积很大，但大部分可以通过手术切除。即使手术后无法获得干净的手术切缘，因肿瘤再生通常非常缓慢，术后生活质量仍可显著提高。手术时，该病例的肿瘤从左肝外侧叶（图 35c）可被切除。病理组织学证实肿物为高分化肝细胞癌。接受手术治疗的犬肝癌的中位生存时间 >1 460 天（中位未达到），而接受药物治疗的犬患肝癌的中位生存时间只有 270 天。

参考文献

Liptak JM, Dernell WS, Monnet E et al. (2004) Massive hepatocellular carcinoma in dogs: 48 cases (1992–2002). J Am Vet Med Assoc 225: 1225–1230.

病例 36

1. 淋巴结病变的可能诱因是什么？

体温正常，血细胞计数正常，无其他异常，周围淋巴结肿大和头侧器官肿大，不大可能是感染引起的，因此最主要的鉴别诊断是淋巴瘤。该病例淋巴结肿大程度和临床表现高度疑似淋巴瘤。

2. 在实施治疗之前，还应进行哪些进一步的检查？

建议进行 MDB，2 张胸片（侧位和腹背位），因淋巴瘤更可能影响胸骨、纵隔或肺门淋巴结，这可以通过两体位的胸片充分评估。此外，如果淋巴瘤扩散到肺部，它倾向于表现为间质浸润，而不是孤立的或数量有限的肺肿物。建议细针抽吸和细胞学检查作为诊断依据。建议通过免疫组织化学（IHC）或免疫细胞化学 ICC 鉴别淋巴瘤是 T 细胞淋巴瘤，还是 B 细胞淋巴瘤。除了常规分期化验和细胞学／活检外，建议对该患病犬进行超声心动图检查。虽然目前没有心脏异常的证据，因拳狮犬容易患心肌病，患病犬可能并没有表现出临床异常。随着心脏毒性化疗（多柔比星）的应用，初期的超声心动图可作为基础数据评价后期是否出现多柔比星的心脏毒性。

3. 这个患病犬 T 细胞淋巴瘤的可能性有多大？

拳狮犬的淋巴瘤大约 70% 为 T 细胞淋巴瘤。尽管在一些研究中，T 细胞淋巴瘤患者的预后比 B 细胞淋巴瘤患者差，但仍有一小部分 T 细胞淋巴瘤为低等级进展缓慢的淋巴瘤（译者注：小细胞 T 淋巴瘤）。

参考文献

Lurie DM, Lucroy SM, Griffey SM et al. (2004) T–cell–derived malignant lymphoma in the boxer breed. Vet Comp Oncol 2: 171–175.

Lurie DM, Milner RJ, Suter SE et al. (2008) Immunophenotypic and cytomorphologic subclassification of T–cell lymphoma in the boxer breed. Vet Immunol Immunopathol 125: 102–110.

Valli VE, Kass PH, San Myint M et al. (2013) Canine lymphomas: association of classification type, disease stage, tumor subtype, mitotic rate, and treatment with survival. Vet Pathol 50: 738–748.

病例37

1. 该病患安置的是什么设备（图37a至图37c），有什么用途？

图37中的设备为皮下血管通路（SVAP），被安置于颈静脉，用于化学治疗。SVAP可提供开放的血管通路，不必为化疗反复安置静脉导管。对于静脉过小或难以安置静脉导管的品种，如沙皮犬，安置静脉港更易于给予化学治疗。该静脉港还可在放射治疗时反复镇静。设备并发症较少，致命并发症十分罕见。

2. 该设备有哪些优点？

无须重复放置导管即可轻松进入静脉。

减轻病患压力。

避免因反复放置导管而损伤外周静脉。

皮下血管通路放置，对病患没有活动限制。

3. 该项操作有哪些不足？

细菌感染／脓肿。

血清肿。

端口、导管连接处断裂。

端口位移。

安置需要外科手术。

参考文献

Culp WTN, Mayhew PD, Reese MS et al. (2010) Complications associated with use of subcutaneous vascular access ports in cats and dogs undergoing fractionated radiotherapy: 172 cases (1996–2007). J Am Vet Med Assoc 236: 1322–1327.

病例38

1. 图38中的犬如果进行化学治疗，使化疗毒性增加风险的因素有哪些？

图38中的犬是苏格兰牧羊犬，它们有70%的可能性存在多药耐药基因ABCB1（MDR1）的突变。该基因编码一种蛋白质——P-糖蛋白（P-gp），是一种由三磷酸腺苷（ATP）驱动的泵，可将底物药物转运穿过细胞膜。P-gp在多种哺乳动物组织中表达，包括脑毛细血管的肠道、肾脏、肝脏和内皮细胞。例如，在血脑屏障处，P-gp在脑毛细血管的内皮细胞的腔膜中表达，并限制药物进入中枢神经系统。MDR1的突变可导致将一些药物泵出大脑的能力降低，从而导致神经系统症状。同样，MDR1的突变也可以影响这些药物从其他组织中排泄，导致毒性增加。在一些情况下，某些药物可能是致死性的。受MDR1突变影响的其他品种包括（但不限于）喜乐蒂（15%）、长毛惠比特犬（65%）、麦克纳布牧羊犬（30%）、英国牧羊

犬（15%）以及德国牧羊犬（10%）。

2. 在制订化学治疗方案前，还需进行哪些额外的检查？

可以通过目前在华盛顿州立大学进行的 DNA 测试来鉴定突变体 MDR1（ABCB1-1Δ）基因（译者注：目前国内也有多家第三方检验实验室可以提供相关检测）。测试结果将表明该犬是否具有 MDR1 突变以及它的突变是一个拷贝还是两个拷贝：正常／正常（这些犬不携带突变并且不会将突变传递给它们的后代）；突变体／突变体（突变体等位基因纯合子——某些药物会对这些犬产生毒性）；突变／正常（突变等位基因的杂合子——这些犬携带突变并可能将突变基因传递给它们的后代，某些药物可能会对它们产生毒性）。

3. 该病例应该避免使用哪些药物？

包括化疗药物在内的许多药物有 P-gp 蛋白排出细胞，因此有 P-gp 基因突变的患者极易受到药物毒性的影响。已知可导致 MDR1 突变的犬出现药物毒性的药物有：乙酰丙嗪、布托啡诺、红霉素、伊维菌素、洛哌丁胺和某些抗肿瘤药（如长春新碱、长春花碱、放线菌素 D、依托泊苷、多西紫杉醇和多柔比星），这些药物禁用于 P-gp 基因突变／突变的犬。这些药物应该在突变／正常的犬中慎用，若必须使用，需要减少剂量。

参考文献

Mealey KL (2006) Adverse drug reactions in herding-breed dogs: the role of p-glycoprotein. Compend Contin Educ Vet 28: 23-33.

Mealey KL (2013) Adverse drug reactions in veterinary patients associated with drug transporters. Vet Clin N Am Small Anim Pract 43: 1067-1078.

Mizukami K, Chang HS, Yabuki A et al. (2012) Rapid genotyping assays for the 4-base pair deletion of canine MDR1/ABCB1 gene and low frequency of the mutant allele in Border Collie dogs. J Vet Diag Invest 24: 127-134.

📝 **病例 39**

1. 描述治疗前（图 39b）和治疗后（图 39c）的 X 线片。

图 39b 第三掌骨近端有一明确的溶解性病变。在治疗后的 X 线片（图 39c）中，出现了骨重塑，骨溶解减少。

2. 以治愈为目标，该病例的治疗方案有哪些？

考虑到病变的位置，如果不截肢，很难通过手术切除受影响的掌骨。由于骨肉瘤的转移性，术后应进行化疗（如卡铂）。如果不进行截肢，立体定向放射治疗（SRT）联合化疗（如卡铂单独或联合多柔比星）可获得与截肢加化疗相似的结果。因病理性骨折是 SRT 常见的并发症，所以通常 SRT 更适用于较小的骨肿瘤。

3. 简述姑息治疗方案。

放射治疗是常用的姑息疗法（例如 4 个 8~10 Gy 剂量）。除姑息性放疗外，还可考虑化疗以延缓局部疾病的进展和转移的发生。在 4 次 8 Gy 的放疗和 4 次卡铂化疗结束时，病变在 X 线片上有明显改善（图 32c），患病犬不再跛行。

参考文献

Coomer A, Farese J, Milner R et al. (2009) Radiation therapy for canine appendicular osteosarcoma. Vet Comp Oncol 7: 15–27.

Farese JP, Milner R, Thompson MS et al. (2004) Stereotactic radiosurgery for treatment of osteosarcomas involving the distal portions of the limbs in dogs. J Am Vet Med Assoc 225: 1567–1572.

病例 40

1. 描述观察到的异常情况。

在左眼（OS）虹膜上有多个黑色斑点，虹膜不均匀（OS 散瞳），这可能是虹膜活动性降低或粘连的结果，这种情况被称为虹膜黑变病。猫的虹膜黑变病是指虹膜内的黑色素变化，该病变可以是扩散的和渐进的，增殖的黑素细胞完全局限于虹膜的前表面。病变通常开始时是良性的，倾向于平坦，不应突出虹膜表面，但在一些病例中，可以看到恶性进展。如果不进行组织学检查，很难判断病变是良性还是恶性的。

2. 简述该病例的治疗建议。

病变发展至恶性肿瘤可能需要数月到数年的时间，因此建议仔细监测眼睛。建议进行全面眼科检查，黑色素改变会干扰引流角，导致青光眼。从光滑到模糊的过渡，会引起虹膜厚度增加或不规则；色素分散到房水；虹膜变形或活动性降低都可引起眼压升高，因此需要关注虹膜后表面的形变。该病例有虹膜活动性降低的证据，如果没有进一步的异常，建议仔细监测；但是，如果出现其他异常，如眼压升高，则应考虑眼球摘除。该病变在年轻的猫上可能会快速发展。

参考文献

Finn M, Krohne S, Stiles J (2008) Ocular melanocytic neoplasia. Compend Contin Educ Vet 30: 19–25.

病例 41

1. 描述细胞学检查结果并做出诊断。

样本细胞量大，以圆形细胞为主。细胞核位置偏心，有一个核周透明区，为高尔基体。有中度细胞大小不一和细胞核大小不一。这些发现提示肿物为浆细胞瘤。

2. 应进行哪些分期检查?

皮肤浆细胞瘤通常表现为良性,只有不到 1% 的皮肤浆细胞瘤是系统性多发性骨髓瘤的一部分。在一项大型研究中,只有 2% 的皮肤浆细胞瘤出现淋巴结转移。肠道髓外浆细胞瘤或孤立性骨浆细胞瘤的病患应进行骨髓抽吸、血清电泳和骨骼检查,因为转移的可能性稍大。然而,那些存在于皮肤中的孤立的浆细胞瘤通常是良性的。对于皮肤孤立的浆细胞瘤需要仔细评估局部淋巴结,但更积极的分期可能并不能获得更多的临床信息。

3. 简述该病例的治疗建议。

考虑到肿物的大小,手术完全切除十分困难。放疗或化疗可以缩小肿物的大小,使其更易于手术。该病例使用泼尼松治疗,肿物体积减小约 50%,然后手术切除。手术切除合适,术后 3 年,肿物没有复发。

参考文献

Clark GN, Berg J, Engler SJ et al. (1992) Extramedullary plasmacytoas in dogs: results of surgical excision in 131 cases. J Am Anim Hosp Assoc28: 105–111.

Gupta A, Fry JL, Meindel M et al. (2014) Pathology in practice. J Am Vet Med Assoc 244: 163–165.

病例 42

1. 这些病变是否提示淋巴瘤的进一步发展?

淋巴瘤进一步发展通常不表现为这样,考虑到病变的位置和外观,临床上更符合局限性钙质沉着症。局限性钙质沉着症是一种罕见的异位沉积钙盐的软组织综合征。它最常发生在年轻的大型犬种中,一般来说是特发性的。但在一些钙代谢紊乱的患者中也可出现,如肾脏疾病、维生素 D 过量、营养失衡(食物中钙、磷比例失调)、甲状旁腺肿瘤、库兴病或钙平衡异常的任何其他疾病。

2. 这些病变是否与治疗有关?

过量的外源性类固醇可能与之有关。作为化疗的一部分,该病例每天口服 2 mg/kg 的泼尼松。

3. 该病例还应该做哪些诊断检查?

拳狮犬的淋巴瘤大约 85% 为 T 细胞淋巴瘤。T 细胞淋巴瘤常伴有高钙血症,因此应对该犬的该水平做全面检查。该病例的钙检查未见明显异常。

4. 简述这些病变的治疗建议。

手术切除通常是有效的。由于该病例没有发现任何其他引起钙紊乱的因素,因此病变可能是特发性或继发于医源性的类固醇。该病例停止给予泼尼松后,病变部分消退。

参考文献

Lurie DM, Milner RJ, Suter SE et al. (2008) Immunophenotypic and cytomorphologic subclassification of T-cell lymphoma in the boxer breed. Vet Immunol Immunopathol 125: 102–110.

Tafti AK, Hanna P, Bourque AC (2005) Calcinosis circumscripta in the dog: a retrospective pathological study. J Vet Med 52: 13–17.

病例43

1. 描述 X 线检查结果（图 43b）。

左侧第三跖骨有溶解性、膨胀性的骨损伤。病变至少占骨骼长度的 75%。皮质几乎完全破坏，骨膜可见骨新生。

2. 进行 MDB 和病灶细针抽吸；MDB 正常，进行了细胞学检查（图 43c），诊断是什么？

影像学和细胞学表现一致，高度提示病变为肿瘤。细胞学检查提示为肉瘤，但不通过组织病理学检查，很难确定肿瘤的类型。根据现有临床信息，最有可能提示是原发性骨肿瘤。该病例经活检，最终确认肿瘤为骨肉瘤。

3. 简述该病例的治疗建议和预期结果。

为了治愈该肿瘤，强烈建议进行后肢截肢。猫骨肉瘤（OSA）与犬的骨肉瘤大不相同。猫 OSA 的转移发生率要低得多（犬 80%~90%，猫 5%~10%）。广泛的外科切除术，如病例若进行截肢，有很高的概率被长期控制。目前没有证据表明，截肢术后进行化疗，可以改善猫的生存时间。组织学上，猫 OSA 与犬 OSA 相似，但猫 OSA 的有丝分裂指数较低。在一项研究中，有丝分裂指数是唯一显著影响猫 OSA 生存期的组织病理学变量。影响生存时间的最重要的临床变量为是否能通过手术获得无瘤边缘。据报道，猫 OSA 的中位生存期为 24~44 个月。

参考文献

Dimopoulou M, Kirpensteijn J, Moens H et al. (2008) Histologic prognosticators in feline osteosarcoma: a comparison with phenotypically similar canine osteosarcoma. Vet Surg 37: 466–471.

Ehrhart ND, Ryan SD, Fan TM (2013) Tumors of the skeletal system. Primary bone tumors of cats. In: Withrow SJ, Vail DM, Page RL, editors, Small Animal Clinical Oncology, 5th edition. St. Louis, Elsevier Saunders, pp. 494–495.

Heldmann E, Anderson MA, Wagner–Mann C (2000) Feline osteosarcoma: 145 cases (1990–1995). J Am Anim Hosp Assoc 36: 518–521.

病例44

1. 该肿物的主要鉴别诊断是什么？

无色素性黑色素瘤、鳞状细胞癌和纤维肉瘤是最可能的考虑因素。

2. 主人只希望进行姑息治疗。在实施姑息性治疗之前，还需要进行哪些必要的检查？

对于这 3 种类型的肿瘤，生物学行为以及对疾病进展和转移行为的预期可能存在相当大的差异。应考虑胸部 X 线片及原发肿瘤和淋巴结的细胞学或组织病理学。胸部 X 线片正常，活检提示无色素性黑色素瘤。同侧颌下淋巴结有转移性疾病的证据。

3. 哪种姑息治疗最有可能改善该病例的生活质量?

患者生活质量差的主要原因是存在继发性感染、肿物造成的进食障碍和肿瘤可能侵袭骨骼所引起疼痛。

应使用抗生素以减少继发感染。放射治疗提供了控制骨痛和减小肿瘤大小，提高它进食能力的最佳机会。姑息性放疗对患有口腔恶性黑色素瘤的病犬局部控制的有效率大于 70%。不幸的是，尽管疾病得到了充分的局部控制，但转移性疾病仍然是主要挑战。

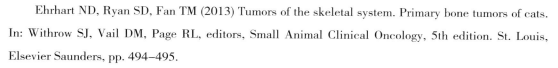

跟进 / 讨论

放疗后照片(图 44b)显示口腔肿瘤几乎完全消退。然而，患者在 4 个月后死于肺转移。

参考文献

Dimopoulou M, Kirpensteijn J, Moens H et al. (2008) Histologic prognosticators in feline osteosarcoma: a comparison with phenotypically similar canine osteosarcoma. Vet Surg 37: 466–471.

Ehrhart ND, Ryan SD, Fan TM (2013) Tumors of the skeletal system. Primary bone tumors of cats. In: Withrow SJ, Vail DM, Page RL, editors, Small Animal Clinical Oncology, 5th edition. St. Louis, Elsevier Saunders, pp. 494–495.

Heldmann E, Anderson MA, Wagner–Mann C (2000) Feline osteosarcoma: 145 cases (1990–1995). J Am Anim Hosp Assoc 36: 518–521.

病例 45

1. 描述 12 岁的拉布拉多猎犬前肢跛行急性发作时的影像学异常（图 45 ）。

肱骨中段有一个病灶。病变主要是溶解性的，但也可见骨生成区。因病变发生在骨骼供血区域，因此更有可能是转移性肿瘤，而非原发性肿瘤。

2. 为了评估预后，需要进行哪些分期检查?

考虑到这可能是转移灶，因此首先要进行彻底的体格检查、胸片和腹部超声检查。如果在这些检查中没有其他肿瘤的发现，建议进行骨病变的活组织检查。如果确诊为骨肉瘤、软骨肉瘤或其他类型的骨肿瘤，则需要骨窗扫描以寻找另一个原发性骨肿瘤部位。如果病理组织学揭示一种类型的肿瘤是原发性骨肿瘤（如癌症），然后进一步调查，以确定肿瘤的原发

部位。

3. 在这种情况下，推荐哪些治疗方案？

治疗方案将取决于组织学诊断。如果活检结果提示原发性骨肿瘤没有其他转移或其他原发灶的证据，则建议截肢加上化疗（根据组织病理学）。如果病变是转移灶，建议姑息治疗，如放射治疗、双膦酸盐治疗或截肢止痛。

4. 哪些肿瘤常见骨转移？

乳腺癌、前列腺癌、移行细胞癌、头颈部鳞状细胞癌、肺癌和多发性骨髓瘤可转移至骨。原发性 OSA 可扩散到其他骨部位，血管肉瘤也有骨转移的报道。

参考文献

Simmons JK, Hildreth III BE, Supsavhad W et al. (2015) Animal models of bone metastasis. Vet Pathol 52: 827–841.

病例 46

1. 描述 CT 的发现。

颈部右侧有一个 6.8 cm × 5.3 cm 的肿物，它与气管相邻，似乎侵袭了一部分椎骨。肿物呈多叶性，无法确认肿物的来源。虽然扁桃体在 CT 扫描上是正常的，但不能排除已经出现扁桃体或唾液腺的转移。

2. 该病例可以进行外科治疗吗？

由于肿物临近气管和肌肉，横向跨过脊柱，无法通过手术完全切除，边缘切除也十分困难。

3. 该病例建议如何治疗？

可以考虑化疗和 / 或姑息性放射治疗。经放射治疗的非扁桃体口腔鳞状细胞癌患病犬，无病间隔（PFS）为 12~18 个月。在另一项研究中，非扁桃体口腔鳞状细胞癌患者用吡罗昔康和卡铂治疗时，中位随访时间为 543 天，复发和进展时间尚未达到。帕拉定对犬的头颈癌有生物活性。应答率为 75%（1 个为 CR，5 个为 PR），中位反应时间为近 4 周（4~48 周）。然而，考虑到该病例肿瘤的大小和侵袭性，治疗反应和预后需谨慎。

参考文献

deVos JP, Burm AGD, Focker AP et al. (2005) Piroxicam and carboplatin as a combination treatment of canine oral non–tonsillar squamous cell carcinoma: a pilot study and a literature review of a canine model of human head and neck squamous cell carcinoma. Vet Comp Oncol 3: 16–24.

London C, Mathie T, Stingle N et al. (2012) Preliminary evidence for biologic activity of toceranib phosphate (Palladia®) in solid tumours. Vet Comp Oncol 10: 194–205.

✏ **病例 47**

1. 根据描述的临床表现，该病例最可能的诊断是什么？

该患者的临床表现高度提示乳腺炎性癌（IMC）。

2. 应进行哪些进一步检查？

IMC 转移率很高，通常通过血管或淋巴转移，因此，除了 MDB 外，还建议进行腹部超声检查。在诊断时，约 80% 的 IMC 有远处转移的证据。约 20% 的 IMC 病例有凝血功能障碍（DIC），因此也建议进行凝血检查。因肿瘤有大量的炎性细胞浸润，细针抽吸通常没有帮助，建议通过活组织检查确诊。IMC 病理诊断的特征为真皮淋巴结转移。

3. 考虑到病变的临床表现和组织病理学结果，可选的治疗方案有哪些？该患病犬的预后如何？

IMC 通常预后很差。中位生存期约为 60 天。凝血病患者生存时间最短。接受某些药物治疗的患病犬存活时间稍有改善。因为病变一直延伸到后肢，所以该病例不可能进行手术切除。化疗对 IMC 大多无效。在 IMC 中可见高浓度的 COX-2 表达，并且复发、转移概率增加；无病生存和总生存率降低有关。因此，COX-2 抑制剂如吡罗昔康被推荐用于 IMC，以提供疼痛缓解和潜在的抗癌益处。在一项研究中，用吡罗昔康治疗 IMC 患病犬的 MST 为 185 天。

参考文献

de M Souza CH, Toledo-Piza E, Amorin R et al. (2009) Inflammatory mammary carcinoma in 12 dogs: clinical features, cyclooxygenase-2 expression, and response to piroxicam treatment. Can Vet J 50: 506-510.

Marcanato L, Romanelli G, Stefanello D et al. (2009) Prognostic factors for dogs with mammary inflammatory carcinoma: 43 cases (2003—2008). J Am Vet Med Assoc 235: 967-972.

✏ **病例 48**

1. 一只 10 岁的金毛猎犬，表现为跛行和远端肢体肿胀，请问 X 线片（图 48a）上的病变名称是什么？

广泛的骨膜反应提示病变为副肿瘤性肥大性骨关节病（HO）。在没有骨溶解的情况下，栅栏样骨膜反应是 HO 的特征。目前 HO 的病理学原因仍有待研究，它可能是继发于原发病灶或从原发病灶本身分泌的一些物质刺激迷走神经。结扎迷走神经可使人类的 HO 缓解。

2. 该病例需要进行哪些进一步的检查？

应进行胸片检查。HO 最常见的原因是肺部占位性病变。肺中的肿物引起副肿瘤综合征，导致随着时间的推移，远端肢体的骨膜新骨增生。虽然肺部病变是最常见的原因，HO 可与腹腔内肿瘤（如尿路肿瘤：膀胱的葡萄状横纹肌肉瘤）相关。本病例胸腔内发现了一个巨大的肿物。

3. 如何治疗这种疾病？

切除胸内肿物可能能使 HO 消失。非甾体抗炎药可能有助于 HO 相关的疼痛和不适。作者用吡罗昔康改善临床症状。虽然在犬为传闻，人类已经开始使用双膦酸盐治疗肥厚性骨病。

参考文献

Jayaker BA, Abelson AG, Yao Q (2011) Treatment of hypertrophic osteoarthropathy with zoledronic acid: case report and review of the literature. Semin Arthritis Rheum 41: 291–296.

Withers SS, Johnson EG, Culp WTN et al. (2015) Paraneoplastic hypertrophic osteopathy in 30 dogs. Vet Comp Oncol 13: 157–165.

✏️ 病例 49

1. 基于体格检查，最有可能的诊断是什么？

病变从鼻腔喙部突出，为具有侵袭性的异常增生组织，该病变最有可能为鳞状细胞癌。

2. 需要进行哪些诊断检查？

对异常组织进行深楔形活检。本例诊断为鳞状细胞癌。虽然这种癌转移率低，但胸片应作为 MDB 的一部分。

3. 治疗方案有哪些？

鼻平面切除术（"鼻腔切除术"）可用于治疗早期、局部的病变（图 49b，术中切除鼻骨

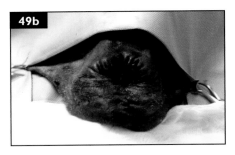

49b

49c

的图片）。鼻平面 SCC 可分为两大类：浅表微创和深部浸润。浸润性更强的病变可能很难通过手术治愈。CT 或 MRI 有助于提示浸袭性病变的外科治疗。如果无法实现干净的手术切缘，建议术后放疗。如果能获得足够的清洁切缘，复发率通常很低。宠物主人应通过术后照片对这类手术的术后外观做好心理准备，通常对手术结果感到满意。虽然动物外观变化巨大，但功能的改变并不常见。犬鼻平面鳞状细胞癌具有局部侵袭性和顽固性。其他治疗方法，如冷冻手术、激光、光动力疗法、局部注射卡铂和放疗作为单一治疗方法，对于犬的局部控制率很低。有延迟淋巴结转移（术后 1 年，鼻内镜切除术成功，边缘干净）的报道，该病例成功地接受了淋巴结切除术。图 49c 显示了一只因巨大侵袭性鳞状细胞癌接受鼻平面切除术犬的术后外观。

参考文献

Gallegos J, Schmiedt CW, McAnulty JF (2007) Cosmetic rostral nasal reconstruction after nasal planum and premaxilla resection: technique and results in two dogs. Vet Surg 36: 669–674.

Withrow SJ (2013) Tumors of the respiratory system. In: Withrow SJ, Vail DM, Page RL, editors, Small Animal Clinical Oncology, 5th edition. St. Louis, Elsevier Saunders, pp. 432–435.

病例50

1. 肿物的主要鉴别诊断有哪些？

大约 1/3 的脾脏肿物是良性的（血肿、髓外造血、脓肿），大约 2/3 是恶性的。恶性肿瘤中，约有 2/3 为血管肉瘤，其余为其他软组织肉瘤组（纤维肉瘤、黏液肉瘤、恶性组织细胞增多症等）。

2. 在手术切除肿物之前，还应做哪些诊断检查？

除了已进行的腹部 X 线片和腹部超声外，还需要通过胸片排除转移及进行血常规和生化检查。大约 75% 的血管肉瘤患者存在 DIC（大多数亚临床），因此术前检查还需注意凝血检查。由于听到心脏杂音和怀疑脾脏血管肉瘤，因此建议该病例进行超声心动以排除心房肿物。

3. 手术前如何告知主人该病例的预后？

没有病理组织学结果，很难做出预后判断。在血肿或低等级恶性肿瘤的情况下，脾切除术是可以治愈的。若诊断为血管肉瘤，在不进行进一步治疗的情况下，中位生存期为 2 个月。术后化疗（多柔比星 +/ 环磷酰胺或节拍化疗）可延长中位生存期 8~10 个月。其他类型肉瘤的转移潜在能力随肿瘤组织学分级而增加。该病例的肿瘤诊断为中度等级纤维肉瘤。鉴于组织病理学上的高有丝分裂指数（MI），建议术后化疗。脾脏非淋巴瘤、非血管肉瘤患者的生存时间与肿瘤细胞的有丝分裂指数密切相关。MI<9 的肿瘤患者中位生存期为 7~8 个月，而 MI>9 的患者中位生存期仅有 1~2 个月。

参考文献

Hammer AS, Cuoto CG, Swardson C et al. (1991) Hemostatic abnormalities in dogs with hemangiosarcoma. J Vet Intern Med 5: 11–14.

Lana S, U'Ren L, Plaza S et al. (2007) Continuous low–dose oral chemotherapy for adjuvant therapy of splenic hemangiosarcoma in dogs. J Vet Intern Med 21: 764–769.

Ogilvie GK, Powers BE, Mallinckrodt CH et al. (1996) Surgery and doxorubicin in dogs with hemangiosarcoma. J Vet Intern Med 10: 379–384.

Spangler WL, Culbertson MR, Kass PH (1994) Primary mesenchymal (nonangiomatous/nonlymphomatous) neoplasms occurring in the canine spleen: anatomic classification, immunohistochemistry, and mitotic activity correlated with patient survival. Vet Pathol 31: 37–47.

病例 51

1. 该病例可以放射治疗吗?

肿物似乎环绕了肘关节和胫骨,当肿瘤累及四肢一周时,不能使用放射治疗,因为放疗后没有正常组织留下,会导致供给远端肢体血管和淋巴管坏死。

2. 还需要进行哪些进一步检查?

虽然血管外皮细胞瘤(HPC)的转移率很低,但肿瘤生长近 2 年,所以建议胸片和腹部超声检查排除潜在的转移。

3. 最适合该病的治疗方案是什么?

如果没有转移,截肢是治疗该疾病的最好方法,有望达到疾病的长期控制。

病例 52

1. 描述影像学和细胞学表现并给出诊断。

胸侧位 X 线片,头侧有一个大的软组织密度肿物,将气管向背侧抬高,心脏头侧部分影像被遮挡。细胞学可见大淋巴细胞,其中大多数淋巴细胞为红细胞大小的 2~3 倍。淋巴细胞核仁突出,核仁形状大小各异,嗜碱性胞浆稀少。诊断为淋巴瘤。

2. 建议进行哪些分期检查和进一步的诊断检查?

建议进行 MDB 检查和 FeLV 检查。除 MDB 外,还推荐腹部超声分期和免疫组化检查以确定淋巴瘤的类型。

3. 在这个年龄和这个品种的猫上,这种疾病常见吗?

这只患病猫的逆转录病毒检测结果可能是什么? 年轻的(中位数为 3 岁)暹罗猫和东方品种猫纵隔淋巴瘤发病率较高,公猫高发。在对 FeLV 进行常规接种之前,纵隔淋巴瘤最常见于年轻的 FeLV 阳性猫。现在,大多数表现为纵隔淋巴瘤的猫是 FeLV 阴性的。

4. 简述推荐的治疗方案,治疗后生存期如何?

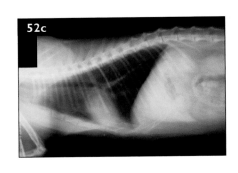

52c

化疗是首选的治疗方法。肿瘤通常反应迅速。对于严重病例,放射治疗也可用于快速诱导病情缓解。在开始化疗(长春新碱)48 h 后拍摄所示(图 52c)的 X 线片。猫纵隔淋巴瘤主要的预后因子是缓解能力。能获得 CR 的猫存活时间更长(中位数为 980 天 vs 42 天猫只获得 PR)。年龄、品种、性别、是否有其他病灶、逆转录病毒状态和是否之前使用过类固醇治疗不影响治疗反应。此外，不同的化疗方案，生存期之间没有显著差异。

参考文献

Fabrizio F, Calam AE, Dobson JM et al. (2014) Feline mediastinal lymphoma: a retrospective study of signalment, retroviral status, response to chemotherapy and prognostic indicators. J Feline Med Surg 16: 637–644.

Guzera M, Cian F, Leo C et al. (2014) The use of flow cytometry for immunophenotyping lymphoproliferative disorders in cats: a retrospective study of 19 cases. Vet Comp Oncol dol: 10.1111/vco.12098.

Louwerens M, London CA, Pedersen NC et al. (2005) Feline lymphoma in the post–feline leukemia virus era. J Vet Intern Med 19: 329–335.

病例 53

1. 根据临床表现，最有可能的诊断是什么？

外观高度提示皮肤黑色素瘤／恶性黑色素瘤；然而，基底细胞癌（BCC）外观也有可能是黑色的。

2. 切除活检确诊肿物为皮肤黑色素瘤。组织病理学报告的哪些特征对于确定该患病猫的进一步治疗和预后是必要的？

了解黑色素瘤是良性还是恶性，边缘是否无肿瘤，以及评估有丝分裂指数是很重要的。在这个病例中，患病猫的活检显示肿物是一个良性皮肤黑色素瘤，没有看到有丝分裂像，手术边缘无肿瘤。虽然仍建议密切监测复发情况，但病猫很可能已经痊愈。有丝分裂指数 ≥ 3/10 个高倍镜视野与预后密切相关。只有不到 10% 的良性皮肤黑素瘤有可能转移，但如果肿瘤没有完全切除，复发是很常见的。一份报告指出，组织学类型（良性与恶性）不能提供预后信息，因此在治疗猫皮肤黑色素瘤时应谨慎。

参考文献

Luna LD, Higginbotham ML, Henry CJ (2000) Feline non–ocular melanoma: a retrospective study of 23 cases (1991–1999). J Feline Med Surg 2(4): 173–181.

Smedley RC, Spangler WL, Esplin DG et al. (2011) Prognostic markers for canine melanocytic neoplasms: a comparative review of the literature and goals for future investigation. Vet Pathol 48(1): 54–72.

病例 54

1. 描述肿瘤组织外观和可能的诊断。

这是一个巨大的、边界清楚的囊性肿物。外观提示良性囊腺瘤。

2. 猫的肝胆肿瘤中大约有多少是良性的？

胆管腺瘤（胆管囊腺瘤）是猫最常见的良性肝肿瘤，约占肝胆管肿瘤的 50%。

3. 除了手术之外，还推荐什么进一步的治疗？

手术切除是首选的治疗方法，可以治愈，术后无须进一步治疗。如图 54 所示，这些肿瘤通常边界清晰，为囊性的，只有当它们变大时才会引起临床症状，并且不会转移。在多发性或不能手术的囊腺瘤患者中，随着肿瘤生长，可能会使生活质量下降。对于因肿物压迫而感到疼痛或肝功能受损的病猫，对较大的囊肿进行超声引导下抽吸和引流可以缓解疼痛。

参考文献

AdlerR, Wilson DW (1995) Biliary cystadenoma of cats. Vet Pathol 32: 415–418. Lawrence HJ, Hollis N, Harvey HJ (1994) Nonlymphomatous hepatobiliary masses incats: 41 cases (1972–1991). Vet Surg 23: 365–368.

病例 55

1. 描述超声图像上的异常。

前列腺增大，有钙化。尿道变宽，有可疑组织浸润膀胱颈部。

2. 为什么前列腺肿瘤是主要的鉴别诊断？这只患病犬很小就绝育了，这对诊断考虑有什么影响？

这只患病犬在很小的时候就绝育了，这降低了良性前列腺疾病如肥大或感染的可能性。前列腺肿大伴继发钙化更可能是肿瘤造成的。绝育不能阻止犬前列腺癌的发展。早期的研究表明绝育无法降低犬前列腺癌的发病风险。随后，流行病学研究表明，绝育实际上增加了癌症发展的风险。绝育的雄犬患膀胱移行细胞癌、前列腺移行细胞癌、前列腺腺癌的风险显著增加。

参考文献

Nyland TG, Wallack ST, Wisner ER (2000) Needle-tract implantation following us-guided fine-needle aspiration biopsy of transitional cell carcinoma of the bladder, urethra, and prostate. Vet Radiol Ultrasound 43(1): 50–53.

Obradovich JE, Walshaw R, Goullaud E (1987) The influence of castration on the development of prostate carcinoma in the dog: 43 cases (1978–1985). J Vet Intern Med 1: 183–187.

Teske E, Naan ED, Kijk EM et al. (2002) Canine prostate carcinoma: epidemiological evidence of an increased risk in castrated dogs. Mol Cell Endocrinol 197: 251–255.

病例 56

1. 描述细胞学。

显微镜下可见成簇的上皮样细胞，伴有轻度的细胞大小不一，但细胞边界不明显。细胞核无明显大小不一。细胞学未见明显恶性特征。尽管细胞学表现相对良性，但这种肿瘤是良性的可能性相当低。因此必须进行组织病理学检查。

2. 主要的鉴别诊断有哪些？

肛门腺肿物首先需要排除肛囊腺癌（ASGAC）和肛腺感染。根据抽吸时发现的非典型上皮细胞群，该病例最有可能是肛门腺肿瘤。

3. 哪些血清生化指标具有预后意义？

钙水平升高通常与肛门囊腺癌（ASGAC）有关，25%~50% 的患病犬表现为高钙血症。出现高血钙与更谨慎的预后有关；然而高血钙有时并不一定预后不良。因此，动物表现高血钙仍建议积极治疗。

4. 除 MDB 外，还应做哪些进一步的检查，以做出明确诊断并对患病犬进行分期？

腹部超声检查应仔细检查腰下淋巴结。有时即使原发性肿瘤很小，这些淋巴结也出现了异常增大。肛周肿物切开活检或 tru-cut 活检（针芯活检）可以给出明确的诊断。对于没有淋巴结病变迹象的小肿瘤患者，切除活检（切除异常的肛门腺）可能是诊断和治疗的方法。

参考文献

Bennett PF, DeNicola DB, Bonney P et al. (2002) Canine anal sac adenocarcinomas: clinical presentation and response to therapy. J Vet Intern Med 16: 100–104.

Gauthier M, Barber LG, Burgess KE (2009) Identifying and treating anal sacadenocarcinoma in dogs. Vet Med 104: 74–81.

Potanas CP, Padgett S, GamblinRM (2015) Surgical excision of anal sac apocrine gland adenocarcinomas with andwithout adjunctive chemotherapy in dogs: 42 cases (2005–2011). J Am Vet MedAssoc 246: 877–884.

Williams LE, Gliatto JM, Dodge RK et al. (2003) Carcinoma of the apocrine glands of the anal sac in dogs: 113 cases (1985–1995). J Am Vet Med Assoc 223(6): 825–831.

病例 57

1. 使用这些药物时，应告诉主人注意事项有哪些？

在接触和给予化疗药物时，应佩戴化疗专用手套。使用后的手套应放在化疗废物袋中，并带回医院进行适当处理。如何恰当地处理化疗废物，应联系当地政府。需向主人提供批准用于化疗的无粉乳胶手套（图 57b，红箭头），以便主人在家中分割和给予化疗药物，还应提

供一个化疗运输袋（图 57c）。任何用过的乳胶手套、药瓶等都应放在袋子里，并送回诊所妥善处理。

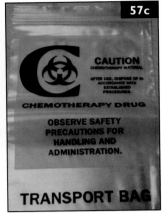

2. 切割 / 切分药片是否安全?

不安全。不建议对任何类型的化疗药物进行切分。在打开胶囊或细胞毒性药物时，在分割处 12in（英寸）外的地方仍可发现药物颗粒。考虑到使用的剂量很小，特别是对于较小的宠物，可能需要向客户提供分割好的药物。（译者注：可在恰当的防护设备下对药物进行分割，如生物安全柜）

参考文献

Gustafson DL, Page RL (2013) Cancer chemotherapy. In: Withrow SJ, Vail DM, Page RL, editors, Small Animal Clinical Oncology, 5th edition. St. Louis, ElsevierSaunders, pp. 157–179.

病例58

1. 考虑到高血钙可能是肿瘤引起的，应进行哪些体格检查?

尽管其他恶性肿瘤可能导致高钙血症，但肛囊腺癌、淋巴瘤、多发性骨髓瘤和乳腺肿瘤是最有可能与副肿瘤性高钙血症相关的肿瘤。所以需要仔细检查淋巴结和乳腺是否有肿物，并进行直肠触诊。

2. 直肠指检发现 1.0 cm 肿物，似乎位于右肛门腺内。细针抽吸细胞学提示肛囊腺癌（ ASGAC ）。高钙血症的可疑原因是什么?

副肿瘤性高钙血症通常与肿瘤细胞释放甲状旁腺激素相关肽（PTHrP）有关，该肽类似甲状旁腺激素，会导致机体从骨骼中释放出额外的钙。并非所有的副肿瘤性高钙血症都是由 PTHrP 引起的。炎性细胞因子如白细胞介素 −1β、肿瘤坏死因子 α 和转化生长因子 β 可单独或与 PTHrP 联合刺激破骨细胞破坏骨骼。据报道，ASGAC 患者中，25%~50% 会出现高血钙。

3. 该患病犬应该如何治疗？

这种程度的高血钙是急诊。离子钙水平能提供更准确的血钙水平，可用于监测治疗反应。对该病例需要进行胸片和腹部超声检查以完成分期。一旦患病犬病情稳定，应立即输注生理盐水以利尿并进行肿瘤切除。如果在生理盐水利尿后血钙下降不明显，且动物病情不稳定无法进行手术，则可能需使用泼尼松、速尿，在极端情况下，可能还需要双膦酸盐治疗。

4. 尽管原发性肿物较小，超声检查（图58）发现腰下淋巴结明显肿大（4.48 cm×5.54 cm）。这对治疗方法和预后有何影响？

CT 扫描有助于确定淋巴结是否可手术切除。如果可以手术切除，建议切除原发性肿物和腰下淋巴结。然而，根据区域转移和高钙血症的表现，该患病犬的预后谨慎。术后建议化疗。如果不能达到干净的手术边缘，则考虑放射治疗。在 ASGAC 患病犬中，多方式治疗似乎优于单纯手术、化疗或 R T。ASGAC 可能对卡铂、顺铂、放线菌素 D、米托蒽醌、美法伦化疗和酪氨酸激酶抑制剂（TKIs，如 Toceanib）有反应。手术（包括淋巴结切除）、放疗和化疗的联合治疗可延长生存时间（中位生存期为 17~31 个月）。在一项病例研究中，其他治疗失败的患病犬开始使用 Toceanib（译者注：palladia）治疗，部分缓解的中位持续时间为 22 周，治疗的中位持续时间为 25 周，该项研究表明 Toceanib 对 ASGAC 可能有效。

5. 哪些因素与预后不良有关？

以下因素与更谨慎的预后相关：

肿瘤大小：在一项研究中发现，较小肿瘤（1 期，原发肿瘤直径 <2.5 cm，无转移）中位生存期为 1 205 天，具有显著的生存优势。

淋巴结转移：淋巴结切除可明显改善生存时间。在一项研究中，淋巴结大小对预后有影响：<4.5 cm，MST 为 492 天 vs.>4.5 cm，MST 为 335 天。

区域淋巴结以外的远处转移（MST 约 70 天）。

不进行手术。

单一疗法。

高钙血症：一些研究表明，高钙血症病患生存时间较短，而其他研究则没有。

参考文献

Bergman PH (2013) Paraneoplastic syndromes. In: Withrow SJ, Vail DM, Page RL, editors, Small Animal Clinical Oncology, 5th edition. St. Louis, Elsevier Saunders, pp. 83–97.

London C, Mathie T, Stingle N et al. (2012) Preliminaryevidence for biologic activity of toceranib phosphate (Palladia®) in solidtumors. Vet Comp Oncol 10(3): 194–205.

Polton GA, Brearley MJ (2007) Clinicalstage, therapy, and prognosis in canine anal sac gland carcinoma. J Vet InternMed 21: 274–280.

Turek MM, Forrest LJ, Adams WM et al. (2003) Postoperative radiotherapy and mitoxantrone for anal sac adenocarcinoma in the dog: 15 cases (1991—2001). Vet Comp Oncol 1: 94–104.

Williams LE, Gliatto JM, Dodge RK et al. (2003) Carcinoma of the apocrine glands of the anal sac in dogs: 113 cases (1985—1995) J Am Vet Med Assoc 223(6): 825–831.

病例 59

1. 简述这种肿瘤在犬上的生物学行为。

孤立性浆细胞瘤最常见于老年犬（平均 9~10 岁），多见于大型犬。孤立性浆细胞瘤通常被描述为髓外浆细胞瘤（EMP）或孤立性骨浆细胞瘤（SOP）。这些肿瘤可能发生在躯干、头部或四肢，也可能发生在包括牙龈和舌头在内的口腔。在 SOP 病例中，可见潜在的骨侵袭。它们通常是良性肿瘤，手术完全切除预后良好。在一个超过 300 例病例的大型研究中，只有 1% 伴有系统性多发性骨髓瘤。不到 4% 的患者术后复发，多因手术边缘不完整，不到 2% 的患者在其他部位发生远端转移。孤立性 EMP 不是起源于骨骼，它们具有局部侵袭性，但很少转移，通常可以通过手术治愈。

2. 应进行哪些进一步的检查？

尽管之前的研究发现与 EMP 或 SOP 相关的系统性疾病发生率较低，但建议进行 MDB 检查。还需要进行下颌骨的 X 线片检查，排除潜在的骨侵袭。

3. 是否需要进一步治疗？

为了达到治愈，可以考虑更积极的手术或放疗。由于保守切除术术后复发率很低，也可选择对该患者的手术部位进行密切监测。如果发现复发，可能需要更积极的手术，如切除附近的骨骼。

参考文献

Smithson CW, Smith MM, Tappe J et al. (2012) Multicentric oral plasmacytomas in 3 dogs. J Vet Dent 29: 96–110.

Wright ZM, Rogers KS, Marshall JH (2008) Survival data for canine extramedullary plasmacytomas: a retrospective analysis (1996—2006). J Am Anim Hosp Assoc 44: 75–81.

病例 60

1. 描述 X 线片上的损伤。

胫骨远端（干骺端）有溶解性病变。病变为多房性，边界清楚，主要为溶解性。由于病变的扩张性，皮质骨很薄，在病变的近心端可能有病理性骨折（图 60b，箭头）。

2. 为什么该病例的基本信息和影像学变化不大支持病变为骨肉瘤的观点？

虽然骨肉瘤可以发生于小型犬，但骨肉瘤更常见于大型犬。该病变的多室性表现与良性骨囊肿最为一致。然而，对于肿物的诊断不能仅仅基于 X 线片。

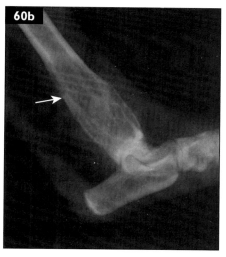

3. 简述该病例的鉴别诊断和诊断建议。

其他的鉴别诊断主要为原发性骨肿瘤：很容易溶解的骨肉瘤、血管肉瘤、骨髓瘤或其他肉瘤。需要进行骨活检才能做出明确诊断。考虑到原发性骨肿瘤的可能性，在进行骨活检之前建议进行 MDB，包括胸片检查。考虑到本病例 X 线片的表现，在上述原发性骨肿瘤中，血管肉瘤的可能性最高。因此，在活检前可以考虑进行腹部超声和超声心动检查。该患犬的组织学诊断为单纯的骨囊肿。骨囊肿可分为两种类型：单纯性骨囊肿（SBC）和动脉瘤性骨囊肿（ABC），前者是原发性骨内囊肿，后者是一种海绵状、多房性、充满自由流动血液的肿物。SBC 的组织学特征是由间皮细胞或内皮细胞内衬的薄纤维壁，而 ABC 很少由上皮细胞内衬，很可能是动静脉畸形。通常，刮除和填塞自体骨移植可用于治疗。然而，考虑到早期病理性骨折和极薄的皮质骨，主人选择了截肢。

参考文献

Stickle R, Flo G, Render J (1999) Radiographic diagnosis – benign bone cyst. Vet Radiol Ultrasound 40(4): 365–366.

病例 61

1. 该肿物的主要鉴别诊断有哪些？

恶性肿瘤主要有：血管肉瘤、脾肉瘤（非血管瘤、非淋巴瘤）、淋巴瘤和肥大细胞瘤。良性脾脏肿物主要有血肿、脓肿、再生结节和髓外造血。急性非外伤性血腹，80% 是恶性的。

2. 为了完成术前分期，还需要做哪些进一步的检查？

手术前需要进行转移筛查。HSA 有很高的转移率。肝、网膜、肠系膜和肺是最常见的转移部位。早期研究发现 HSA 心房受累率为 25%，近期的研究为 8.7%。但转移可发生于身体的任何部位。除了 MDB 胸片外，疑似 HSA 病例的完全分期应包括以下内容。

凝血试验：约 75% 的 HSA 患者在诊断时有凝血障碍，其中高达 50% 符合 DIC 标准。

心电图：如发现可能存在心包积液，应随后进行超声心动检查。

超声心动：这有助于检测心包积液和右心房肿物。

腹部超声：仔细评估脾脏和肝脏，寻找潜在转移病灶的证据。如果肝脏中存在再生或良性结节而非癌症的病变，仍应进行手术，但需要在手术时对可疑部位进行活检。

3. 组织病理学确认为血管肉瘤（HSA）。术后还需要哪些治疗？对生存期有何期望？

单独脾切除术，报道的中位生存时间为 19~86 天，1 年存活率不到 10%。即使加上化疗，1 年生存期的期望值也小于 10%，但中位生存期可改善至 141~179 天。采用 L-MTP-PE（脂质体壁酰三肽磷脂酰乙醇胺）联合手术和化疗，中位生存期为 277 天。节拍化疗（持续低剂量口服化疗）可用于脾肿瘤切除术后患者。环磷酰胺、依托泊苷和吡罗昔康联合应用可使 MST 达 178 天，与常规化疗相比疗效更为明显。

参考文献

Aronsohn MG, Dubiel B, Roberts B et al. (2009) Prognosis for acute nontraumatic hemoperitoneum in the dog: a retrospective analysis of 60 cases (2003—2006). J Am Anim Hosp Assoc 45(2): 72–77.

Boston SE, Higginson G, Monteith G (2011) Concurrent splenic and right atrial mass at presentation in dogs with HSA: a retrospective study. J Am Anim Hosp Assoc 47(5): 336–341.

Hammer AS, Couto CG, Swardson C et al. (1991) Hemostatic abnormalities in dogs with hemangiosarcoma. J Vet Intern Med 5: 11–14.

Lana S, U'Ren L, Plaza S et al. (2007) Continuous low-dose oral chemotherapy for adjuvant therapy of splenic hemangiosarcoma in dogs. J Vet Intern Med 21: 764–769.

Ogilvie GK, Powers BE, Mallinckrodt CH et al. (1996) Surgery and doxorubicin in dogs with hemangiosarcoma. J Vet Intern Med 10: 379–384.

Pintar J, Breitschwerdt EB, Hardie EM et al. (2003) Acute nontraumatic hemoabdomen in the dog: a retrospective analysis of 39 cases (1987—2001). J Am Anim Hosp Assoc 39(6): 518–522.

Vail DM, MacEwen EF, Kurzman ID et al. (1995) Liposome-encapsulated muramyl tripeptide phosphatidylethanolamine adjuvant immunotherapy for splenic hemangiosarcoma in the dog: a randomized multi-institutional clinical trial. Clin Cancer Res 1(10): 1165–1170.

病例 62

1. 细胞学诊断是什么？

肿物可能是一个圆形细胞瘤，胞质颗粒很少。大量细胞疑似有聚结，也有可能是上皮恶性肿瘤，因此为了确诊，必须进行组织病理学检查。

2. 进行脾切除术。组织病理学证实为低分化肥大细胞瘤。从组织样本中还可以获得哪些信息可用于该患病犬的进一步治疗建议？

组织样本的进一步评估应包括以下免疫组织化学染色：AgNOR、Ki67 和 c-KIT 染色。此外，还要用 PCR 检测外显子 8 或 11 是否有突变。这只患病犬的肥大细胞瘤预后指标如下。

镜下观察：KIT 免疫组织化学标记显示膜周标记符合 KIT 模式 2 型。Ki67 的标记显示，平均每个网格有 24 个细胞中有很强的核标记。AgNOR 标记显示平均每 4 个肿瘤细胞核有 1 个 AgNOR 阳性。

　　诊断：KIT 模式 2 型；Ki67：24；AgNORs/cell：3；AgNOR × Ki67：72，PCR 检测 c-KIT 基因第 8、第 11 外显子突变阴性。

　　讨论：根据 KIT 蛋白的表达模式与犬肥大细胞瘤组织学分级有相关性。本病例肿瘤细胞的表达模式为 KIT 2 型。与 KIT 模式 1 型相比，KIT 模式 2 型和 3 型的犬的无病生存率和总生存时间可能更低。在一项研究中，30% 的 KIT 模式 3 的犬在 6 个月内死亡，20% 的模式 2 的犬在 10 个月内死亡。具有高增殖活性的肥大细胞瘤，其特征是大量肿瘤细胞 Ki67 阳性（>23/grid）和 AgNOR 计数高（AgNOR × Ki67>54）与预后显著恶化和生存时间缩短有关。

3. 该病例的预后如何？

　　犬的内脏肥大细胞瘤很少见，预后很差。脾脏病变似乎不太可能是 3 年前切除的原发性低级别肥大细胞瘤的转移。基于这种癌症的侵袭性，建议进行全身治疗。对 c-KIT 基因突变呈阳性的患犬可使用酪氨酸激酶抑制剂治疗（如托西尼布、马赛替尼）。对犬内脏肥大细胞瘤化疗或 TKI 治疗的疗效尚未完全评估。

参考文献

O'Keefe DA, Couto CG, Burke-Schwartz C et al. (1987) Systemic mastocytosis in 16 dogs. J Vet Intern Med 1: 75-80.

Takahashi T, Kadosawa T, Negase M et al. (2000) Visceral mast cell tumors in dogs: 10 cases (1982-1997). J Am Vet Med Assoc 216(2): 222-226.

病例 63

1. 描述照片所见。细针抽取部分肿物进行细胞学提示为癌。

腹部有多个合并结节，影响腹膜浆膜表面。

2. 可能的诊断是什么？

这最有可能是癌，一种原发癌扩散后形成的多发性病变，活检证实病变为癌。肿瘤细胞直接分散在浆膜上。可发生腹膜、胸膜和软脑膜。除了癌，肉瘤和间皮瘤也有类似的扩散模式。

3. 有哪些治疗方法？该患病犬治疗或不治疗的预后如何？

据报道，最成功的治疗结果是使用腔内（IC）化疗。化疗直接进入体腔通常是安全和有效的。米托蒽醌、卡铂和顺铂是已在兽医学中评估过的化疗药物。在胸腔穿刺或腹腔穿刺后进行操作。化疗药物在生理盐水中稀释，然后通过给药装置注入腹膜或胸膜腔，缓慢地输注。未接受任何治疗的犬的中位生存期通常 <30 天。用腔内化疗，MSTs 接近 1 年，一些犬的生存期延长了近 3 年。然而，在整个腹腔器官和腹膜表面有广泛晚期转移的患者通常预后很差。

参考文献

Charney SC, Bergman PJ, McKnight JA et al. (2005) Evaluation of intracavitary mitoxantrone and carboplatin for treatment of carcinomatosis, sarcomatosis and mesothelioma, with or without malignant effusions: a retrospective analysis of 12 cases (1997–2002). Vet Comp Oncol 3(4): 171–181.

Moore AS, Kirk C, Cardona A (1991) Intracavitary cisplatin chemotherapy experience with six dogs. J Vet Intern Med 5: 227–231.

病例 64

1. 哪些进一步的检查有助于确定治疗方案？

肿物呈轻微色素沉着，但应进行活检以确定肿瘤类型。尽管该患者有口腔黑色素瘤病史，但扁桃体扩散并不常见，因此应排除鳞状细胞癌等其他类型的肿瘤。CT 扫描将有助于确定疾病的范围，以便制订手术计划。如果不能做到这一点，应尽可能地进行切除活检。

2. 切除活检显示一个未分化的圆形细胞肿瘤，在手术标本的边缘可见细胞。活检组织对哪些进一步诊断有助于确诊和判断肿瘤的生物学行为？

免疫组织化学（Melan-A，PNL-2，TRP-1，TRP-2 黑色素瘤诊断性套组[*]）可用于确定是否为黑色素瘤。在这个病例中，免疫组织化学证实了恶性黑色素瘤。虽然所有口腔恶性黑色素瘤都被认为是侵袭性的，但有丝分裂指数和 Ki67 水平可以提供有关患病犬肿瘤生物学行为的信息。因此，本病例还进行了黑色素瘤预后套组评估[*]，显示 Ki67 水平高（28），每个高倍镜视野有丝分裂指数为 10，表明预后不良。Ki67（MIB-1）在所有增殖细胞中均有表达，但表达增加与许多肿瘤类型（包括犬口腔黑色素瘤）预后较差有关。Ki67 水平 >19.5 与预后不良相关。

WHO 犬口腔黑色素瘤分期系统
T : 原发肿瘤
T_1 : 肿瘤直径 <2 cm
T_2 : 肿瘤直径 2 ~ 4 cm
T_3 : 肿瘤直径 >4 cm
N : 区域淋巴结
N_0 : 没有转移的组织学证据
N_1 : 组织学 / 细胞学转移证据
N_2 : 淋巴结转移
M : 远端转移
M_0 : 没有远端转移的证据
M_1 : 有远端转移的证据

续表

临床分期			
I 期	T_1	N_0	M_0
II 期	T_2	N_0	M_0
III 期	T_2	N_1	M_0 或 $T_3N_0M_0$
IV 期	任何 T	任何 N	M_1

3. 可以考虑的治疗方案有哪些？

治疗方案为手术切除扁桃体，然后进行放射治疗，或者如果根据 CT 扫描确定肿瘤侵入性太大，则单独进行放疗。目前尚不清楚黑色素瘤疫苗是否比单纯手术对该患者有任何额外的益处。有丝分裂指数 <4/10 个高倍镜视野的肿瘤 3 年生存率 >80%，II 期口腔黑色素瘤患者的 MST 为 818 天。

* 黑色素瘤诊断小组和预后套组是在密歇根州立大学人口和动物健康诊断中心开发和执行的。

参考文献

Bergin IL, Smedley RC, Esplin DG et al. (2011) Prognostic evaluation of Ki67 threshold value I canine oral melanoma. Vet Pathol 48(1): 41−53.

Hoinghaus R, Mischke R, Hewicker−Trautwein M (2002) Use of immunocytochemical techniques in canine melanoma. J Vet Med A PhysiolPathol Clin Med 48(4): 198−202.

Ramos−Vara JA, Miller MA (2011) Immunohistochemical identification of canine melanocytic neoplasms with antibodies to melanocytic antigen PNL2 and tyrosinase: comparison with Melan A. Vet Pathol 48(2): 443−450.

Ramos−Vara JA, Beissenherz ME, Miller MA et al. (2000) Retrospective study of 338 canine oral melanomas with clinical, histologic and immunohistochemical review of 129 cases. Vet Pathol 37(6): 597−608.

Tuohy JL, Selmic LE, Worley DR et al. (2014) Outcome following curative−intent surgery for oral melanoma in dogs: 70 cases (1998−2011). J Am Vet Med Assoc 245: 1266−1273.

病例 65

1. 描述细胞学上看到的细胞。

混合的上皮细胞团，可见细胞大小不一、细胞核大小不一、核仁大小不一。然而因有可能是上皮细胞发育不良，最终诊断需要活检来确认诊断。

2. 这只患病犬的鉴别诊断是什么？

移行细胞癌（TCC）是最常见的尿道癌。犬的其他尿道肿瘤包括鳞状细胞癌、平滑肌瘤、平滑肌肉瘤、浆细胞瘤、淋巴瘤和软骨肉瘤。尿道增厚的非肿瘤原因包括增生性尿道炎（也称为淋巴浆细胞性尿道炎或肉芽肿性尿道炎）、继发于尿道结石的炎症和慢性感染。

3. 应该对该患病犬进行哪些进一步的诊断检查？

建议进行最小数据库（MDB）和腹部超声检查；但是，不建议膀胱穿刺术获取尿检样本，建议使用自由排尿或导尿样本。虽然在超声上看不到，但不能排除沿膀胱壁的浸润性疾病，因此肿瘤细胞腹膜种植的风险仍然存在。此外，有临床证据表明患病犬至少有部分尿道梗阻，因此膀胱穿刺是禁忌的。在超声下，很难看到超出尿道近端外的部分。尿道造影或经直肠超声能提供更好的图像。组织活检通常需要膀胱镜或手术。在某些情况下，导管插入术可以获得组织碎片。在这种情况下，肿瘤组织是可视化的尿道口，使活检更容易获得。组织病理证实为移行细胞癌。

4. 应提供什么治疗？

根据尿道疾病的程度和可能存在的部分梗阻，需要放置导尿管。不幸的是，维持导尿管很困难，如果可用，需考虑尿道支架或膀胱造瘘管。吡罗昔康单独或联合化疗已被证明可增加 TCC 患者的中位生存时间。具有抗 TCC 活性的化疗药物有米托蒽醌、长春花碱、卡铂和节拍性给予苯丁酸氮芥。用米托蒽醌和吡罗昔康加每周一次的粗分割放疗与单纯化疗相比，并没有提供生存优势。有报道使用放射治疗作为膀胱和／或尿道 TCC 多模式治疗的一部分。有零星的报道放射疗法可显著延长尿道 TCC 的生存时间。

参考文献

Allstadt SD, Rodriguez Jr. CO, Boostrom B et al. (2015) Randomized phase Ⅲ trial of piroxicam in combination with mitoxantrone or carboplatin for first−line treatment of urogenital tract transitional cell carcinoma in dogs. J Vet Intern Med 29: 261−267.

Arnold EJ, Childress MO, Fourez LM et al. (2011) Clinical trial of vinblastine in dogs with transitional cell carcinoma of the urinary bladder. J Vet Intern Med 25: 1385−1390.

Fulkerson CM, Knapp DW (2015) Management of transitional cell carcinoma of the urinary bladder in dogs: a review. Vet J 205: 217−225 Knapp DW, Richardson RCX, Chan TCK et al. (1994) Piroxicam therapy in 34 dogs with transitional cell carcinoma of the urinary bladder. J Vet Intern Med 8: 273−278.

McMillan SK, Knapp DW, Ramos−Vara JA et al. (2012) Outcome of urethral stent placement for management of urethral obstruction secondary to transitional cell carcinoma in dogs: 19 cases (2007—2010). J Am Vet Med Assoc 241: 1627−1632.

Nolan MW, Kogan L, Griffin LR et al. (2012) Intensity−modulated and image−guided radiation therapy for treatment of genitourinary carcinomas in dogs. J Vet Intern Med 26: 987−995.

 **病例 66**

1. 这个复发性肿物应该做活检吗？

需要进行针芯活检。新的活组织检查表明癌细胞的生物学行为（分级和侵袭性）没有改变。肿物仍然是一个二级软组织肉瘤，为周围神经鞘起源。

2. 对这只患病犬有什么治疗建议？

由于肿瘤与骶骨关系密切，即使行半骨盆切除术也很难获得干净的手术切缘。因此，这只患病犬接受放射治疗，以缩小肿瘤的大小和消除肿瘤边缘。放疗后，行半骨盆切除术。该犬获得了干净的边缘，18 个月后在胸片上发现几个转移病灶。根据以往关于节拍化疗延缓未完全切除的软组织肉瘤复发的报道，我们采用环磷酰胺和吡罗昔康来延缓转移的进展。在发现肺转移后该犬又多活了 8 个月，总生存期为 26 个月。

参考文献

Bray JP (2014) Hemipelvectomy: modified surgical technique and clinical experiences from a retrospective study. Vet Surg 43(1): 19–26.

Bray JP, Worley DR, Henderson RA et al. (2014) Hemipelvectomy: outcome in 84 dogs and 16 cats. A Veterinary Society of Surgical Oncology retrospective study. Vet Surg 43(1): 27–37.

Elmslie RE, Glawe P, Dow SW (2008) Metronomic therapy with cyclophosphamide and piroxicam effectively delays tumor recurrence in dogs with incompletely resected soft tissue sarcomas. J Vet Intern Med 22(6): 1373–1379.

 **病例 67**

1. 该病变的鉴别诊断是什么？

该病变的鉴别诊断主要有黑色素瘤（外观无色素）、鳞状细胞癌、上皮样淋巴瘤、纤维肉瘤（虽然典型的纤维肉瘤有完整的上皮覆盖肿物）、浆细胞瘤和肥大细胞瘤。肉芽肿或继发于异物的感染是可能的，但该病例的外观不太像。淋巴结肿大的考虑因素包括区域性肿瘤转移或肿物内明显继发感染引起的反应性淋巴结。

2. 该病变的诊断方法是什么？

根据原发性口腔病变和突出淋巴结的细针抽吸物可做出推定诊断。在这个病例中，细胞学检查发现恶性圆细胞瘤。淋巴结未见明显恶性细胞，呈反应性。组织病理学检查有助于进一步鉴别圆形细胞瘤的类型和评估淋巴结。进行最小数据库（MDB）后，建议手术切除口腔病变并切除同侧突出的淋巴结进行组织病理学检查。为了获得无瘤边缘，需进行全层唇切除术。一旦经过组织学确诊，可能需要额外的治疗。

随访 / 讨论

手术开始前（图 67b）和术后（图 67c），图 67c 还可看到下颌淋巴结切除创口。术后病理诊断为黑色素瘤，切缘干净。有丝分裂指数为 15/10 个高倍镜视野。淋巴结未见肿瘤细胞。术后使用 Oncept® 犬黑色素瘤疫苗。

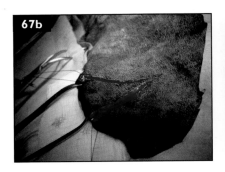
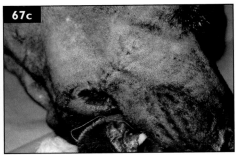

参考文献

Grosenbaugh DA, Leard AT, Bergman PJ et al. (2011) Safety and efficacy of a xenogeneic DNA vaccine encoding for human tyrosinase as adjunctive treatment for oral malignant melanoma in dogs following surgical excision of the primary tumor. Am J Vet Res 72: 1631–1638.

Smedley RC, Spangler WL, Esplin DG et al. (2011) Prognostic markers for canine melanocytic neoplasms: a comparative review of the literature and goals for future investigation. Vet Pathol 48: 54–72.

病例 68

1. 临床诊断是什么？

细胞学检查支持软组织肉瘤。突出的区域淋巴结提示可能有转移或可能是反应性淋巴结。

2. 需要进行哪些进一步诊断？

建议进行胸片、患足局部 X 线片和腘窝淋巴结细针抽吸。组织活检可确定肉瘤的类型和分级。切除腘窝淋巴结做活检也是必要的。

3. 这种癌症的预期生物学行为是什么？

其生物学行为取决于组织学分级。软组织肉瘤具有局部侵袭性，转移率低。然而，III 级肿瘤的转移率接近 50%。

4. 根据肿物的位置和大小，只有截肢才能进行完整的手术切除，主人拒绝截肢。描述除截肢外的治疗计划。

对于 I 级或 II 级软组织肉瘤，可以考虑放射治疗，以减少肿瘤细胞，帮助随后的保肢切除。如果肿瘤为 III 级和 / 或有区域淋巴结转移，则除了放疗外，还应考虑化疗，尽管没有数据表明高等级软组织肉瘤患者术后接受化疗可改善预后。即使肿瘤体积明显缩小，放疗后仍很难获得干净的手术切缘。

参考文献

Kuntz CA, Dernell WS, Powers BE et al. (1997) Prognostic factors for surgical treatment of soft-tissue sarcomas in dogs: 75 cases (1986–1996). J Am Vet Med Assoc 21: 1147–1151.

Selting KA, Powers BA, Thompson LJ et al. (2005) Outcome of dogs with high-grade soft tissue sarcomas treated with and without adjuvant doxorubicin chemotherapy: 39 cases (1996—2004). J Am Vet Med Assoc 227: 1442–1448.

病例 69

1. 列出该病变的鉴别诊断。

大多数阴道肿瘤来源于平滑肌或纤维组织。在未绝育的犬中,息肉或平滑肌瘤是最常见的。其他良性肿瘤可能是纤维瘤和纤维平滑肌瘤。阴道恶性肿瘤在未绝育的母犬中不常见。其他不常见的可发生在阴道部位的肿瘤包括脂肪瘤、软组织肉瘤、黏液瘤、腺癌、血管肉瘤、传染性性病肿瘤（TVT）、骨肉瘤或膀胱、尿道癌,这些肿瘤是可在尿道乳头附近形成肿物的肿瘤。组织病理学证实该病例为平滑肌瘤。

2. 推荐什么附加治疗?

平滑肌瘤通常是雌激素反应性肿瘤,卵巢子宫切除后可自行消退。虽然肿瘤会消退,但通常不会完全消退,所以还是建议手术切除肿物。

参考文献

Saba CF, Lawrence JA (2013) Tumors of the female reproductive system. In: Withrow SJ, Vail DM, Page RL, editors, Small Animal Clinical Oncology, 5th edition. St. Louis, Elsevier Saunders, pp. 535–537.

Thacher C, Bradley RL (1983) Vulvar and vaginal tumors in the dog: a retrospective study. J Am Vet Med Assoc 183: 690–692.

病例 70

1. 描述细胞学。猫最常见的外分泌性胰腺肿瘤是什么?

成簇的上皮细胞,呈现细胞大小不一和细胞核大小不一,提示为癌。胰腺癌是最常见的。胰腺肿瘤性疾病可能是原发性（腺瘤、腺癌）或继发性（另一原发性肿瘤的转移）,也可能是良性或恶性的。组织病理学是必要的,以获得明确的诊断。

2. 如果组织病理学确认为癌症,发现腹腔进一步转移的可能性有多大?

在诊断猫胰腺癌时,超过 50% 的患者有局部或远处转移的证据。这种癌症恶性程度很高,可以引起广泛的转移;然而,最常见的转移部位是肝脏、局部淋巴结、十二指肠壁和腹膜。肺、

脾和肾也可能发生转移。

3. 这只猫有什么治疗方法？

不幸的是，胰腺癌的预后很差。可尝试最大剂量化疗来稳定和缓解疾病（如多柔比星、卡铂、米托蒽醌、吉西他滨），节拍化疗或酪氨酸激酶抑制剂。然而，目前还没有有效的治疗方法。如果肠梗阻已经发生或即将发生，胃肠旁路术（胃空肠造口术）可以提供短期缓解。

参考文献

Seaman RL (2004) Exocrine pancreatic neoplasia in the cat: a case series. J Am Anim Hosp Assoc 40: 238–245.

Withrow SJ (2013) Exocrine pancreatic cancer. In: Withrow SJ, Vail DM, Page RL, editors, Small Animal Clinical Oncology 5th edition. St. Louis, Elsevier, pp. 401–402.

📝 病例 71

1. 猫最常见的皮肤肿瘤是什么？

按发病率降序排列，基底细胞瘤、肥大细胞瘤、纤维肉瘤、鳞状细胞癌、皮脂腺腺瘤是猫最常见的皮肤肿瘤。

2. 根据其外观，最可能的诊断是什么？

猫最常见的含色素的皮肤肿瘤是基底细胞瘤。然而，术语基底细胞瘤（BCT）在过去被用于描述各种上皮性肿瘤，例如基底细胞癌（BCC）、毛母细胞瘤、实性－囊性导管汗腺腺瘤和腺癌。在猫基底细胞癌是罕见的，许多以前被诊断为基底细胞瘤现在被分为实性－囊性顶泌腺导管腺瘤和毛母细胞瘤。

3. 需要进行哪些进一步检查？

需要进行区域淋巴结和胸片的评估。如果肿物大到足以获得诊断样本，应首先进行细针抽吸。为了做出明确诊断，通常需要切除活检。在这个病例中，诊断为良性基底细胞瘤，边缘干净但狭窄。

4. 需要什么治疗？

良性基底细胞瘤通常通过手术切除肿物活检治疗。虽然不太常见，但基底细胞瘤可能有恶性的。对于基底细胞癌，首选大范围切除。如果无法获得干净的手术切缘，建议术后对基底细胞癌进行放射治疗。建议进行化疗，但其效果仍未进行广泛评估。

参考文献

Diters RW, Walsh KM (1984) Feline basal cell tumors: a review of 124 cases. Vet Pathol 21: 51–56.

Hauck ML (2013) Tumors of the skin and subcutaneous tissues. In: Withrow SJ, Vail DM, Page RL, editors, Small Animal Clinical Oncology, 5th edition. St. Louis, Elsevier Saunders, pp. 305–320.

 **病例72**

1. 描述 CT 扫描所见的病变。

肋骨上有一个巨大的溶解性扩张性病变。它向背侧延伸至肋骨头侧，并与椎体相邻。至少 25% 的肿物体积伸入肺实质。

2. **肋骨最常见的2种肿瘤是什么？**

骨肉瘤（OSA）是最常见的原发性肋骨肿瘤，约占先前报道病例的 65%。软骨肉瘤（CSA）是第二常见的，占 28%~35% 的病例。其他肿瘤是可能的，包括纤维肉瘤和血管肉瘤，但并不常见。

3. **从头侧到尾侧，肿物至少累及3根肋骨。这只患病犬有可能进行手术切除吗？**

治疗原发性肋骨骨肉瘤的首选方法是手术切除，然后进行化疗（卡铂或顺铂和/或多柔比星均有报道）。然而，根据患病犬的局部病变程度，手术切除不太可能获得无瘤边缘。用各种技术切除多个肋骨和重建胸壁是可能的，但是病变影响椎体的背侧范围使得该患病犬很难接受根治性手术。放射治疗和/或化疗是姑息性治疗。

4. **经组织病理证实为骨肉瘤。这只患病犬的预后如何？描述 ALP 升高的预后意义。**

接受治疗性手术和化疗的原发性肋骨骨肉瘤患病犬的中位生存期为 240~290 天。总 ALP 升高与原发性肋骨骨肉瘤犬的存活率显著降低相关（一项研究中为 210 天 vs 675 天）。

参考文献

Liptak JM, Dernell WS, Rizzo SA et al. (2008) Reconstruction of chest wall defect after rib tumor resection: a comparison of autogenous, prosthetic, and composite techniques in 44 dogs. Vet Surg 37: 479–487.

Liptak JM, Kamstock DA, Dernell WS et al. (2008) Oncologic outcome after curative-intent treatment in 39 dogs with primary chest wall tumors (1992—2005). Vet Surg 37: 488–496.

Pirkey-Ehrhart N, Withrow SJ, Straw RC et al. (1995) Primary rib tumors in 54 dogs. J Am Anim Hosp Assoc 31: 65–69.

病例73

1. **猫口腔中最常见的两种肿瘤是什么？**

鳞状细胞癌是猫最常见的口腔肿瘤，占所有口腔肿瘤的 70%~80%。纤维肉瘤是第二常见的，占 13%~17%。其余的肿瘤是罕见的，占猫口腔肿瘤的不到 3%。

2. **这只猫有哪些非恶性病变？**

非恶性病变有牙源性肿瘤〔如牙源性钙化上皮瘤（CEOT）、成釉细胞纤维瘤、角化成釉细胞瘤、复杂牙瘤等〕。据报道，猫有一种良性下颌骨肿胀综合征，外观似口腔肿瘤。

3. 假设这是一个恶性肿瘤，有哪些诊断和治疗方法可供选择？

在积极进行手术或其他治疗之前，建议进行切口活检以进一步确认病变类型。本病例诊断为纤维肉瘤。猫口腔纤维肉瘤通常建议积极的外科切除术（半下颌切除术）。这个肿瘤的巨大体积，以及它穿过中线的事实，使得获得无瘤手术切缘非常困难。可考虑全程或姑息性放射治疗。立体定向放射治疗将使放射治疗更精确，副作用更少，放射剂量更少。放置食道或胃管可以考虑保持良好的营养和水合状态。

参考文献

Liptak JM, Withrow SJ (2013) Cancer of the gastrointestinal tract, oral tumors. In: Withrow SJ, Vail DM, Page RL, editors, Small Animal Clinical Oncology, 5th edition. St. Louis, Elsevier Saunders, pp. 381–398.

Northrup NC, Selting KA, Rassnick KM et al. (2006) Outcomes of cats with oral tumors treated with mandibulectomy: 42 cases. J Am Anim Hosp Assoc 42: 350–360.

Stebbins KE, Morse CC, Goldschmidt MH (1989) Feline oral neoplasia: a ten-year survey. Vet Pathol 26: 121–128.

病例 74

1. 临床诊断是什么？

根据肿物的有蒂外观和质地，最有可能诊断为皮脂腺瘤。

2. 应该提出什么建议？

细胞学检查显示病变与良性腺瘤一致。如果对患病犬造成任何不适，建议切除病变。在某些解剖部位，皮脂腺腺瘤如果被摩擦或撞击，会有出血的危险。

病例 75

1. 描述 CT 表现并提出鉴别诊断。

肿物有 3.5 cm×4.0 cm，回声不均匀，边缘清晰。肿物位于降主动脉附近和左肾内侧。肿物的位置最符合左侧肾上腺肿瘤。猫的肾上腺肿瘤不常见。在猫的肾上腺皮质肿瘤中，大约 50% 是癌，但转移并不常见。皮质醇和醛固酮是最常见的激素。嗜铬细胞瘤在猫身上极为罕见。

2. 该病例需要进行哪些进一步的诊断性检查？

通常，猫肾上腺肿物建议做内分泌检测。例如，如果怀疑皮质醇过量，建议进行低剂量地塞米松抑制试验。该患者有高血压和低钾血症，可能与肿瘤醛固酮分泌有关。血浆醛固酮水平为 1 760 pmol/L（参考范围 194~388 pmol/L）。推测诊断为肾上腺醛固酮分泌性肿瘤。诊断主要依据影像学和组织病理学。

3. 建议采用什么方法治疗?

肾上腺切除术是首选的治疗方法。建议在手术前进行药物治疗 / 稳定治疗,包括补充钾纠正低钾血症、螺内酯(醛固酮拮抗剂)和苯磺酸氨氯地平(降低血压)。手术切除和病理组织学检查显示为肾上腺皮质腺瘤。术后血浆醛固酮水平恢复正常。

4. 治疗的生存期是什么?

通过手术切除,猫的症状改善,预后良好。猫在术后最新报道的中位存活期(MST)为1 297 天。影响存活时间的唯一重要因素是麻醉时间过长(>4 h)。单用药物治疗(如上所列),存活时间为 1~3 年。

参考文献

Ash RA, Harvey AM, Tasker S (2005) Primary hyperaldosteronism in the cat: a series of 13 cases. J Fel Med Surg 7: 173–182.

Lo AJ, Holt DE, Brown DC et al. (2014) Treatment of aldosterone–secreting adrenocortical tumors in cats by unilateral adrenalectomy: 10 cases (2002—2012). J Vet Intern Med 28: 137–143.

病例 76

1. 这种癌症的预后和预期转移率如何?

不幸的是,猫口腔鳞状细胞癌(SCC)的预后很差。接受治疗后存活 1 年的猫只有不到10%。鳞状细胞癌(SCC)是一种局部浸润性肿瘤,转移率低。当发生扩散时,通常会累及局部淋巴结,很少出现肺部转移。

2. 是否有环境或生活方式的因素会增加猫患这种癌症的风险?

一些评估生活方式和环境因素的研究表明,环境中的二手烟、跳蚤产品和饮食可能与口腔鳞状细胞癌(SCC)发生的风险增加有关。

3. 这种病有什么治疗方法?

手术、放疗和化疗的结合通常为口腔鳞状细胞癌(SCC)的控制提供了最好的机会。未接受治疗的病患平均生存时间为 2~3 个月。任何单独使用的单一治疗(手术、放疗或化疗)都没有显著的生存优势,但可能会缓解疼痛。单独抑制 COX-2 活性或联合放疗和 / 或化疗可提高反应率和生存时间,尽管不到 10% 的猫会有表达 COX-2 的肿瘤。然而,不管是哪种治疗方案,只有不到 10% 的患者能活 1 年。不幸的是,由于广泛的局部疾病和发病位置,手术并不是大多数晚期舌部受累病患很好的选择。Marcanato 等使用多模态方法报告了令人鼓舞的结果。新辅助药物博来霉素、吡罗昔康和沙利度胺治疗 3 只舌下鳞状细胞癌(SCC)的猫,手术和放疗均获得反应。这 3 只猫分别活了 759 天、458 天和 362 天。

4. 为这只猫制订一个姑息治疗计划。

不能进食和饮水是舌部鳞状细胞癌(SCC)最显著的表现。体重减轻,不能梳洗,以及

局部疼痛导致生活质量整体下降。姑息性干预应包括：

药物性疼痛管理（如吡罗昔康或美洛昔康、丁丙诺啡或曲马多等）。

可持续营养支持（PEG 管或咽饲管）。

注意患者的舒适度（保持病患的牙齿清洁，清除毛发和口腔区域的唾液或血液）。

使用抗生素控制继发感染。

姑息性放射治疗（总辐射剂量为 24~40 Gy，每周 1 次，每次分 3~4 组，持续 4~5 周）+/- 可以考虑化疗，但营养支持对于接受治疗的患者至关重要。

仔细评估生活质量问题，并在疼痛无法缓解时实施安乐死。

参考文献

Bertone ER, Snyder LA, Moore AS (2003) Environmental and lifestyle risk factors for oral squamous cell carcinoma in domestic cats. J Vet Intern Med 17: 557–562.

Marconato L, Buchholz J, Keller M et al. (2012) Multimodality therapeutic approach and interdisciplinary challenge for the treatment of unresectable head and neck squamous cell carcinoma in six cats: a pilot study. Vet Comp Oncol 11: 101–112.

Sabhlok A, Ayl R (2014) Palliative radiation therapy outcomes for cats with oral squamous cell carcinoma (1999—2005). Vet Radiol Ultrasound 55: 565–570.

病例 77

1. 肿物长 2 cm，手术瘢痕长 3.1 cm。手术切除的范围是否足够？

假设以肿瘤侧缘 2~3 cm，肿瘤下方一个筋膜平面为手术切除标准，那么手术瘢痕至少应为 6~8 cm。在现在这种情况下，不大可能获得广泛的切除。手术切缘组织学检查显示所有切缘均存在肿瘤细胞。

2. 解读预后。

具有高增殖活性的肥大细胞瘤（MCT）预后较差。研究支持 Ki67>23/grid 和 AgNOR × Ki67>54 与预后不良和生存期显著降低相关。同样，生存时间显著缩短与 c-KIT 基因外显子 8、11 或 KIT 模式 2、3 的突变有关。因此，该患者的预后被认为是良好的。

3. 肿瘤的皮下位置是否提供了其他的预后信息？

最近的研究表明，皮下肿瘤患者预后良好。在 306 只犬的皮下肥大（MCTs）细胞瘤病例组中，仅 13 只犬（4%）发生转移，仅 24 只犬（8%）局部复发，尽管 171 只犬（56%）手术切缘不完整。手术切缘不完的患者肿瘤复发率仅为 12%。这项研究没有达到中位生存期，但 5 年生存率为 86%。预后不良与高有丝分裂指数（>4）、浸润性生长模式和多核细胞的存在有关。在另一份关于犬皮下肥大细胞瘤（MCT）的报告中，没有犬的 c-KIT 第 11 外显子发生突变。

4. 该患病犬有哪些治疗方案?

该肿瘤位于皮下,有丝分裂指数低,分级低,均是有利的。即使切除不完全,复发率也很低。如果不进一步治疗,复发率也 <12%。合理的治疗方案是更广泛的手术切除以获得无瘤边缘或谨慎监测。

参考文献

Thompson JJ, Pearl DL, Yager JA et al. (2011) Canine subcutaneous mast cell tumor: characterization and prognostic indices. Vet Pathol 48: 156–168.

Thompson JJ, Yager JA, Best SJ et al. (2011) Canine subcutaneous mast cell tumors: cellular proliferation and KIT expression as prognostic indices. Vet Pathol 48: 169–181.

Webster JD, Yuzbasiyan–Gurkan V, Miller RA et al. (2007) Cellular proliferation in canine cutaneous mast cell tumors: association with c–KIT and its role in prognostication. Vet Pathol 44: 298–308.

病例 78

1. 这是哪种类型的 X 线片?

这是一张"端口胶片",它是由直线加速器拍摄的射线图像,用于确认患者放疗的位置和治疗光束的几何结构。

2. 这张 X 线片的用途是什么?

进行门静脉成像是为了确保患者所需的治疗区域与机器传送的光束精确对准。在多次放射治疗过程中重现治疗场的准确性是至关重要的。除了端口胶片外,"放射纹身"或墨水标记(图 78b)也用于在患者身上标记治疗区域,以帮助放射治疗的一致性和重复性。

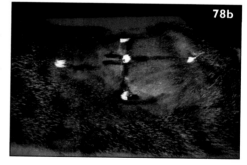

病例 79

1. 最可能的诊断是什么?

该病变的主要鉴别诊断是鳞状细胞癌(SCC)。早期病变通常看起来与划痕或创伤相关。

2. 发生这种病变的可能原因或易感因素是什么?

皮肤鳞状细胞癌(SCC)是一种日光(光化学)诱导的老年猫肿瘤,被认为与长期暴露于 UVB 辐射有关。它更常见于白色或部分白色的猫,这似乎比任何其他颜色的猫发生皮肤鳞状细胞癌(SCC)的可能性高 5 倍。长毛品种的猫由于毛发长,可以更好地覆盖皮肤,防止阳光照射。遥罗猫受到斑纹分布的保护作用。阳光可能会诱导 p53 突变,从而导致鳞状细胞癌（SCC）的发生；患有鳞状细胞癌（SCC）的猫中有7%~20%的猫是免疫缺陷性病毒阳性。

3. 考虑鼻平面手术时，最重要的标准是什么？

肿瘤的大小和侵袭深度决定了手术切除该部位肿瘤的难易程度。肿瘤通常始于浸润前癌（原位），并最终随着筋膜、软骨、肌肉或骨骼的侵入而发展为更大的尺寸。未侵入皮下或筋膜层的更浅表的肿瘤更适合手术切除。当肿瘤没有深度侵入时（即肿瘤仅限于最浅表层的皮肤层），手术切除鼻平面可提供长期控制。T_1和T_2肿瘤可以在不切除鼻平面的情况下手术治疗，但是对于T_3和T_4肿瘤，鼻平面切除可能是唯一的手术选择。

4. 描述该患病猫的非手术治疗方案。

各种非手术治疗已被描述，包括放射治疗（RT），冷冻手术，锶-90治疗，维甲酸和光动力疗法。放疗（RT）的中位无病间隔期约为1年，对早期疾病似乎有效。在一项对102只猫的研究中，冷冻手术（T_1或T_2）中位缓解期为26.7个月。对于浅表性鳞状细胞癌（SCC）（≤3 mm深度），锶-90辅助治疗有效，两项独立研究的中位缓解时间分别为692天和1 071天。

光动力疗法是指使用全身或局部应用的可被可见光激活的光敏剂。一些研究报告了对各种类型光敏剂的反应率。使用脂质体光敏剂，完全缓解率为100%，1年控制率为75%。不幸的是，光动力疗法并没有广泛应用。肿瘤内注射卡铂治疗的完全缓解率为76%，1年无进展生存率为55%。

随访/讨论

图79b所示为接受鼻平面切除术（"鼻切除术"）的患者的术后外观。这种手术通常是可以接受的。患者术后出现硬壳状分泌物，持续约1个月后消失。

世界卫生组织（WHO）分期系统

阶段	描述
Tis	未破坏基底膜的浸润前癌（原位癌）
T_1	肿瘤直径<2 cm，浅表或外生
T_2	肿瘤直径2~5 cm，或不论大小，侵袭性极小
T_3	肿瘤直径>5 cm，或不分大小，侵袭皮下组织
T_4	侵袭筋膜、肌肉、骨骼或软骨等其他结构的肿瘤

参考文献

Bexfield NH, Stell AJ, Gear RN et al. (2008) Photodynamic therapy of superficial nasal planum squamous cell carcinoma in cats: 55 cases. J Vet Intern Med 22: 1385–1389.

Buchholz J, Wergin M, Walt H et al. (2007) Photodynamic therapy of feline cutaneous squamous cell carcinoma using a newly developed liposomal photosensitizer: preliminary results concerning drug safety and efficacy. J Vet Intern Med 21: 770–775.

Clarke RE (1991) Cryosurgical treatment of feline cutaneous squamous cell carcinoma. Aust Vet Pract 21: 148–153.

Goodfellow M, Hayes A, Murphy S et al. (2006) A retrospective study of 90 strontium plesiotherapy for feline squamous cell carcinoma of the nasal planum. J Fel Med Surg 8: 169–176.

Hammond GM, Gordon IK, Theon AP et al. Evaluation of strontium Sr 90 for the treatment of superficial squamous cell carcinoma of the nasal planum in cats: 49 cases (1990–2006). J Am Vet Med Assoc 231: 736–741.

Murphy S (2013) Cutaneous squamous cell carcinoma in the cat. J Fel Med Surg 15: 401–407.

deVos JP, Burm AGO, Focker BP (2004) Results from the treatment of advanced stage squamous cell carcinoma of the nasal planum in cats, using a combination of intralesional carboplatin and superficial radiotherapy: a pilot study. Vet Comp Oncol 2: 75–81.

病例80

1. 描述胸部 X 线片，根据 X 线片和体格检查，可能得出怎样的诊断？

肺门、胸骨、纵隔淋巴结有明显的淋巴结病变。在临床上，淋巴瘤可能是一种诊断。然而，空泡细胞的存在增加了对组织细胞肉瘤（HS）的怀疑。

2. 免疫细胞化学（ICC）的解释是什么？诊断是什么？

当试图区分淋巴瘤和组织细胞肉瘤时，应检测 CD3、CD79a 和 CD18。巨噬细胞和粒细胞表达的 CD18 比淋巴细胞多 10 倍，淋巴瘤通常表达 CD3 或 CD79a，从而可以区分两种肿瘤类型。因此，此病例的诊断是组织细胞肉瘤（HS）。CD204 是最近被认为是犬组织细胞肉瘤（HS）有效的免疫组织化学标记物。

3. 该患病犬的预后如何？

组织细胞肉瘤（HS）的预后非常差，特别是当发现全身性疾病时。如不治疗，临床病程迅速且致命。CCNU（洛莫司汀）似乎是迄今为止使用的最有效的化疗药物，但总体缓解率（ORR）往往略低于 50%，达到完全缓解（CR）或部分缓解（PR）的患病犬中，中位生存期（MST）为 172 天。在一项研究中表明，对于积极治疗（手术和／或放疗）并配合 CCNU 辅助治疗的局部疾病患者，中位生存期（MSTs）为 568 天。关节周围的且无转移的组织细胞肉瘤（HS），通过联合疗法（手术、放疗、CCNU）积极治疗，预后良好（980 天）。

4. 血常规正常的意义是什么？

这种疾病有一种更具侵略性的形式，称为噬血细胞性组织细胞肉瘤。在这种疾病形式中，大约95%的患病犬出现再生性贫血，90%的患病犬出现血小板减少症，95%的患病犬出现低蛋白血症。在噬血细胞性组织细胞肉瘤中，通常少见肉眼可见的肿物病变。该病例没有上述这些变化并有明显肿物的存在，使噬血细胞性组织细胞肉瘤的可能性降低，这种类型的组织细胞肉瘤预后很差。

参考文献

Kato Y, Murakami M, Hoshino Y et al. (2013) The class A macrophage scavenger receptor CD204 is a useful immunohistochemical marker of canine histiocytic sarcoma. J Comp Pathol 148: 188–196.

Klahn SL, Kitchell BE, Dervisis NG (2011) Evaluation and comparison of outcomes in dogs with periarticular and nonperiarticular histiocytic sarcoma. J Am Vet Med Assoc 239: 90–96.

Moore PF (2014) A review of histiocytic disease of dogs and cats. Vet Pathol 51: 167–184.

病例81

1. 描述图81中的异常情况。

右侧瞳孔的颞侧麻痹。这通常被称为"倒D"形瞳孔。

2. 鉴别诊断是什么？

"D"形或"倒D"形瞳孔，也称为痉挛性瞳孔综合征，通常与FeLV感染有关，尤其是乳头状肌改变是间歇性的。其他疾病，如后粘连、虹膜缺损或畸形（先天性的）、发育或获得性虹膜/晶状体异常或外伤也是可能的，但所有这些变化通常不是间歇性的。

3. 猫的瞳孔有什么独特之处？使这种异常发生的原因是什么？

猫科动物瞳孔的神经支配是独特的。瞳孔的颞侧和鼻侧分别受到神经支配。因此，局部神经损伤可导致瞳孔半扩张。

参考文献

Aroch I, Ofri R, Sutton G (2007) Ocular manifestations of systemic disease. In: Gelatt KN, editor, Veterinary Ophthalmology, 4th edition. Ames, Wiley–Blackwell, pp. 1406–1469.

病例82

1. 在整个胸腔穿刺过程中，液体都是血性的意义是什么？

如果仅在穿刺开始时看到血液，则有可能是穿刺本身引起的医源性出血。当穿刺的整个过程均为血性液体，则更可能是潜在疾病所造成的。

2. 液体被抽出后，需要做哪些诊断性检查？

液体分析应包括细胞学、PCV和生化分析。仅从细胞学上很难区分反应性间皮细胞和恶性肿瘤（间皮瘤、癌和腺癌）。由于没有创伤史，恶性肿瘤是出血性积液常见的原因。与恶性肿瘤相关的积液通常为渗出液，pH 正常或升高（>7.4），10 mg/dL< 葡萄糖 <80 mg/dL，中性粒细胞 <30%，细胞计数增加。含铁血黄素，低血小板和吞噬红细胞的存在支持病理性出血（与医源性出血相反）。血小板的存在通常提示出现医源性出血。胸腔穿刺术后应拍摄胸部 X 线片，以评估有无肿物及其他异常，这些异常情况在抽胸腔积液前的 X 线片中可能被积液所遮挡。超声心动图可用于排除心包积液和 / 或心脏肿瘤。另外，应进行腹部超声检查，以确定是否存在其他原发肿瘤部位。血液检查应包括凝血分析。

3. 列出出血性胸腔积液的鉴别诊断。

出血性积液的非肿瘤性病因包括创伤、肺叶扭转和胰腺炎。肿瘤性病因包括间皮瘤、癌和肉瘤。肿瘤继发的心包积液病患（如心房血管肉瘤和心脏基底肿瘤）也可能出现血性的胸腔积液。该病患在尸检时被诊断为癌症。

参考文献

Rizzi TE, Cowell RL, Tyler RD et al. (2008) Effusions: abdominal, thoracic, and pericardial. In: Cowell RL, Tyler RD, Meinkoth JH et al., editors, Diagnostic Cytology and Hematology of the Dog and Cat, 3rd edition. St. Louis, Mosby, pp. 235–255.

 **病例83**

1. 这种病变的鉴别诊断是什么？

鳞状细胞癌（SCC）是猫最常见的口腔肿瘤，但该病变位置不是鳞状细胞癌（SCC）的典型部位。纤维肉瘤（FSA）是第二常见的猫口腔肿瘤，从病变外观来看，是主要的排除因素。嗜酸性肉芽肿（EG）是一个考虑因素；然而，这种病变似乎比典型的嗜酸性肉芽肿（EG）更光滑、更有边界。牙源性肿瘤也是可能的。组织学诊断为纤维肉瘤（FSA）。

2. 转移的可能性有多大？

大多数猫口腔肿瘤是局部侵袭性和晚期转移。纤维肉瘤（FSA）也是这样。淋巴结和肺转移不常见。

3. 应进行哪些诊断性检查？

建议做 MDB（血常规、生化、尿检）和口腔 X 线片，或最好是 CT 扫描。对该患病猫进行了 CT 检查，发现有大量骨质破坏。

4. 肿瘤向后延伸到硬腭太远，无法手术。有哪些治疗方案可供选择？

放射治疗（RT）是最好的治疗选择，尽管口腔纤维肉瘤（FSA）通常反应不佳。然而，在这种情况下，放疗至少可以缓解骨痛。在整个疗程的放疗结束时，患者的临床表现明显改善（食欲改善，不再出血），但肿瘤的大小似乎相对没有变化。放疗后，肿物继续消退，

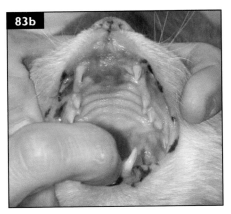

4 个月后肿物的外观见图 83b。此患者在治疗 2 年后因疾病复发而被安乐死。虽可进行第二个疗程的放疗，但其他与年龄相关的健康问题阻碍了进一步的治疗。

参考文献

Burk RL (1996) Radiation therapy in the treatment of oral neoplasia. Vet Clin N Am Small Anim Pract 26: 155–163.

Liptak JM，Withrow SJ (2013) Cancer of the gastrointestinal tract. Oral tumors. In: Withrow SJ, Vail DM, Page RL, editors, Small Animal Clinical Oncology, 5th edition. St. Louis, Elsevier Saunders, pp. 381–398.

病例 84

1. 这代表什么临床诊断？

根据具有侵袭性、复发和组织学上良性诊断，怀疑是一个组织学上低级别，但生物学上高级别的纤维肉瘤。这是一种倾向于在大型犬中易发生的综合征，年轻的金毛和拉布拉多猎犬似乎更容易患这种疾病。这些肿瘤通常出现在硬腭和上颌。

2. 对该患病犬疾病的临床解释有何错误？

根据患者年龄较小、品种和低级别纤维肉瘤的诊断，应该认识到这可能是组织学上低级别，但生物学上高等级的纤维肉瘤，应建议采取更积极的治疗方法。

3. 根据目前的临床表现，有哪些进一步的诊断评估和治疗方案可供选择？

考虑到该肿瘤位于上颌，建议进行 CT 扫描以制订手术计划。如果肿瘤穿过硬腭中线或被认为无法手术，应进行放射治疗，以减少细胞数量从而实现手术。术前应进行胸部 X 线片检查并仔细评估局部淋巴结。尽管诊断时的转移率往往很低，但不到 20% 的患者最终会发生淋巴结或肺部转移。由于局部复发的问题，该患病犬的预后谨慎。单纯手术的中位生存期为 1 年，术后使用放疗，中位生存期（MST）延长至 18~26 个月。

4. 该患病犬肿瘤的哪些特征有助于预测预后？

由于难以获得干净的手术切缘，T_3 临床分期（T_1：直径 <2 cm；T_2：直径 2~4 cm；T_3：直径 >4 cm）与较高的局部复发率相关。由于具有更强的手术控制能力，肿瘤位于吻部的患者通常有更好的预后。肿瘤切除的完整性很重要。在切缘无肿瘤细胞，但直径 <5 mm 的情况下，切除的完整性有问题，建议进行放疗。

参考文献

Ciekot PA, Powers BE, Withrow SJ et al. (1994) Histologically low-grade, yet biologically high-grade, fibrosarcomas of the mandible and maxilla in dogs: 25 cases (1982—1991). J Am Vet Med Assoc 204: 610–615.

病例 85

1. 描述 X 线片并列出鉴别诊断。

右侧尾侧肺叶可见边界清楚的软组织密度。

鉴别诊断包括：

原发性肺肿瘤。

转移性肺肿瘤。

脓肿。

肉芽肿。

2. 描述细胞学。

样本细胞非常丰富，主要为上皮细胞。有轻微的细胞大小不等和多核现象。玻片顶部的细胞似乎正在形成腺泡。

推定诊断：肺腺癌。

3. 应进行哪些附加诊断性检查？

腹部超声检查可以排除是否有其他肿物。由于肿物是孤立的，从其他原发部位转移的可能性较低。肺部的 CT 扫描有助于确认肿物确实是孤立的。

4. 该患病猫的治疗方案是什么？最重要的预后指标是什么？

原发性肺肿瘤的首选治疗方法是手术。辅助治疗（如化疗）将根据组织病理学决定。在一项研究中，组织学分级是唯一最重要的预后因子，对于患有低分化肿瘤猫术后的中位生存期（MST）为 2.5 个月，而患有高分化肿瘤猫术后的中位生存期（MST）为 23 个月。这个患病猫的肿瘤已通过手术切除（图 85d）。组织学诊断为高分化腺癌。

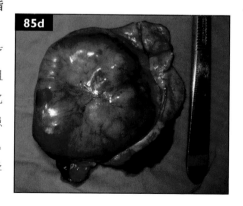
85d

参考文献

Bexfield NH, Stell AJ, Gear RN et al. (2008) Photodynamic therapy of superficial nasal planum squamous cell carcinoma in cats: 55 cases. J Vet Intern Med 22: 1385–1389.

Hahn KA, McEntee MF (1997) Primary lung tumors in cats: 86 cases (1979–1994). J Am Vet Med Assoc 211: 1257–1260.

Hahn KA, McEntee MF (1998) Prognosis factors for survival in cats after removal of a primary lung tumor: 21 cases (1979–1994). Vet Surg 27: 307–311.

病例 86

1. 描述 X 线片。

膀胱壁似乎有所增厚，其软组织密度填满了膀胱的大部分区域。在膀胱壁内或附近似乎有气体／气肿。软组织的密度似乎已经从膀胱壁中分离出来了。

2. 解释 BTA 测试。

有血尿时膀胱肿瘤抗原检测不准确。尿液中的红细胞导致假阳性。

3. 鉴别诊断是什么？

影像学检查结果更符合血凝块。气肿性膀胱炎是另一个考虑因素（通常继发于糖尿病）。膀胱内血块(或凝块)的潜在原因包括创伤、出血障碍、肿瘤和膀胱炎。因为这只犬失踪了几天，所以人们怀疑它患有创伤。

参考文献

Billet JHG, Moore AH, Holt PE (2002) Evaluation of a bladder tumor antigen test for the diagnosis of lower urinary tract malignancies in dogs. Am J Vet Res 63: 370–373.

Henry CJ, Tyler JW, McEntee MC et al. (2003) Evaluation of a bladder tumor antigen test as a screening test for transitional cell carcinoma of the lower urinary tract in dogs. Am J Vet Res 64: 1017–1020.

病例 87

1. 描述 X 线片并给出鉴别诊断。

肺实质内有弥漫性结节。没有明显的肺炎或淋巴结肿大的证据。主要差异是弥漫性转移性肺病（来自肺外源性或原发性肺肿瘤已转移到肺内）。真菌病，如鼓风菌病也是一个考虑因素——弥漫性间质肺型与肺门淋巴结肿大往往更常见的真菌肺炎。

2. 除生化外，还进行了腹部超声检查，结果正常。为了区分肿瘤和非肿瘤，还需要做哪些进一步的检查？

鉴于体检和腹部超声未能确定肿瘤的主要来源,应考虑肺灌洗。肺灌洗通常是廉价、安全、有效的诊断方法。据报道，肿瘤细胞沿针状束生长，但这是识别肿瘤或真菌疾病的最快方法。

参考文献

Rossi F, Aresu L, Vignoli M et al. (2015) Metastatic cancer of unknown primary in 21 dogs. Vet Comp Oncol 13: 11–19.

Warren-Smith CMR, Roe K, DeLaPuerta B et al. (2011) Pulmonary adenocarcinoma seeding along a fine needle aspiration tract in a dog. Vet Rec 169: 181.

　　Wood EF, O'Brien RT, Young KM (1998) Ultrasound-guided fine-needle aspiration of focal parenchymal lesions of the lung in dogs and cats. J Vet Intern Med 12: 338-342.

病例88

1. 描述病变的情况。

在杓状软骨的后面就有一个肿物。肿物表面光滑，轻度红斑。几乎完全阻塞了气道。扁桃体侵袭情况不明。

2. 列出鉴别诊断。

脓肿、肉芽肿和肿瘤是首要考虑的因素。在该位置报告的肿瘤疾病中，良性肿瘤（骨软瘤）和恶性肿瘤（腺癌、软骨肉瘤、淋巴瘤、骨肉瘤、浆细胞瘤和鳞状细胞癌）。

3. 由于严重的临床症状，手术切除。活检显示鳞状细胞癌。建议的治疗方法是什么？

虽然目前对这种特殊位置的肿瘤还缺乏研究，但是仍然建议在术后进行化疗或者放疗。

4. 该疾病的预后如何？

口腔内鳞状细胞癌的预后，随着肿瘤的生长位置，越靠近尾侧越容易恶化。然而，最近的一项研究报告表明，肿瘤的位置，临床分期和组织学亚型与口腔非扁桃体鳞状细胞癌的生存时间无关。该患者的预后是谨慎的，因为其肿瘤的生长位置很难通过手术切除干净。

参考文献

Fulton AJ, Nemec A, Murphy BG et al. (2013) Risk factors associated with survival in dogs with nontonsillar oral squamous cell carcinoma: 31 cases (1990-2010). J Am Vet Med Assoc 243: 696-702.

　　Grier CK, Mayer MN (2007) Radiation therapy of canine nontonsillar squamous cell carcinoma. Can Vet J 48: 1189-1191.

病例89

1. 诊断是什么？

口腔恶性黑色素瘤。

2. 在建议治疗之前需要做哪些进一步的检查？

建议进行 MDB 和对下颌淋巴结的评估。

3. 什么治疗最有可能长期生存？

如果分期为阴性，手术切除（下颌骨切除术）可提供长期控制甚至治疗的最佳机会。

4. 该疾病的预后如何？

在最近的一份报告中，接受治疗意向手术的患病犬总体 MST 为 723 天（无转移的患病犬为 818 天）。在另一份报告中，增加肿瘤大小和动物年龄是负面的预后因素。肿瘤直径 <2 cm 的患病犬 MST 为 630 天，直径 2~4 cm 的患病犬为 240 天，直径 >4 cm 的患者为 173 天。当只考虑年龄时，12 岁以下犬的 MST 为 433 天，而年龄 ≥ 12 岁的为 224 天。良好的预后基于根据这种病变的大小，动物的年龄，以及完成手术切除的能力。

参考文献

Boston SE, Lu X, Culp WTN et al. (2014) Efficacy of systemic adjuvant therapies administered to dogs after excision of oral malignant melanomas: 151 cases (2001–2012). J Am Vet Med Assoc 245: 401–407.

Tuohy JL, Selmic LE, Worley DR et al. (2014) Outcome following curative–intent surgery for oral melanoma in dogs: 70 cases (1998–2011). J Am Vet Med Assoc 245: 1266–1273.

病例 90

1. 描述 CT 图像，列出鉴别诊断。

有一个主要的溶解性病变，破坏了 L6 椎体右侧腹侧的很大一部分。肿物的软组织部分可以看到邻近的下轴肌肉。病变周围有新的骨形成。原发性骨肿瘤或转移性骨病变是主要需要考虑的因素。骨肉瘤、纤维肉瘤、软骨肉瘤、血管肉瘤、多发性骨髓瘤和不太常见的淋巴瘤、转移性癌或脂肪肉瘤是该病变的鉴别诊断。

2. 犬最常见的原发性椎体肿瘤是什么？

骨肉瘤是犬中最常见的原发性椎体肿瘤,而淋巴瘤是猫最常见的椎体肿瘤。在一项研究中，转移性癌是最常见的继发性椎体肿瘤，在另一项研究中，血管肉瘤最常见。

3. 进一步的检查有哪些？

患者的完全分期对于排除原发性肿瘤很重要。因此，建议使用一个完整的 MDB，包括尾侧和轴向骨骼的放射线照片和腹部超声，以寻找原发性肿瘤。应进行活检（CT 或超声引导）进行医疗和外科治疗计划。在这种情况下，没有进一步的证据表明椎体以外的疾病。采用 CT 引导的 FNA 与肉瘤相一致。如果可能,应进行针芯活检或手术活检,以进一步鉴别肿瘤。

4. 有哪些治疗方法？鉴于患病犬的年龄较大，主人不想进行手术，那么可以考虑什么姑息方案？

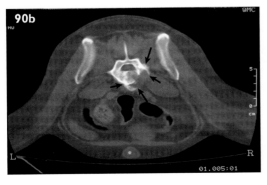

可采用 RT+/- 化疗和 / 或双膦酸盐治疗。对于明确的治疗，建议手术。手术通常是在没有治疗意图的情况下进行的。建议切除所有可见肿瘤组织，并经常需要减压椎板切除术。在该部位不太可能将肿瘤切除干净，因此建议术后进行放射治疗。积极的多模式治疗（手术、放疗和化疗）可以改善预后；然而，患有椎骨 OSA 的犬的总平均生存时间仍然较差。无严重神经缺陷的患者 MST（330 天）优于有明显神经缺陷的患者 MST（135 天）。术后神经系统状况是预后的重要预测因素。

参考文献

Dernell WS, Ban Vechten BJ, Straw RC et al. (2000) Outcome following treatment of vertebral tumors in 20 dogs (1986—1995). J Am Anim Hosp Assoc 36: 245–251.

 **病例 91**

1. 诊断方案是什么？

除了 MDB 外，还需要进行腹部超声波检查。仔细评估周围淋巴结应该是体检的一部分，如果发现淋巴结肿大，则进行 FNA 和细胞学检查。应进行乳腺肿物的 FNA，如果可能的话，进行切口或切除活检。在这个病例中，乳腺肿物的 FNA 显示出癌。

2. 临床表现有什么建议？

其临床表现与乳腺炎性癌相一致。在猫来说，这是非常罕见的，但有报道，并有一个非常积极的临床病变。肿物迅速生长、红斑和水肿伴有明显疼痛是乳腺炎性癌的特征。组织学上，认为这种疾病的标志是真皮肿瘤栓塞浅表淋巴管并伴有严重的继发性炎症。Ki67 标记指数往往也很高。

3. 这个病的预后是什么？应该如何治疗？

由于这种癌的炎症性质，预后很差。在没有转移证据的情况下，考虑采用根治性乳房切除术进行手术干预。宠物主人需要意识到这种癌症可能的快速临床过程。单靠手术可以治标，但建议进行化疗。在这种猫罕见的乳腺癌临床表现中，目前还没有研究确定最佳的治疗方案。然而，术后治疗的选择包括：

标准剂量化疗（选择包括多柔比星、米托蒽醌、卡铂）。

计量（低剂量）化疗：

– 环磷酰胺和吡罗昔康或美洛昔康。

– 氯霉素和吡罗昔康或美洛昔康。

多西紫杉醇（一种类似于紫杉醇的半合成紫杉烷）的使用。对猫来说似乎是安全的，但它在炎症性乳腺癌中的好处尚不清楚。多西紫杉醇可与环孢素联合口服或静脉滴注（以提高口服生物利用度）。

参考文献

Castagnaro M, DeMaria R, Bozzetta E et al. (1998) Ki–67 index as indicator of the post– surgical prognosis in feline mammary carcinomas. Res Vet Sci 65: 223–226.

Hughes K, Dobson JM (2012) Prognostic histopathological and molecular markers in feline mammary neoplasia. Vet J 194: 19–26.

McEntee MC, Rassnick KM, Bailey DB et al. (2006) Phase I and pharmacokinetic evaluation of the combination of orally administered docetaxel and cyclosporine A in tumor–bearing cats. J Vet Intern Med 20: 1370–1375.

Perez–Alenza MD, Jimenez A, Nieto AL et al. (2004) First description of feline inflammatory mammary carcinoma: clinicopathological and immunohistochemical characteristics of three cases. Breast Cancer Res 6: R300–R307.

Shiu KB, McCartan L, Kubicek L et al. (2011) Intravenous administration of Docetaxel to cats with cancer. J Vet Intern Med 25: 916–919.

Zappulli V, Rasotto R, Caliari D et al. (2015) Prognostic evaluation of feline mammary carcinomas: a review of the literature. Vet Pathol 52: 46–60.

病例 92

1. 描述图 92 中的病变。

在外阴和直肠周围有大量的结痂性渗出物。此外，还有明显的聚集性、增生性的皮肤病变存在。

2. 在会阴的不同区域进行活检，所有区域均证实基底细胞癌 (BCC)。应该考虑什么治疗？

基底细胞癌通常表现为孤立性病变，具有相对良性的生物学行为。它们是猫身上最常见的皮肤肿瘤，但只占犬身上皮肤肿瘤的大约 5%。在这种情况下，这种疾病是以局部侵略性的方式表现的。手术切除对大多数基底细胞瘤患者通常是有效的。但在这种情况下，手术是不可能的。放射治疗或化疗（例如卡铂）是一个需要考虑的因素，但关于犬局部侵袭性基底细胞瘤治疗的报道很少。

参考文献

Simeonov R, Simeonova G (2010) Comparative morphometric analysis of recurrent and nonrecurrent canine basal cell carcinomas: a preliminary report. Vet Clin Pathol 39: 96–98.

病例 93

1. 这种病变的可能原因是什么？

光化性角化病被认为是由紫外线照射引起的。

2. 疾病的自然进展是什么？

这些紫外线诱导的病变通常进展非常缓慢，具有局部侵袭性，并且很少转移。在猫中，光化皮炎进展为光化原位癌，这可以进展为鳞状细胞癌，并可能最终成为局部浸润。肿瘤出现恶性转变可能需要很多年。虽然不常见，但扩散到下颌骨和咽后淋巴结可以看到更具侵袭性的 SCC。这种疾病最常见于白色猫在头部较薄的地区，如眼睛周围、鼻翼和耳廓。

3. 这个病应该如何管理？

对于瘤前病变：

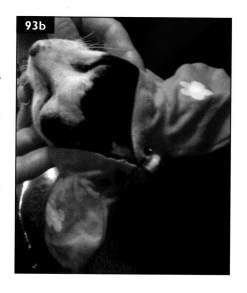

避免进一步紫外线照射。白天让猫待在室内可以减少阳光的照射。可以使用防晒霜，但应避免含有氧化锌和水杨酸辛酯的产品。建议使用无香、无污渍的 UVA 和 UVB 屏障产品（SPF>15）。有专门为宠物制作的产品。为婴儿制作的防水防晒霜通常是安全的。使用"帽子"或其他方法来保护敏感区域可能是有用的。猫的主人显示创新的"耳罩"，图 93a 中可见猫的鼻平面和眼睛周围有多处癌前病变，但在耳尖更严重。

局部抗炎剂（例如氢化可的松）减轻炎症。

如果炎症严重，可使用全身性类固醇。

如果患者被怀疑患有继发性感染，则可使用抗生素。

阿尔达拉®乳膏 (imiquimod) 可用于治疗各种角化病。可能有助于预防恶性转化。

4. 如果病变进展到 SCC，建议什么治疗？

对于恶性病变：

手术是治疗方法的选择，但在这只猫身上，即使有鼻平面切除术，它也不可能切除干净。冷冻手术可以用来控制较小的病变。

放射治疗：在猫中，放疗似乎是远比在犬鼻平面 SCC 更有效。

锶−90 注射疗法：总体应答率高达 98%，CR 为 88。在一项研究中，无进展生存率中位数为 1 710 天，总 MST 为 3 076 天。

光动力学疗法

参考文献

Gill VL, Bergman PJ, Baer KE et al. (2008) Use of imiquimod 5% cream (Aldara) in cats with multicentric squamous cell carcinoma in situ: 12 cases (2002–2005). Vet Comp Oncol 6: 55–64.

Goodfellow M, Hayes A, Murphy S et al. (2006) A retrospective study of (90) strontium plesiotherapy for feline squamous cell carcinoma of the nasal planum. J Feline Med Surg 8: 169–176.

Hammond GM, Gordon IK, Theon AP et al. (2007) Evaluation of strontium Sr 90 for the treatment of superficial squamous cell carcinoma of the nasal planum in cats: 49 cases (1990–2006). J Am Vet Med Assoc 231: 736–741.

Theon AP, Madewell BR, Shearn VI et al. (1995) Prognostic factors associated with radiotherapy of squamous cell carcinoma of the nasal plane in cats. J Am Vet Med Assoc 206: 991–996.

病例 94

1. 肝脏超声检查的主要鉴别诊断是什么？

整个肝脏有多个低回声病变,似乎是囊性的。鉴于患病宠物的品种,先天性肝囊肿很可能。然而，在没有活检前肿瘤不能完全排除。

2. 氮质血症的可能原因是什么？ 应该如何评估？

波斯猫肝脏囊肿的存在往往与多囊肾病（PKD）有关。在波斯猫和相关品种中，PKD 以常染色体显性遗传的方式遗传。鉴于该患病猫的品种、氮质血症和多个肝囊肿的发现，应进行肾脏超声检查。

3. 应该考虑什么治疗？

不幸的是，对于多囊肝肾疾病没有具体的治疗方法。囊肿在出生时就存在，但通常是无法检测到的，直到生命后期，在缓慢生长多年后，肝肾功能受损。较大或孤立的肝囊肿可引流或手术切除，以减轻临床症状。治疗 PKD 包括肾功能衰竭的医疗管理。

参考文献

Bosje JT, van den Ingh TS, van der Linde–Sipman JS (1998) Polycystic kidney and liver disease in cats. Vet Q 20: 136–139.

Eaton KA, Biller DS, DiBartola SP et al. (1997) Autosomal dominant polycystic kidney disease in Persian and Persian–cross cats. Vet Pathol 34: 117–126.

Wills SJ, Barrett EL, Barr FJ et al. (2009) Evaluation of the repeatability of ultrasound scanning for detection of feline polycystic kidney disease. J Feline Med Surg 11: 993–996.

病例 95

1. 描述耳朵中注意到的病变。

有多个囊性病变，颜色是蓝色，阻塞耳道。

2. 对猫的这种病变的主要鉴别诊断是什么？

最有可能的是耵聍腺囊肿或腺瘤。不太常见的是耵聍腺腺癌。

3. 除了生化，应该做什么检查来确定治疗的疗程？

这个患病猫的药物治疗失效，如果有局部淋巴结肿大的话需要进行活检。

4. 如果这些病变是恶性的，建议什么治疗，这只猫的预后是什么？

CT 或 MRI 用于确定鼓室是否病变，以及疾病是否超出了鼓室。耳道消融术和侧球状体截骨术是耵聍腺癌的外科治疗方法。采用 TECABO 手术（全耳道消融术和球状体截骨切开术）治疗的患者的平均生存时间为 42 个月。相比之下，接受更保守的侧耳管切除的患者只有 10 个月。放射治疗是为那些疾病延伸到耳道和鼓膜以外的动物保留的。放射治疗平均生存周期接近 40 个月。

参考文献

Marino DJ, MacDonald JM, Matthiesen DT et al. (1994) Results of surgery in cats with ceruminous gland adenocarcinoma. J Am Anim Hosp Assoc 30: 54–58.

病例 96

1. 描述 X 线片，并给出临床诊断。

心影增大，呈球形，提示心包积液。

2. 影像学发现最常见的原因是什么？

导致心包积液的最常见的原因是肿瘤（例如血管肉瘤、间皮瘤、心脏基底肿瘤）和特发性心包积液。

3. 目前还需要做哪些进一步的检查？

除了生化外，还应进行腹部超声和心脏超声检查。建议使用心包穿刺术，以帮助缓解临床症状。然而，细胞学检查上缺乏癌细胞并不排除肿瘤的可能性，因为它们不能很好地在心包液中体现。

4. 根据所做的检查做出诊断的可能性是多少（列出 3 种）？可以做哪些进一步的无创检查来帮助做出诊断？

心脏超声发现心脏肿物的敏感性和特异性分别为 80% 和 100%。然而，缺乏对质量的可视化并不排除它。血清肌钙蛋白 I 水平 >0.1 ng/mL 已被报道高度提示血管肉瘤；然而，心肌钙蛋白 I 在患有氮质性肾衰竭和非心脏系统性疾病的动物中也升高。明确的诊断需要开胸和活检。在心脏超声上，发现该患者有右心房肿物。

5. 建议什么疗法？

心包切除是治疗良性肿瘤或特发性心包积液的首选方法。在进行手术时，可以进行活检。对于血管肉瘤，建议在心包切除术后进行阿霉素化疗。在一项研究中，接受右心房 HSA 手术切除和多柔比星化疗的 MST 为 175 天。据报道，未经手术治疗但给予多柔比星的患者 MST 为 139.5 天。经心包切除术治疗的非 HSA 心脏病群患者的 MST 时间为 730 天，如果不进行手术，则为 42 天。

参考文献

Ghaffari S, Pelio DC, Lange AJ et al. (2014) A retrospective evaluation of doxorubicin–based

chemotherapy for dogs with right atrial masses and pericardial effusion. J Small Anim Pract 55: 254–257.

MacDonald KA, Cagney O, Magne ML (2009) Echocardiographic and clinicopathologic characterization of pericardial effusion in dogs: 107 cases (1985–2006). J Am Vet Med Assoc 235: 1456–1461.

Porciello F, Rishniw M, Herndon WE et al. (2008) Cardiac troponin I is elevated in dogs and cats with azotaemia renal failure and in dogs with non–cardiac systemic disease. Aust Vet J 86: 390–394.

Shaw SP, Rozanski EA, Rush JE (2004) Cardiac troponins I and T in dogs with pericardial effusion. J Vet Intern Med 18: 322–324.

Weisse C, Soares N, Beal MW et al. (2005) Survival times in dogs with right atrial hemangiosarcoma treated by means of surgical resection with or without adjuvant chemotherapy: 23 cases (1986—2000). J Am Vet Med Assoc 226: 575–579.

Yamamoto S, Hoshi K, Hirakawa A et al. (2013) Epidemiological, clinical and pathological features of primary cardiac hemangiosarcoma in dogs: a review of 51 cases. J Vet Med Sci 75: 1433–1441.

病例97

1. 图97提示了什么？

第三眼睑肿大，呈粉红色，表面相对光滑。虽然外观看起来是第三眼睑的泪腺严重脱垂（"樱桃眼"），但病患的年龄使这种情况不太可能发生。因此，第三眼睑很可能发生了肿瘤。

2. 对于这个患病犬，建议做什么检查？

区域淋巴结的评估。

应仔细检查第三眼睑，将眼睑外翻，观察背侧面，并使用润滑剂触诊以确定与球体和底层结构的附着程度。

荧光素染色。

包括胸片在内的最小数据库检查。

如果肿瘤侵袭至第三眼睑以外的结构，应进行经眼球超声、CT和MRI。

对于较大的肿物，细针抽吸或切开式活检可以帮助制订治疗计划。对于小肿物，建议进行切除活检。

3. 该患病犬的鉴别诊断是什么？

第三眼睑腺的腺癌是犬最常见的结膜肿瘤，常出现如图97所示的肿物。可能发生鳞状细胞癌，但其表面比图示肿物更加粗糙和不规则。其他考虑包括肥大细胞瘤和淋巴瘤。黑色素瘤和血管肉瘤也可发生于瞬膜。在最近的一项回顾性研究中，145例犬（$n=127$例）和猫（18例）的第三眼睑肿瘤中，85%的犬肿瘤为腺癌，14.2%为腺瘤，0.8%为鳞状细胞癌。非恶性疾病包括结节性肉芽肿和其他炎症。考虑到病患的年龄，樱桃眼的可能性很小。

4. 需要如何治疗？

局限于第三眼睑的肿瘤的治疗选择是切除瞬膜。该患病犬成功地手术切除了肿瘤，并确诊为腺癌。如果不切除整个腺体，复发是常见的。转移到淋巴结和眼眶也可能发生。如果肿物扩散到瞬膜以外，疾病的范围应该使用高级的影像学确认，如上所述。CT 或 MRI 可以帮助确定手术类型以确保足够的切缘。对于非外科治疗的病患，可以考虑放射治疗。

参考文献

Dees DD, Schobert CS, Dubielzig RR et al. (2015) Third eyelid gland neoplasms of dogs and cats: a retrospective histopathologic study of 145 cases. Vet Ophthalmol doi:10.1111/vop.12273.

 **病例98**

1. 该患病犬需要做哪些分期检查？

除了最小数据库的检查外，需要进行腹部超声。肛门囊腺癌有很高的腰下淋巴结转移率。本病例的腹部超声检查正常。

2. 手术切除以缓解梗阻性症状；然而考虑到肿瘤的大小，切缘显示仍然存在肿瘤细胞。术后应考虑哪些辅助治疗，该患病犬的预后如何？

明确的治疗包括放射治疗局部问题和化疗控制远端疾病。最长的中位存活时间似乎与采用手术、化疗和放疗的多种治疗方式有关。

3. 术后治疗会有哪些副作用？

放射治疗与急性副作用（发生在放射结束期间或不久后）和后期副作用（发生在放射结束后数月至数年）有关。在治疗方面，对组织的急性副作用包括脱毛、黏膜和皮肤炎症（包括更严重的湿性脱皮）和感染。后期的副作用虽然不常见，但包括了纤维化和肛门直肠狭窄。在一项 27 例肛门囊腺癌接受放射治疗的患病犬中，33% 出现了并发症，包括湿性脱皮、肿瘤脓肿和肛门直肠狭窄。在另一项对 15 只接受放射治疗的犬的研究中，100% 的犬发生了徘徊 / 烦躁，80% 的里急后重（20% 是持续性的），13% 的肛门直肠狭窄，13% 的犬发生了大便失禁。

参考文献

Arthur JJ, Kleiter MM, Thrall DE et al. (2008) Characterization of normal tissue complications in 51 dogs undergoing definitive pelvic region irradiation. Vet Radiol Ultrasound 49: 85–89.

Turek MM, Forrest LJ, Adams WM et al. (2003) Postoperative radiotherapy and mitoxantrone for anal sac adenocarcinoma in the dog: 15 cases (1991–2001). Vet Comp Oncol 1: 94–104.

Williams LE, Gliatto JM, Dodge RK et al. (2003) Carcinoma of the apocrine glands of the anal sac in dogs: 113 cases (1985–1995). J Am Vet Med Assoc 223: 825–831.

病例99

1. 应该进行什么分期检查？

尽管该肿瘤的分级较低，但还是建议进行胸片检查并仔细评估区域淋巴结。有丝分裂指数、Ki67和细胞核异型性已被报道为黑色素瘤生物学行为牢靠的指标；有丝分裂指数 <4，Ki67<19.5，细胞核异型性评分 <4 与良性的行为相关。

2. 需要进一步的治疗吗？

以治疗为目的的手术有最大的机会获得良好的结果。据报道 I 期患者仅进行手术的中位存活时间为 874 天。不建议辅助治疗。

3. 病变的位置如何影响其生物学行为？

有毛发的皮肤出现的黑色素瘤往往具有较良性的临床病程。在口腔内，它们行为学上极具侵袭性。然而，当黑色素瘤出现在嘴唇上时，更大比例可能表现为低分级。由于一些唇部黑色素瘤也可能出现更有侵袭性的临床过程，因此仔细地分期和组织病理学评估是必要的。

参考文献

Bergin IL, Smedley RC, Esplin DG et al. (2011) Prognostic evaluation of Ki67 threshold value in canine oral melanoma. Vet Pathol 48: 41–53.

Boston SE, Lu X, Culp WTN et al. (2014) Efficacy of systemic adjuvant therapies administered to dogs after excision of oral malignant melanomas: 151 cases (2001–2012). J Am Vet Med Assoc 245: 401–407.

Tuohy JL, Selmic LE, Worley DR et al. (2014) Outcome following curative–intent surgery for oral melanoma in dogs: 70 cases (1998–2011). J Am Vet Med Assoc 245: 1266–1273.

病例100

1. 该患病犬的鉴别诊断是什么？

下巴疼痛、眼睛不能正常回缩至眼窝、第三眼睑隆起等临床症状提示为眼球后疾病。两个主要的考虑因素是脓肿、感染和肿瘤。

2. 需要进行哪些进一步的诊断？

在最小数据库的检查之后，应该进行 CT 扫描。如果在 CT 上发现占位性病变，必须确定它是恶性的还是感染性的。CT 可用于评估组织密度，以帮助进行这种区分。如果存在实质组织，则应在 CT 检查时进行活检。如果病变伴有脓肿或感染，就需要引流和培养。

3.CT 扫描时的 CT 图像（图 100b）和细针抽吸（图 100c）的细胞学检查。诊断是什么？

细胞学检查结果与肉瘤相符。需要组织病理学来确定肉瘤的类型和分级。

4. 描述该患病犬的治疗方案。

考虑到疾病的范围和位置，即使是摘除，也不太可能进行干净的手术切除。治疗方案包括手术减瘤加放疗或单独放疗。对于接受术后放疗的口腔肉瘤患者，在一项研究中报道的中位存活时间为 540 天。在另一份报告中，接受治疗性（全程）放射治疗的犬口腔软组织肉瘤的中位存活时间为 331 天，而接受姑息性放射治疗的犬中位存活时间为 180 天。如果活检显示为高分级的肉瘤，可以考虑化疗，尽管对于这种类型的肿瘤还缺乏关于化疗疗效的数据。

参考文献

Forrest LJ, Chun R, Adams WM et al. (2000) Postoperative radiotherapy for canine soft tissue sarcoma. J Vet Intern Med 14: 578–582.

Poirier VJ, Bley CR, Roos M et al. (2006) Efficacy of radiation therapy for the treatment of macroscopic canine oral soft tissue sarcoma. In Vivo 20: 415–420.

📝 病例 101

1. 图 101 中患病犬的临床症状是什么？

这只患病犬存在前腔静脉综合征。胸腔颅侧肿大的淋巴结或肿物会阻碍淋巴流动，导致面部、颈部和前肢弥漫性肿胀。

2. 描述超声和细胞学检查结果。

脾脏超声图像显示脾实质可见弥漫性的斑驳。细胞学的特点是淋巴母细胞占优势（明显大于分叶的中性粒细胞），并有多个突出的核仁，表现出细胞核大小不等。可见游离的细胞核和细胞质碎片。这些结果支持淋巴瘤。

3. 血检中有哪些显著异常？这对患病犬的治疗和预后有何影响？在开始治疗前需要做哪些进一步的检查？

白细胞计数升高。血涂片显示为成熟中性粒细胞增多症。存在明显的高钙血症。高钙血症结合前腔静脉综合征，引起了对 T 细胞淋巴瘤的关注。考虑到胸部或纵隔肿物的可能性，应进行胸部 X 线检查。应进行表型分析（T 细胞 vs B 细胞）（免疫组织化学、免疫细胞化学、PARR 或流式细胞术）。在一些患病犬中，T 细胞淋巴瘤已被证明具有更强的临床病程。应进行尿液分析，以确定尿素氮的升高是否表明不只是脱水。

4. 该如何管理这只患病犬？

前腔静脉综合征和严重高钙血症两者构成的紧急情况。高钙血症可导致肾衰竭，因此，在等待活检或表型结果时不应延迟对淋巴瘤的治疗。在开始化疗后，应立即开始使用生理盐水输液利尿，也可以考虑使用放射治疗快速减轻前腔静脉综合征引起的症状。

参考文献

Avery AC, Olver C, Khanna C et al. (2013) Molecular diagnostics. In: Withrow SJ, Vail DM, Page RL, editors, Small Animal Clinical Oncology, 5th edition. St. Louis, Elsevier Saunders, pp. 131–142.

Friedrichs KR, Young KM (2013) Diagnostic cytopathology in clinical oncology. In: Withrow SJ, Vail DM, Page RL, editors, Small Animal Clinical Oncology, 5th edition. St. Louis, Elsevier Saunders, pp. 127−128.

Vail DM, Pinkerton ME, Young KM (2013) Canine lymphoma and lymphoid leukemias. In: Withrow SJ, Vail DM, Page RL, editors, Small Animal Clinical Oncology, 5th edition. St. Louis, Elsevier Saunders, pp. 608−637.

病例102

1. 需要哪些进一步的诊断检查？

CT检查前，如果该病变与骨肉瘤无关，则应进行腹部超声检查以排除其他原发肿瘤。如果超声检查结果为阴性，再考虑任何手术干预之前，应进行CT扫描以评估肺部疾病的涉及范围。强烈建议全身骨窗PET/CT扫查，以排除骨骼转移疾病。

2. 有适合这只患病犬的手术选择吗？

CT扫查显示肺部只有一处病变。肺中的肿物可能是骨肉瘤的转移性疾病，也可能是原发性肺肿瘤，建议进行手术，预后取决于病变的组织病理学。在这个病例中，有转移性骨肉瘤的记录，可以考虑切除骨肉瘤患病犬的肺部转移病变；然而，为了获得长期生存的最佳机会，对患者的选择提出了一定的标准：

原发肿瘤完全缓解，在最初的原发肿瘤确诊300天后发生转移。

胸片上可见1~2个结节。

转移性疾病只在肺部发现（使用如上所述的骨扫描以排除骨转移）。

理想情况下，肿瘤翻倍时间超过30天，在这段时间内没有新的可见病变。在发现肺部病变后，30天内重复X线片拍摄可以帮助确定肿瘤倍增时间。少于30天肿瘤翻倍则与较差的预后相关。

3. 如果是转移性疾病，该患病犬的预后如何？

在36例骨肉瘤患病犬中，转移切除术后无疾病间隔的中位数为176天（范围为20~1 495天）。该患病犬在转移切除术后5个月出现疑似关节炎相关问题。放射学上无法证明癌症的进一步扩散，但没有进行推荐的CT或MRI扫查。当时的X线片上，肺部仍然是清晰的。由于在家中行走困难，患病犬被实施安乐死。

参考文献

Ehrhart NP, Ryan SD, Fan TM (2013) Tumors of the skeletal system. In: Withrow SJ, Vail DM, Page RL, editors, Small Animal Clinical Oncology, 5th edition. St. Louis, Elsevier Saunders, p. 486.

O'Brien MG, Straw RC, Withrow SJ et al. (1993) Resection of pulmonary metastases incanine osteosarcoma: 36 cases (1983–1992). Vet Surg 22: 105–109.

✎ **病例 103**

1. 对这只患病犬的主人应该有什么建议？

CT 扫查可以更好地确定肿物的起源。无症状的肝脏肿物可能符合肝细胞瘤或低分级的肝细胞癌。无症状的胃壁肿物是不常见的，但可能存在更谨慎的预后。由于不能根据超声表现和不确定的抽吸结果来做出诊断，建议进行探查手术。

2. 根据患病犬的年龄和超声检查上肿物的外观，怀疑是癌症。需要考虑其他的可能性吗？

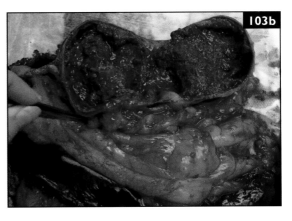

继发于异物和／或胃壁穿孔导致的脓肿或肉芽肿是有可能的，但因为没有发烧和正常的全血细胞计数变得似乎不太可能。该患病犬接受了手术，切除了一个来自胃壁的大肿物（图 103b）。组织病理学证实肿物为肉芽肿，继发于先前的异物迁移。这个病例说明了在没有组织病理学诊断的情况下不作结论的重要性。这很容易让人认为是癌症，并导致主人基于怀疑预后不良而决定不进行治疗。这只患病犬术后 4 年仍然活得很好。

✎ **病例 104**

1. 蓝色箭头勾勒出肿物的轮廓。红色箭头指向什么？

红色箭头指的是阴茎骨。

2. 建议采用什么治疗方法？

尽管在触诊时担心肿物牢牢地固定在下层组织上，但 CT 上肿物似乎被一层脂肪或筋膜与体壁隔开。然而，肿物似乎与包皮和阴茎密切相关。进行了阴茎截除和会阴尿道吻合术的外科切除。边缘狭窄（2 mm）但干净。每 10 个高倍镜视野存在 2 个有丝分裂像。边缘狭窄，可考虑术后放疗或节拍式化疗。然而，基于肿瘤的低分级性质，建议密切监测。

3. 这只患病犬的预后如何？

组织学上低分级软组织肉瘤中有丝分裂指数小于 9 的患病犬，即使肿瘤切除边缘狭窄，复发率约为 7%。根据引用的文献，这类患病犬的转移率为 7%~13%。在一项研究中，仅接受手术治疗的低分级软组织肉瘤（有丝分裂指数小于 9）患病犬的中位生存时间为 826~1 138 天。

参考文献

Dennis MM, McSporran KD, Bacon NJ et al. (2011) Prognostic factors for cutaneous and

subcutaneous soft tissue sarcomas in dogs. Vet Pathol 48: 73–84.

Kuntz CA, Dernell WS, Powers BE et al. (1997) Prognostic factors for surgical treatment of soft-tissue sarcomas in dogs: 75 cases (1986–1996). J Am Vet Med Assoc 211: 1147–1151.

病例 105

1. 描述细胞学检查并给出推定诊断。

大量上皮细胞聚集，表现为轻度细胞和细胞核大小不等。与正常的鳞状上皮细胞一样，细胞质呈角状；然而根据细胞的大小，细胞核应该更致密。这被称为细胞核与细胞质的不同步分化，是鳞状细胞癌的一个特征。

2. 对该患病猫的推荐分期和转移的可能性有多少？

应仔细评估区域淋巴结。转移性疾病的发生率非常低，但在任何积极的治疗之前，最小数据库的检查是推荐的。

3. 有哪些治疗方法可供选择？

考虑到下眼睑的位置和侵袭程度，手术切除面临的挑战是在保留眼睑功能的同时获得干净的边缘。已有描述对下眼睑进行外科切除并用唇组织作为旋转移植物代替。非手术治疗的选择类似于猫鼻面鳞状细胞癌的治疗，包括外部放射治疗，锶–90 放射治疗，冷冻治疗或光动力治疗。COX–2 抑制剂可能是有益的。

参考文献

Bardagi M, Fondevila D, Ferrer L(2012) Immunohistochemical detection of COX–2 in felineand canine actinic keratoses and cutaneous squamous cell carcinoma. J Comp Pathol 146: 11–17.

Cunha CSS, Carvalho LAV, Canary PC et al. (2010) Radiation therapy for feline cutaneous squamous cell carcinoma using a hypofractionated protocol. J Feline Med Surg 12: 306–313.

Murphy S(2013) Cutaneous squamous cell carcinoma in the cat. Current understanding and treatment approaches. J Feline Med Surg 15: 401–407.

病例 106

1. 描述 CT 表现。

主要位于右侧鼻腔的位置上存在有一个软组织密度肿物，破坏了正常的鼻甲骨。左侧也可见少量异常密度的组织。

2. 鼻腔肿瘤最常见的临床症状是什么？

鼻腔肿瘤的主要症状包括鼻出血（开始为单侧，然后发展为双侧）、面部畸形（鼻额或上腭异常）和泪溢。随着病情的发展，还可以看到上气道阻塞引起的呼吸困难和眼球突出。

3. 活检前对该患病犬进行哪些评估？

除了最小数据库的检查外，任何肿大的区域淋巴结的抽吸和细胞学检查以及凝血检查都应该进行。

4. 活检可以采用哪些方法？

很多鼻部活组织检查的方法能获得不同程度的成功。使用杯钳通过鼻道获得组织或使用活检钳通过鼻镜获得组织是常见的。盲活组织检查技术、高级的影像引导活检和鼻腔水推进的技术也被评估过。通常需要第二次活检来做出明确的诊断。无论采用何种程序，都要注意不要靠近筛状板。在有明显面部畸形的病患中，有时可以用细针抽吸来做出推定诊断。如果诊断无法通过经鼻孔技术获得，可以使用腹侧鼻切开术来获得组织诊断。对于肿瘤体积较大的患者，进行手术可立即缓解症状。

5. 对该患病犬建议的治疗和预期预后是什么？

放射治疗被认为是鼻腔肿瘤首选的治疗方法。一般来说，报告的中位存活时间为14~19个月。在少数接受放射治疗的犬中，在CT复查发现残留肿瘤时进行鼻腔切除，达到最长的中位存活时间为47个月。如不治疗，中位存活时间约为3个月。

参考文献

Adams WM, Biorling DE, McAnulty JE et al. (2005) Outcome of accelerated radiotherapy alone or accelerated radiotherapy followed by exenteration of the nasal cavity in dogs with intranasal neoplasia: 53 cases (1990—2002). J Am Vet Med Assoc 227: 936–941.

Ashbaugh EA, McKiernan BC, Miller CJ et al. (2011) Nasal hydropulsion: a novel tumor biopsy technique. J Am Anim Hosp Assoc 47: 312–316.

Elliot KM, Mayer MN (2009) Radiation therapy for tumors of the nasal cavity and paranasal sinuses in dogs. Can Vet J 50: 309–312.

Harris BJ, Lourenco BN, Dobson JM et al. (2014) Diagnostic accuracy of three biopsy techniques in 117 dogs with intra–nasal neoplasia. J Small Anim Pract 55: 219–224.

Turek MM, Lana SE (2013) Canine nasosinal tumors. In: Withrow SJ, Vail DM, PageRL, editors, Small Animal Clinical Oncology, 5th edition. St. Louis, Elsevier Saunders, pp. 435–451.

 **病例107**

1. 描述细胞学检查结果。

主要的细胞群落为淋巴细胞，这些细胞大于中性粒细胞，核仁明显，大而不规则。细胞学检查提示为高级别淋巴瘤。

2. 基于推定的诊断，还需要做哪些进一步诊断？

除了上述最小数据库的检查外，为了分期还应进行腹部超声。需要组织活检进行组织学

确认和表型分型。

3. 建议怎样治疗？

曾有描述淋巴瘤作为一个不常见的发病模式出现在跗关节或腕部，被认为是一种侵袭的表现。最近的一项研究评估了患有跗骨皮肤淋巴瘤的猫。跗骨病变最常被描述为皮下或肿物样。患者分别接受类固醇单独治疗（组1）、化疗单独治疗（组2）、放疗和化疗联合治疗（组3）和手术加或不加化疗（组4）。研究中所有猫的中位存活时间为190天（范围17~1011）。第1组只有2只猫（分别存活22天和190天），第2组存活136天，第3组存活216天，第4组存活410天。治疗组间单独比较的差异无统计学意义；但将第1组和第2组合并数据与第3组和第4组合并数据进行比较，后两组的生存时间明显改善。跗骨淋巴瘤的最佳治疗方法目前仍不清楚。当发现疾病超出原发部位时，应考虑化疗。对于局限性疾病，建议手术（即截肢）或放疗 +/- 化疗。在确诊疾病局限于跗关节的患者中，截肢可以提供很好的控制。

参考文献

Burr HD, Keating JH, Clifford CA et al. (2014) Cutaneous lymphoma of the tarsus in cats: 23 cases (2000–2012). J Am Vet Med Assoc 244: 1429–1434.

病例108

1. 列出这种临床表现的鉴别诊断。

肿瘤性：最常见的是支持细胞瘤、间质细胞瘤和精原细胞瘤。非肿瘤性：睾丸炎、睾丸扭转和附睾炎。

2. 哪种常见的犬睾丸肿瘤产生雌激素？雌激素过量的临床表现是什么？

大于50%的确诊病例为支持细胞肿瘤产生雌激素。雌激素分泌过多可导致雌性化综合征（双侧对称脱毛和色素沉着，雄性乳房发育，阴茎萎缩，包皮下垂）或全细胞减少。

3. 仅从照片来看，这个肿物更可能是恶性的，还是良性的？

因为肿物存在于正常下降的睾丸内，所以它更可能是良性的。支持细胞瘤和精原细胞瘤更容易发生在隐睾病患身上。间质细胞瘤和精原细胞瘤都是偶然发现的。

4. 该患病犬需要做哪些诊断检查？为什么？

进行 MDB 和腹部及睾丸超声检查。用全血细胞计数（CBC）来评估雌激素过多引起的血液学异常。虽然3种常见睾丸肿瘤的转移率都很低（<15%），但胸片和腹部超声检查仍然可以排除其他恶性肿瘤或继发症的存在，因为大多数睾丸肿瘤病患年龄比较大。睾丸超声有助于区分非肿瘤性病变和肿瘤性病变，但通常不能区分肿瘤类型。

5. 有哪些治疗方案？

可选择手术（绝育/阴囊消融）的治疗，通常预后良好。该患病犬被诊断为良性精原细胞瘤。手术后，无须进一步治疗。对于转移性肿瘤病患，治疗取决于转移性疾病的位置。例如，如果累及局部淋巴结，可以考虑放射治疗。对于侵袭性较强的睾丸肿瘤，化疗被认为是合适的，但目前还没有一种最佳的化疗药物或方案。以铂类为基础的治疗方案用在人类疾病，治愈率很高。

参考文献

Grieco V, Riccardi E, Greppi GF et al. (2008) Canine testicular tumours: a study on 232 dogs. J Comp Pathol 138: 86–89.

Johnston GR, Feeney DA, Johnston SD et al. (1991) Ultrasonographic features of testicular neoplasia in dogs: 16 cases (1980—1988). J Am Vet Med Assoc 198(10): 1779–1784.

Liao AT, Chu PY, Yeh LS et al. (2009) A 12–year retrospective study of canine testicular tumors. J Vet Med Sci 71: 919–923.

病例109

1. 应该进行切开活检，还是切除活检？为什么？

考虑到肿物的位置和它似乎固定在底层组织的事实，不易于操作。因此，在组织学诊断出来之前，不应尝试做更激进的手术，而应进行切开活检。

2. 该如何进一步评估该患病犬？

建议 CT 扫描以确定深部附着的类型，并评估骨侵犯。

3. 新的 FNA 再次发现为脂肪组织，但也发现散在的间质细胞。鉴别诊断是什么？

脂肪瘤、纤维脂肪瘤、浸润脂肪瘤、纤维肉瘤或其他软组织肉瘤。如发现骨转移，可发生颅骨或眶缘肿瘤，如骨肉瘤、软骨肉瘤或多小叶骨肿瘤。

4. 如何治疗这只患病犬？

切开活检证实为浸润脂肪瘤。宠物主人拒绝做 CT 扫描，所以患病犬被送去做手术切除肿瘤，由于长期稳定的病史和良性的诊断，即使用手术不能干净地切除边缘，在复发之前，视力可以在一段时间内得到改善。

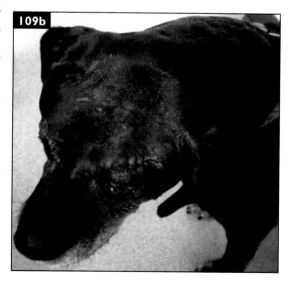

跟进/讨论术后

患病犬受侵袭的眼能正常看到东西。在术后 8 个月的最后一次随访中（图 109b），肿瘤还没有复发。

参考文献

Liggett AD, Frazier KS, Styer EL (2002)

Angiolipomatous tumors in dogs and a cat. Vet Pathol 39: 286–289.

病例 110

1. 描述影像学变化。

在下颌骨部分有明显的骨溶解，影响牙根和下颌骨。在整个溶解区可见多个点状病变。这种溶解模式常见于多发性骨髓瘤或局限性浆细胞瘤病患。

2. 对肿物进行了细针抽吸。可见大的多形性圆形细胞，偶见浆细胞样分化。根据影像学表现和细胞学检查，在做出治疗决定之前，需要做哪些进一步的诊断检查？

虽然不能确诊，但 X 线片表现和细胞学检查强烈怀疑为骨的孤立性骨浆细胞瘤（SOP）或系统性浆细胞瘤（如多发性骨髓瘤）转移。应进行以下诊断检查以排除全身性疾病：

体格检查应包括视网膜检查以排除出血。

为了排除疾病的全身性传播，必须仔细分期。除了 MDB，骨检查 X 线片寻找进一步的溶骨性病变或骨质减少提示。

应进行骨髓抽吸、血清和尿蛋白电泳、腹部超声检查，特别是当血清球蛋白水平升高时。

如果没有进一步的证据表明疾病超过下颌骨，活检可以得到明确的诊断。

3. 宠物主人拒绝了下颌骨切除术作为治疗的选择，还能提供其他的哪些治疗？

通过下颌骨切除术的手术切除提供了长期控制的最大机会。因为这被拒绝，放射治疗可以非常有效的治疗 SOP 可以得到长期的控制。大多数使用 SOP 的病患最终会发展为远端转移，但这可能需要几个月到几年的时间。对人类的研究没有显示在全身扩散开始之前开始化疗有任何好处。

参考文献

Sternberg R, Wypij J, Barger AM (2009) Extramedullary and solitary osseous plasmacytomas in dogs and cats. Vet Med 104: 477–479.

病例 111

1. 应该做哪些诊断检查？

除了 MDB 外，麻醉下的局部 X 线片可以确定骨骼变化，并排除牙根脓肿的可能。细针抽吸可以给出推定诊断，但组织活检更适合获得明确诊断。仔细评估区域淋巴结的细胞学或组织病理学是必须的。虽然局部 X 线片有助于初步评估，但 CT 扫描是必要的，以确定肿瘤的受累程度，包括鼻腔或眶周受侵袭，这在上颌肿瘤中并不少见。

2. 列出犬最常见的口腔肿瘤。

黑色素瘤、鳞状细胞癌和纤维肉瘤是犬最常见的口腔肿瘤。恶性肿瘤包括但不限于骨肉瘤、骨多小叶肿瘤、软骨肉瘤、血管肉瘤和淋巴瘤，其也可发生。

3. 根据照片，哪些特征表明手术是需要考虑的？

越过上腭中线的肿瘤很少采用外科手术，除非考虑姑息性减瘤手术。此肿瘤看起来远离中线，提示该病患可能是上颌切除术的良好选择。考虑到肿瘤的位置和该区域肿瘤的侵袭性比常规体检中所能观察的更强，建议使用 CT 进行手术规划。

4. 此犬被诊断为中等级纤维肉瘤，需要什么样的治疗？这种癌症扩散的可能性有多大？

治疗最终取决于 CT 结果。如果肿瘤是局限的，则应行上颌切除术。如果在显微镜下肿瘤边缘至少 1 cm 没有发现肿瘤细胞，那么手术可以治愈。当切缘狭窄或仍有肿瘤细胞存在时，就需要放疗。化疗通常用于高级别肉瘤，尽管一些研究没有显示化疗对病患术后生存有好处。软组织肉瘤术后使用多柔比星治疗的犬与仅接受手术治疗的犬在生存时间上没有差异。口腔纤维肉瘤术后接受化疗的犬的生存优势也未被发现。口腔纤维肉瘤倾向于局部侵袭。转移到肺部或局部淋巴结的病例小于 30%。

参考文献

Gardner H, Fidel J, Haldorson G et al. (2013) Canine oral fibrosarcomas: a retrospective analysis of 65 cases (1998—2010). Vet Comp Oncol 13: 40–47.

病例112

1. 假设的诊断是什么？

全血细胞计数显示淋巴细胞增多和血小板减少。外周血涂片显示成熟淋巴细胞占绝大部分。细胞学检查证实了低血小板计数。应考虑慢性淋巴细胞性白血病。

2. 要做哪些分期检查？

除了 MDB 外，还要仔细评估周围淋巴结和腹部超声检查。

3. 如何做出最终诊断？

在过去的几年里，骨髓细胞学检查对于确诊是必要的。近年来，利用流式细胞术进行免疫分型已被证明是诊断白血病非常有效的方法。该患病犬的流式细胞术显示 CD8+ 淋巴细胞增多。犬类慢性淋巴细胞白血病主要有 3 种亚型，按发病顺序排列：

（1）T-CLL：以 CD8+ 颗粒淋巴细胞为主。

（2）B-CLL：CD21+ 或 CD79+。

（3）非典型 CLL（免疫表型组合）。

4. 描述该患病犬的治疗方案和预后。

CLL 病患的化疗开始在很大程度上取决于以下因素：如果病患有嗜睡、食欲不振或体重减轻等临床症状，无论淋巴细胞计数如何，都需要治疗。如果存在明显的贫血或血小板减少，也应开始治疗。然而，在没有淋巴细胞增多以外的临床症状或血液学异常的情况下，应在何时开始化疗有些争议。考虑到 CLL 的惰性，一些肿瘤学家主张只有当淋巴细胞绝对计数超过 60 000/μL 时才开始治疗。苯丁酸氮芥被认为是犬类 CLL 的首选治疗药物。该患病犬由于血小板计数较低，建议先用长春新碱和强的松化疗，血小板计数恢复正常后再用苯丁酸氮芥。苯丁酸氮芥口服与强的松合用。无并发症的 CLL 病患的存活时间 >3 年。爆发式的发展与较差的预后相关。在一项研究中，具有 CD8+ 免疫表型 CLL 的犬，当淋巴细胞计数 <30 000/μL 时，中位生存期延长（1 098 天），当淋巴细胞计数为 >30 000/μL 时，中位生存期延长（131 天），尽管治疗信息有限。据报道在另一项研究中，非典型 CLL 的 MST 为 22 天，B-CLL 为 480 天，T-CLL 为 930 天。

参考文献

Comazzi S, Gelain ME, Martini V et al. (2011) Immunophenotype predicts survival time in dogs with chronic lymphocytic leukemia. J Vet Intern Med 25: 100–106.

Williams MJ, Avery AC, Lana SE et al. (2008) Canine lymphoproliferative disease characterized by lymphocytosis: immunophenotypic markers of prognosis. J Vet Intern Med 22: 596–601.

病例 113

1. 描述所示 X 线片和所进行的操作。

移除肿瘤骨并用同种异体骨移植物代替（图 113c 箭头显示同种异体骨移植物的近端和远端）。骨板跨越修复，因此关节被固定。手术是在科罗拉多州立大学进行的，这种保留肢体手术的耐受性很好。在病患的照片中，姿势反映了腕关节融合术。

2. 可能的诊断是什么？

保留肢体手术通常用于骨肉瘤，但也可以用于其他类型的原发性骨肿瘤。

3. 什么时候需要做这个手术？

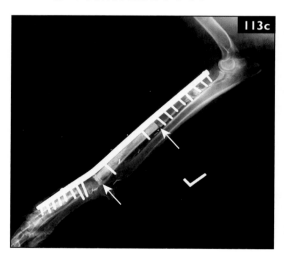

保留肢体手术可以用于那些原有的骨科或神经系统问题，使那些不适合截肢的病患，或者那些病患的主人拒绝考虑截肢。由于关节融合术后保留良好的功能，桡骨远端和尺骨部位最适合保留肢体。其他关节的关节融合术会导致较差的功能。至少 80% 的病患可通过同种异体移植保留肢体（图 113c）获得良好至优异的功能。并发症包括感染（报告的感染率为 40%~50%）、肿瘤局部复发和植入失败。其他手术包括金属内假体保肢、尺骨移位保肢、巴氏杀菌的自体肿瘤移植物和纵向骨运输成骨。当这些不同的手术联合化疗时，存活时间没有差异，但是并发症和发病率不同。

4. 该患病犬的预后与截肢病患有何不同？

接受保肢手术和化疗（顺铂、卡铂、多柔比星或顺铂或卡铂和多柔比星的组合）的患病犬的预后与接受截肢和化疗的病患相似。根据引用的研究，中位存活时间为230~366天。在科罗拉多州立大学的一个大型系列中，1年无复发生存率为76%。在同种异体移植物被感染的病患中观察到了一个有趣的生存优势。事实上，被感染的犬可能比那些在同种异体移植物中没有感染的犬多活250天。抗肿瘤免疫的上调是这种情况的一个潜在解释。

参考文献

Ehrhart NP, Ryan SD, Fan TM (2013) Tumors of the skeletal system. In: Withrow SJ, Vail DM, Page RL, editors, Small Animal Clinical Oncology, 5th edition. St. Louis, Elsevier Saunders, pp. 463–503.

Lascelles BD, Dernell WS, Correa MT et al. (2005) Improved survival associated with postoperative wound infection in dogs treated with limb–salvage surgery for osteosarcoma. Ann Surg Oncol 12: 1073–1083.

Liptak JM, Dernell WS, Ehrhart N et al. (2006) Cortical allograft and endoprosthesis for limb–sparing surgery in dogs with distal radial osteosarcoma: a prospective clinical comparison of two different limb–sparing techniques. Vet Surg 35: 518–533.

病例114

1. 描述眼内异常情况。

前葡萄膜有一个色素沉着的肿物。它有轻微不规则的"羽毛状"边缘，阻碍了视觉。

2. 可以向宠物主人提出什么建议？

鉴于肿物的色素性质，这种病变要么是良性黑色素细胞瘤，要么是恶性黑色素瘤。大多数犬的眼内黑色素瘤是良性的，多来自虹膜或睫状体。由于传播风险低（通常<4%），许多肿瘤学家和眼科医生会建议进行监测，而不是立即摘除眼球。然而，如果有继发性并发症，如青光眼或严重的葡萄膜炎，应考虑摘除。如果病患的黑色素瘤阻碍了视力，可以进行眼内手术（由熟练的眼科医生进行），这可能会恢复视力。尽管此病患的视力受到了肿瘤的影响，但由于白内障，它的整体视力一开始就很差。建议监测该病患眼压升高和严重炎症发展的迹象，如果发生这种情况就要摘除眼球。

3. 判定恶性行为的标准是什么？

如果进行活检，肿瘤细胞的有丝分裂指数似乎是决定眼内黑色素瘤生物学行为的最重要特征。有丝分裂指数基于在高倍视野中观察到的有丝分裂数量。

小于2的指数被视为良性。

核多形性指数 ≥ 4 时被认为是恶性的。

参考文献

Grahn BH, Sandmeyer LS (2010) Diagnostic ophthalmology. Can Vet J 51: 105–106.

Wilcock BP, Peiffer RL (1986) Morphology and behavior of primary ocular melanomas in 91 dogs. Vet Pathol 23: 418–424.

病例 115

1. 该患病犬的鉴别诊断是什么？

在这个位置，腮腺肿瘤、脓肿、涎腺炎、淋巴瘤或其他转移性肿瘤（颌下淋巴结受累）是需要考虑的因素。

2. 细针抽吸细胞学检查显示如图 115b 所示的细胞，你的初步诊断是什么？

应该首先对肿物进行细针抽吸，以试图区分良性和恶性肿瘤。这张照片上的细胞表明是癌。最有可能的诊断是唾液腺腺癌。

3. 需要做哪些进一步的诊断？

接下来应进行 MDB 和细针抽吸区域淋巴结。如果没有转移疾病的进一步证据，CT 扫描将有助于确定手术是否是一种选择。在进行计算机断层扫描时，建议进行楔形或针芯活检以确认诊断。然而，组织学分级在唾液腺腺癌病例中尚未被证明具有预后意义。

4. 建议采用什么治疗方法？

唾液腺腺癌的治疗选择是手术。如果计算机断层扫描 CT 显示边界清晰／包膜完整的肿物，应考虑手术切除。但是，在这种情况下，考虑到肿瘤的大尺寸，如果 CT 上肿瘤边界模糊，可采用放射治疗，如果肿瘤缩小，可放疗后手术。

5. 这个病例的预后如何？

唾液腺腺癌的预后一般良好。犬的局部淋巴结和肺转移率往往很低（淋巴结转移率 <20%，肺转移率 <10%）。在一项研究中，被诊断为唾液腺腺癌的犬的最长寿命是 550 天。本研究中的病患接受了多种形式的治疗；然而，外科手术或外科手术加放疗比外科手术加化疗有更好的预后。另一项研究表明，当手术切除作为唯一的治疗方式时，MST 只有 74 天。根据作者的经验，对于能够获得干净手术切缘的较小包膜肿瘤，单独手术即可获得良好的局部控制，对于较大的肿瘤，放疗和手术相结合即可获得良好的局部控制。

参考文献

Hammer A, Getzy D, Ogilvie G et al. (2001) Salivary gland neoplasia in the dog and cat: survival times and prognostic factors. J Am Anim Hosp Assoc 37: 478–482.

Spangler WL, Culbertson MR (1991) Salivary gland disease in dogs and cats: 245 cases (1985—1988). J Am Vet Med Assoc 198: 465–469.

 病例 116

1. 这种病变的鉴别诊断是什么？

良性病变包括耵聍腺腺瘤、皮脂腺腺瘤、息肉（根据外观不太可能发生）和组织细胞瘤。最常见的恶性肿瘤包括耵聍腺癌（最常诊断）、未分化癌、鳞状细胞癌，以及较少见的圆形细胞瘤、肉瘤和黑色素瘤。

2. 除 MDB（血常规、生化、尿检）外，治疗前还应进行哪些诊断检查？

在 MDB 和评估下颌骨淋巴结后，如果没有 CT，麻醉下的区域 X 线片对评估大泡是否溶解是有帮助的，但 CT 扫描是评估局部疾病侵袭性的最好方法。对于这两种操作（X 线片或 CT），麻醉时都应进行活检。

3. 该患病犬的预后如何？手术类型如何影响预后？

预后取决于组织学诊断和影像学发现的疾病范围。本例诊断为耵聍腺腺癌。CT 扫描显示肿瘤侵犯了垂直和水平耳道，并且有证据表明大泡早期溶解。研究表明，采用全耳道消融和侧大泡截骨术（TECABO）治疗的病患预后最好。单纯接受外耳道切除术的患病犬往往在最初手术后 4 个月内出现疾病复发，而接受 TECABO 手术的患病犬即使平均随访 3 年也不会出现复发。使用放射治疗耵聍腺腺癌的统计数据有限，但有一份报告显示，术后放射治疗与中位无进展生存期（39.5 个月）相关。

4. 除了淋巴结或肺转移的存在，这类肿瘤的阴性预后指标是什么？

对犬来说，肿瘤扩散到耳道周围组织与更谨慎的预后有关。除手术外，如果疾病不局限于耳道，且不能达到干净的手术切缘，则建议术后放射治疗。理想情况下，如果 CT 显示疾病扩展到耳道外，那么术前可以使用放射治疗。

参考文献

Moisan PG, Watson GL (1996) Ceruminous gland tumors in dogs and cats: a review of 124 cases. J Am Anim Hosp Assoc 32: 448–452.

Theon AP, Barthez PY, Madewell BR et al. (1994) Radiation therapy of ceruminous gland carcinomas in dogs and cats. J Am Vet Med Assoc 205: 566–569.

 病例 117

1. 描述 X 线片。

整个肺野可见多发、界限清楚的"炮弹"样病变。

2. 鉴别诊断是什么？

肺病变的外观最像肺外或肺内来源的转移性瘤。这种模式常见于骨肉瘤、软骨肉瘤或甲状腺癌等癌症中，但也可见于任何肿瘤。除了恶性疾病外，不能仅根据 X 线片排除肺淋巴瘤

样肉芽肿病或真菌性疾病。

3. 应该做哪些诊断检查？

应进行彻底的体格检查，包括仔细触诊肿物和 MDB。如果检查颈部甲状腺或 MDB 未发现异常，应考虑四肢和轴向骨骼的影像学检查和腹部超声检查。全身 CT 扫描可用于试图找到肺部疾病的原发来源。超声或 CT 引导下可触及肿物的细针穿刺、手术活检（尽管广泛转移时具有侵袭性）或胸腔镜下活检均可提供预处理诊断。

4. "原发不明的转移性癌症"是什么意思？该如何治疗？

原发不明的转移性癌是指经活组织检查证实的恶性肿瘤，但没有发现原发肿瘤。在人类中，原发不明的转移性癌是第七常见的癌症，也是癌症相关死亡的第四大常见原因。如果可能，应进行细胞学或组织病理学检查以确定最合适的治疗方法。免疫组织化学通常有助于识别主要来源。以甲状腺肿瘤为例，使用甲状腺转录因子-1免疫组织化学是一个有用的诊断工具。对于转移性甲状腺肿瘤，预后更佳，病患即使面对肺转移也有较长的生存期。为了确定预后和推荐合适的治疗方案，了解癌症的类型是至关重要的。在最近的回顾性研究中，最常见的原发不明的转移性癌症（肺转移）是纤维肉瘤、未分化癌和未分化肉瘤。可以考虑用广谱化疗、酪氨酸激酶抑制剂和节拍化疗等姑息治疗，但目前缺乏有关其疗效的信息。一般来说，原发原因不明的转移性癌症病患的存活时间大约为30天。一个重要的例外是转移性甲状腺癌，因为转移性甲状腺癌生长缓慢，即使面对转移也有良好的生存期。在一项研究中，接受侵袭性甲状腺肿瘤放射治疗的病患 MST 为24个月，并且肺转移对生存率没有负面影响。

参考文献

Brearley MJ, Hayes AM, Murphy S (1999) Hypofractionated radiation therapy for invasive thyroid carcinoma in dogs: a retrospective analysis of survival. J Small Anim Pract 40: 206–210.

Crews LJ, Feeney DA, Jessen CR et al. (2008) Radiographic findings in dogs with pulmonary blastomycosis: 125 cases (1989—2006). J Am Vet Med Assoc 232: 215–221.

Rossi F, Aresu L, Vignoli M et al. (2013) Metastatic cancer of unknown primary in 21 dogs. Vet Comp Oncol 13: 11–19.

病例118

1. 在进行 CT 扫描前，应进行哪些诊断性检查？

应进行 MDB、凝血（希望在 CT 扫描时可以进行活检）、下颌淋巴结细针抽吸和细胞学检查。

2. 描述 CT 扫描。

有一个大的浸润性肿物覆盖了鼻腔，肿物似乎完全钙化，它破坏了鼻中隔和硬腭，并破坏了额窦和眶周组织，右眼被肿物向侧面和背面挤压。进一步评估 CT 扫描，有筛状板的溶解。

3. 疾病的临床分期是几期?

WHO 的鼻腔肿瘤分期系统与临床结果没有很好的相关性。已有几种分期系统被提出，而 Adams 或改良的 Adams 分期系统在预测结果方面最有帮助（见下文）。由于筛状板受累，根据 Adams 分期系统，该患病犬被认为是第 4 期。

4. 活检证实为未分化癌，细胞学检查证实为颌下淋巴结转移癌。在这种情况下，消极预后指标是什么?

根据引用的研究，鼻肿瘤犬的消极预后指标各不相同，但包括年龄较大（>10 岁）、鼻出血、面部畸形、诊断前临床症状持续时间、晚期、筛状板受累、治疗未能解决临床症状以及组织学类型（更差的是间变性癌、未分化癌和鳞状细胞癌）。在该患病犬中，该疾病是局部广泛的和侵袭性的，存在颌下淋巴结转移、筛状板受累（第 4 期）和未分化癌细胞类型；所有这些都表明预后很差。接受放射治疗且有筛状板延伸迹象的犬的中位存活时间小于 7 个月。

Adams 犬鼻腔肿瘤分期
1 期　涉及累及一个鼻道、副鼻窦或额窦，鼻甲外无骨侵袭
2 期　发现任何鼻甲外的骨侵袭，但无眼眶 / 皮下 / 黏膜下肿物
3 期　涉及眼眶，或皮下或黏膜下肿物
4 期　扩展至鼻咽或筛板并骨溶解

1 期和 2 期放疗的中位存活时间为 745 天，3 期为 315 天，4 期约 200 天。

参考文献

Adams WM, Kleiter MM, Thrall DE et al. (2009) Prognostic significance of tumor histology and computed tomographic staging for radiation treatment response of canine nasal tumors. Vet Radiol Ultrasound 50: 330–335.

Adams WM, Miller PE, Vail DM et al. (1998) An accelerated technique for irradiation of malignant canine nasal and paranasal sinus tumors. Vet Radiol Ultrasound 39: 475–481.

Kondo Y, Matsunaga S, Mochizuki M et al. (2008) Prognosis of canine patients with nasal tumors according to modified clinical stages based on computed tomography: a retrospective study. J Vet Med Sci 70: 207–212.

病例 119

1. 该如何评估该患病犬?

除了全面的体格检查和 MDB 外，还应进行阴道指检和阴道镜检查。对比阴道尿道造影

常常有助于描述疾病的程度，但局部区域的 X 线片或超声检查通常是没有意义的。

2. 描述中的哪些信息有助于做出推定诊断？

因为这是一只年龄较大、未绝育的母犬，最有可能的诊断是阴道 / 外阴周围肿瘤。肿瘤可以发生在阴道腔内，也可以起源于阴道腔外的平滑肌。良性肿瘤常有蒂，但也可无蒂。阴道 / 外阴区最常见的良性肿瘤是平滑肌瘤，还可以看到其他良性肿瘤（例如纤维瘤）。较不常见的是发生恶性的平滑肌肉瘤。

3. 需要进行哪些进一步的诊断检查？

大多数阴道 / 外阴肿瘤是良性的，因此通常不需要进行预处理活检。然而，在考虑治疗前仍建议进行 MDB 和腹部超声检查，以排除可能影响治疗决定的潜在疾病，并排除潜在的恶性阴道肿瘤的转移可能。如果肿瘤有一个快速的临床病程和无蒂表现，应通过组织病理学排除恶性肿瘤的可能性。

4. 该患病犬的推荐治疗方案和预后如何？

建议手术切除术和卵巢子宫切除术。如果肿瘤是有蒂的和位于壁内的，通常通过肉蒂横切，很容易切除。如果无蒂或位于腔外，已有描述部分或全部阴道切除术伴尿道成形术有较好的疗效，只要进行子宫卵巢摘除术，不需要广泛的手术切除。如果不进行子宫卵巢摘除术，则复发的可能性更高。

参考文献

Herron MA (1983) Tumors of the canine genital system. J Am Anim Hosp Assoc 19: 981–994.

Nelissen P, White RAS (2012) Subtotal vaginectomy for management of extensive vaginadisease in 11 dogs. Vet Surg 41: 495–500.

Thacher C, Bradley RL (1983) Vulvar and vaginal tumors in the dog: a retrospective study. J Am Vet Med Assoc 183: 690–692.

病例 120

1. 在第一次手术时，可以有什么不同的做法？

由于该肿瘤在组织学上被 Patnaik 系统分级为 II 级（I 级、II 级或 III 级），因此需要进一步的信息来确定生物学行为。大约 75% 的犬肥大细胞瘤被该系统分级为 II 级，在生物学行为上有很大的差异。评估有丝分裂指数和肥大细胞瘤预后，包括 c-KIT、AgNOR 和 Ki67 的免疫组织化学，以及检测外显子 8 或 11 突变的 PCR，将增加有价值的信息。由于最初的组织病理学报告边缘狭窄，可能会建议立即进行进一步治疗。如果可能的话，应该进行更广泛的手术切除。如果不太可能考虑进一步的手术，局部放射治疗将是另一种选择。在腹股沟和会阴区域的肥大细胞瘤的生物学行为在以前被认为比在身体其他解剖位置的类似分级的 MCT

更具侵袭性，但是进行的两项大型研究报告显示其生物学行为与其他解剖位置相似。许多肿瘤学家仍然关心 MCT 在这个位置的行为，但是更倾向依赖于从预后因子获得的信息，或者至少是有丝分裂指数，而不是仅仅依赖于位置。对这些参数的评估将有助于确定当时是否有必要进行全身治疗，并更好地确定是否处理狭窄的手术边缘。

2. 该患病犬应需要做哪些诊断检查？

应进行全面分期，包括 MDB、腹部超声和对沿切口线的肿物以及深部触及该区域的肿物进行细针抽吸。考虑到该部位有确诊的 MCT 病史和肿瘤周围的红斑，建议在抽吸前用苯海拉明进行预处理。

3. 红斑的潜在肿瘤相关原因是什么？

局部红斑可能是由于肿瘤效应（血管活性胺的释放）对肿瘤的影响，这种现象被称为达里埃征（Darier's 征）。

4. 叙述该患病犬的治疗方案。

根据肿物的大小，一个有广泛边缘的、完整的手术切除将是困难的，并可能包括腹膜输精管切除术。因此，对当前等级、阶段结果、有丝分裂指数、增殖分析和 KIT 状态的了解将有利于治疗规划。综合治疗包括手术、放射治疗和可能的全身治疗是必要的，以有效治疗该患病犬。如果存在 c-KIT 突变或 c-KIT 染色模式为 2 或 3，术前使用酪氨酸激酶抑制剂治疗可能有助于术前减少肿瘤细胞。在没有 c-KIT 突变的情况下，可以使用化疗。

参考文献

Kiupel M, Webster JD, Kaneene JB et al. (2004) The use of KIT and tryptase expression patterns as prognostic tools for canine cutaneous mast cell tumors. Vet Pathol 41: 371–377.

Takeuchi Y, Fujino Y, Watanabe M et al. (2013) Validation of the prognostic value of histopathological grading or c-kit mutation in canine cutaneous mast cell tumours: a retrospective cohort study. Vet J 196: 492–498.

Webster JD (2015) Small molecule kinase inhibitors in veterinary oncology. Vet J 205: 122–123.

病例 121

1. 初步的临床诊断是什么？

根据临床的描述和该犬的症状，表明为良性肛周腺瘤。

2. 描述细胞学外观。

抽吸细胞学检查显示细胞团呈圆形到多边形。有轻微的细胞大小不等和细胞核大小不等。肛周腺瘤通常有肝样上皮细胞。然而，良恶性肿瘤的鉴别很难用细胞学来区分，因此建议采用组织病理学。进行细针抽吸的一个重要原因是要排除该区域可能发生的其他不太常见的恶性肿瘤，包括淋巴瘤、肥大细胞瘤、鳞状细胞癌、TVT 等。

3. 如果这只犬已经绝育了，如何改变初步假定的临床诊断？

因为肛周腺瘤被认为是性激素依赖性的，所以在雄性绝育动物身上出现这种肿物会增加对恶性肿瘤（肛周腺癌）的怀疑。

4. 治疗建议和预期结果是什么？

手术切除肛周腺瘤和绝育可治愈该疾病。然而，如果肿瘤足够大，保守切除是较困难的，并且有可能破坏肛门括约肌的神经，单纯地绝育将使肿物的大小逐渐缩小（这可能需要几个月），便于在肿瘤较小时进行手术切除。

参考文献

Turek MM, Withrow SJ (2013) Perianal tumors. In: Withrow SJ, Vail DM, Page RL, editors, Small Animal Clinical Oncology, 5th edition. St. Louis, Elsevier Saunders, pp. 423–431.

Vandis M, Knoll JS (2010) Canine circumanal gland adenoma: the cytologic clues. Vet Med 105: 346–349.

病例 122

1. 由于左侧下颌下淋巴结较大，是否可以认为化疗后 6 天的临床症状是由于淋巴瘤进展引起的？

不，无法做出的这样的假设。所有其他淋巴结的大小都显著缩小，表明部分缓解。随着孤立淋巴结的增大，我们担心的是肿瘤灶有抗药性，或者根据发烧和白细胞计数升高，怀疑该淋巴结已经存在脓肿。

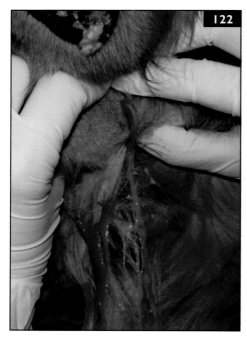

2. 考虑到病情进展，该患病犬现在是否应该接受化疗？

没有进一步的诊断排除临床症状相关的非癌症原因。

3. 进行了 CBC 并产生以下结果。什么指标是临床评估和进一步诊断的指示？

发热和白细胞计数升高可与肿瘤、感染或炎症结合相关。应进行淋巴结的细针抽吸。抽吸时可见脓性分泌物，无淋巴瘤迹象。对淋巴结进行穿刺引流，并给予患病犬服用抗生素（图 122）。发烧消退，5 天内患者完全缓解。化疗后由于癌细胞快速死亡而导致的淋巴结脓肿偶尔会发生，特别是在治疗前由于癌细胞快速生长而已经开始形成坏死中心的较大淋巴结。

病例 123

1. 应该进行哪些诊断性检查?

全面分期,包括 MDB、腹部超声和淋巴结穿刺细胞学检查。应进行组织活检以确定分级和有丝分裂指数,也可以要求进行肥大细胞瘤的预后评估。

2. 我们对沙皮犬的肥大细胞瘤了解有多少?

肿瘤学家的普遍印象是,沙皮犬往往具有更大比例的生物侵袭性肥大细胞瘤,常见于年轻患病犬。一项研究观察了这个品种的 MCT 病例,发现沙皮犬中近 50% 的 MCT 发生在小于 2 岁的犬身上;在这些肿瘤中,大多数是低分化的。为了确认沙皮犬患有肥大细胞瘤,活检是必要的,因为细针抽吸可能与皮肤黏蛋白增多症病患混淆。透明质酸(HA)是黏蛋白的主要成分,CD44 是其主要的细胞表面受体。这提示 HA 与其受体 CD44 的结合可能指导结缔组织中肥大细胞的终末分化,这可以解释沙皮犬好发肥大细胞疾病的原因。沙皮犬皮下组织黏液中普遍存在肥大细胞,仅用细针抽吸和细胞学检查很难区分黏蛋白增多症和肥大细胞瘤。

3. 可以有什么治疗建议?

由于这种病变具有极强的侵袭性,所以不考虑手术治疗。如果存在 c-KIT 突变,或者增殖因子显示 KIT 模式 2 或 3,则可以使用酪氨酸激酶抑制剂。在没有这些发现的情况下,应考虑化疗。放射治疗、托塞拉尼和泼尼松对可测量的肥大细胞瘤有疗效,也可以考虑。建议使用泼尼松和 H1 受体阻断剂。此外,还应使用 H2 受体拮抗剂阻断剂(如西咪替丁、法莫替丁、雷尼替丁)或质子泵抑制剂(如奥美拉唑)预防胃溃疡。对于如此大的炎性肿物,治疗后的脱颗粒是一个值得关注的问题。

参考文献

Carlsten KS, London CA, Haney S et al. (2012) Multicenter prospective trial of hypofractionated radiation treatment, toceranib, and prednisone for measurable canine mast cell tumors. J Vet Intern Med 26: 135–141.

Lopez A, Spracklin D, McConkey S et al. (1999) Cutaneous mucinosis and mastocytosis in a shar-pei. Can Vet J 40: 881–883.

Madewell BR, Akita GY, Vogel P (1992) Cutaneous mastocytosis and mucinosis with gross deformity in a Shar-pei dog. Vet Dermatol 3: 171–175.

Miller DM (1995) The occurrence of mast cell tumors in young Shar-Peis. J Vet Diagn Invest 7: 360–363.

Welle M, Grimm S, Suter M et al. (1999) Mast cell density and subtypes in the skin of Shar Pei dogs with cutaneous mucinosis. Zentralbl Veterinarmed A 46: 309–316.

病例124

1. 根据目前的评估，有哪些鉴别诊断？

根据体格检查和抽吸样本，最有可能考虑的因素包括继发于创伤的炎症或浆膜瘤、剥脱不好的软组织肉瘤和脂肪瘤（浸润性或肌间性）。

2. 后肢的CT增强扫描显示如图124a所示。描述扫描结果。

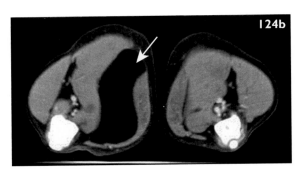

造影后图像显示，由于脂肪密度浸润在半腱肌和半膜肌之间，左肢明显大于右肢。左腿肌肉之间的脂肪密度增加（图124b，箭头）。这些发现与肌间脂肪瘤最为一致。

3. 建议如何治疗？为什么？

肌间脂肪瘤是良性的，但在生长过程中会对局部结构造成严重压迫，最终导致疼痛、跛行和神经或血管问题。手术切除治疗肌间脂肪瘤通常是成功的，因为它们往往边界很好，即使很大也可以切除。尽管在切除恶性肿瘤时，手术引流通常是不可取的，但在这种情况下，引流是必要的，以防止因脂肪瘤切除时产生的大死腔而引起的血清肿。

参考文献

Case JB, MacPhail CM, Withrow SJ (2012) Anatomic distribution and clinical findings of intermuscular lipomas in 17 dogs (2005—2010). J Am Anim Hosp Assoc 48: 245–249.

Thomson MJ, Withrow SJ, Dernell WS et al. (1999) Intermuscular lipomas of the thigh region in dogs: 11 cases. J Am Anim Hosp Assoc 35: 165–167.

病例125

1. 描述从脾脏FNA获得的样本的特点。在细胞学上，观察到具有蛋白质背景的恶性纺锤形细胞。可能的诊断是什么？

抽吸样本产生一种非常黏稠的胶质样黏液。黏液肉瘤是最有可能的诊断。

2. 需要如何治疗？

建议手术切除脾脏和肿瘤进行组织病理学评估。最终确诊为黏液肉瘤。

3. 组织病理学的哪些特征将有助于决定患病犬的预后？

非淋巴瘤非血管瘤性肉瘤的生物学行为与有丝分裂指数（MI）密切相关。MI<9的犬的MST约为9个月，而MI ≥ 9的犬的MST为1~2个月。目前尚无对该病有疗效相关化疗资料。

参考文献

Spangler WL, Culbertson MR, Kass PH (1994) Primary mesenchymal (nonangiomatous/ nonlymphomatous) neoplasms occurring in the canine spleen: anatomic classification, immunohistochemistry, and mitotic activity correlated with patient survival. Vet Pathol 31: 37–47.

病例 126

1. 描述 CT 扫描结果。

在下颌骨的尾部可见一个新生骨性骨损伤延伸到垂直分支。虽然病变主要是产生异常的骨，但在下颌骨和垂直支也有骨溶解的区域。

2. 这种病灶的鉴别诊断是什么?

可能是原发性骨肿瘤，主要鉴别诊断有多小叶骨肿瘤、骨肉瘤和软骨肉瘤。

3. 活检证实为多小叶骨肿瘤。为了评估预后，需要从组织病理学中获取哪些重要信息? 在完整手术切除后，对这位患病犬有什么手术预期?

组织学分级是一个重要的预后预测指标。在一项研究中，预后在很大程度上取决于肿瘤的分级、手术切缘和肿瘤的位置，但完全切除通常预后是非常好的。I 级肿瘤病患 MST>897 天，II 级为 520 天，III 级为 405 天。下颌骨的位置和获得干净手术边缘的能力与更有利的预后相关。

参考文献

Dernell WS, Straw RC, Cooper MF et al. (1998) Multilobular osteochondrosarcoma in 39 dogs: 1979—1993. J Am Anim Hosp Assoc 34: 11–18.

Hathcock JT, Newton JC (2000) Computed tomographic characteristics of multilobular tumor of bone involving the cranium in 7 dogs and zygomatic arch in 2 dogs. Vet Radiol Ultrasound 41: 214–217.

病例 127

1. 描述 CT 的表现和可能的诊断。

位于左臂丛区域可见一个混合回声的局限性团块（图 127b，箭头）。周围神经鞘肿瘤（PNSTs）与犬的臂神经丛有密切关系，因此应作为首要考虑因素。据报道，发生在臂神经丛区域的其他肿瘤包括其他软组织肉瘤（STSs）、淋巴瘤、血管肉瘤和组织细胞肉瘤。

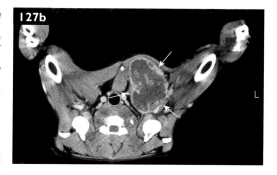

2. 应该进行什么诊断性检查?

CT 或超声引导下的细针抽吸可以提供推

定诊断，但组织活检可以帮助确定肿瘤的类型和分级。针芯活检确认为低级别 PNST。因为 PNST 可以延伸到椎管内，所以 MRI 是一个更好的检查，可以更全面地评估疾病。

3. 建议采用哪种类型的手术？

为了完整地切除臂神经丛肿瘤，截肢通常是必要的。CT 上肿瘤边缘清晰，但如果是 STS，则很可能很难获得无肿瘤边缘。对于包括 PNST 在内的 STS，如果手术不能获得干净的边缘，术后可能需要放疗。节拍化疗也被认为可以有效地延迟不完全切除 STS 的复发，包括臂肿瘤丛。化疗并没有被证明能提高高级别肿瘤患者的生存率。

参考文献

daCosta RC, Parent JM, Dobson H et al. (2008) Ultrasound-guided fine needle aspiration in the diagnosis of peripheral nerve sheath tumors in 4 dogs. Can Vet J 49: 77–81.

Dennis MM, McSporran KD, Bacon NJ et al. (2011) Prognostic factors for cutaneous and subcutaneous soft tissue sarcomas in dogs. Vet Pathol 48: 73–84.

Elmslie RE, Glawe P, Dow SW (2008) Metronomic therapy with cyclophosphamide and piroxicam effectively delays tumor recurrence in dogs with incompletely resected soft tissue sarcomas. J Vet Intern Med 22: 1373–1379.

Kraft S, Ehrhart EJ, Gall D et al. (2007) Magnetic resonance imaging characteristics of peripheral nerve sheath tumors of the canine brachial plexus in 18 dogs. Vet Radiol Ultrasound 48: 1–7.

Rose S, Long C, Knipe M et al. (2005) Ultrasonographic evaluation of brachial plexus tumors in five dogs. Vet Radiol Ultrasound 46: 514–517.

Selting KA, Powers BE, Thompson LJ, et al. (2005) Outcome of dogs with high-grade soft tissue sarcomas treated with and without adjuvant doxorubicin chemotherapy: 39 cases (1996–2004). J Am Vet Med Assoc 227: 1442–1448.

病例128

1. 需要什么诊断检查来确定是否需要进一步治疗？

应首先执行 MDB。CT 扫描可以确定骨受累的程度，并确定手术是否可行。对肿物进行切开活检，显示为骨肉瘤。

2.CT 扫描（图 128a）有什么明显的表现？

下颌骨内可见一个膨胀性病灶，具有骨溶解和骨生成，与骨肿瘤表现一致。

3. 建议如何治疗？

在 CT 上，病变接近下颌骨的垂直支，因此需要切除下颌骨以获得干净的手术切除。是否需要尾侧节段性下颌骨切除术或半下颌骨切除术取决于 CT 所显示的病变程度。术后化疗的作用对于犬四肢比轴向部位的骨肉瘤要好得多。一些研究还没有表明化疗可以改善手术切除不完全时的预后。当手术完全切除时，化疗作为手术辅助手段的作用尚未明确。

4. 进行干净的手术切除后，生存预期是怎么样的？

当获得干净的手术切除时，下颌骨的 OSA 具有良好的预后。与四肢的 OSA 相比，其转移率往往较低（据报道，下颌骨 OSA 转移率 35%，四肢 90%）。

5. 犬口腔骨肉瘤的有利预后指标是什么？

下颌骨位置，切除后手术边缘干净，以及在较小的犬身上的发生是一个更有利的预后指标。在最近的一份报告中，50 只患有下颌 OSA 的犬，肿瘤分级和有丝分裂指数在预测预后方面具有显著意义。患有 I 级肿瘤的犬中，77% 存活 1 年，而患有 II 级或 III 级 OSA 的犬中，只有 24% 存活 1 年。有丝分裂指数 >40 也与较差的预后相关。

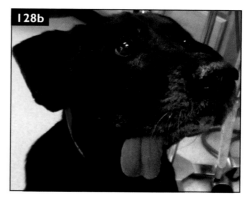

跟进 / 讨论

如图 128b 所示，患病犬在进行右半下颌骨切除术后，舌头悬在手术侧，这是完全单侧下颌骨切除术后的常见后果。对侧的下颌骨通常会向内侧移位，但在这个病患中，它保持在一个正常的位置。

参考文献

Coyle VJ, Rassnick KM, Borst LB et al. (2015) Biological behaviour of canine mandibular osteosarcoma: a retrospective study of 50 cases (1999—2007). Vet Comp Oncol 13: 89–97.

Kosovsky JK, Matthiesen DT, Marretta SM et al. (1991) Results of partial mandibulectomy for the treatment of oral tumors in 142 dogs. Vet Surg 20: 397–401.

Selmic LE, Lafferty MH, Kamstock DA et al. (2014) Outcome and prognostic factors for osteosarcoma of the maxilla, mandible, or calvarium in dogs: 183 cases (1986—2012). J Am Vet Med Assoc245: 930–938.

Schwarz PD, Withrow SJ, Curtis CR et al. (1991) Mandibular resection as a treatment for oral cancer in 81 dogs. J Am Anim Hosp Assoc 27: 601–610.

Straw RC, Powers BE, Klausner J et al. (1996) Canine mandibular osteosarcoma: 51 cases (1980—1992). J Am Anim Hosp Assoc 32: 257–262.

病例 129

1. 该患病猫有哪些鉴别诊断？

CT 上病灶边界清晰，为有薄壁包围的液体密度。CT 图像的表现和 FNA 获得的液体物质支持囊性病变。甲状腺肿瘤也有可能，因为抽吸物通常是带血的，且很难获得肿瘤细胞。鉴别诊断应考虑皮脂腺囊肿、颈动脉体瘤、唾液黏液囊肿、甲状腺腺瘤或癌以及囊性甲状舌管残留。需要进行切开或切除活组织检查以做出明确诊断。经切开活检证实为甲状舌管囊肿（TDC）。

2. 这种病变的病因和生物学行为是什么？

这是一种发育异常的病变。在胚胎中，甲状腺起源于舌头后部的口腔，然后在胚胎发育过程中通过甲状舌管或舌道向下移动。通常在胎儿第 6 周时，这一管道就会退化，但如果舌头和甲状腺之间的这种连接持续存在，就会留下一个空心管，它会积聚囊性物质并导致 TDC。虽然 TDC 是良性病变，但癌症可在这些囊肿内发生。TDCs 通常不附着在其他结构上，因此手术切除是治疗的选择。TDC 引起的癌有过报道，但非常罕见。

参考文献

Giles JT, Rochat MC, Snider TA (2007) Surgical management of a thyroglossal duct cyst in a cat. J Am Vet Med Assoc 230: 686–689.

病例 130

1. 描述 CT 及细胞学表现。

CT：鼻腔内有液体或组织密度，右侧较重，影响右侧额窦腔。鼻甲细节缺失，右侧更严重。怀疑鼻肿瘤。细胞学：主要细胞类型是淋巴细胞。中到大淋巴细胞提示鼻淋巴瘤。

2. 诊断是什么？

淋巴瘤是猫最常见的鼻肿瘤，本例最有可能是鼻淋巴瘤。

3. 组织活检有必要吗？

细胞学（squash-prep）显示与组织病理学在 90% 的猫鼻肿瘤中有极好的相关性。然而，仅根据细胞学来区分淋巴瘤和淋巴样炎症性疾病是比较困难的。在最近的另一份报告中，细胞学只能诊断 48% 的上呼吸道淋巴瘤。因此，建议组织活检与免疫组织化学。目前，免疫表型对该类型淋巴瘤的预后意义尚不明确。大多数鼻淋巴瘤的猫表现为 B 细胞淋巴瘤（约70%），T 细胞淋巴瘤（约 30%）较少。

4. 应推荐何种治疗方法？治疗后的生存预期如何？

鼻淋巴瘤可采用单纯放疗、放疗加化疗或单纯化疗治疗。鼻淋巴瘤与其他淋巴瘤不同，具有良好的长期缓解和潜在治愈的机会。治疗（化疗和／或放疗）的反应率为 66%~75%。据报道，MSTs 有 12~32 个月。在一项对 97 只猫进行的大型研究中，不管采用何种治疗方式，总体 MST 是 536 天。有 3 个治疗组评估：单纯放疗、单纯放疗加化疗、单纯化疗。虽然各组间无统计学差异，但单用放疗或放疗加化疗，总放疗剂量为 32 Gy 的猫有延长生存期的趋势。

在另一项研究中，19 只接受 RT 加化疗的猫 MST 为 955 天。尽管有各种报告存在，一个标准治疗体系还没有建立，这种局部形式的淋巴瘤有可能发展为全身性淋巴瘤，全身扩散的患病猫不到 20%。

5. 猫鼻淋巴瘤最重要的预后因素是什么？

消极预后指标包括贫血、CT 显示累及筛板和厌食症。积极预后因素是病例接受放射剂量 >32Gy 且完全反应（包括或不包括化疗）。

参考文献

Haney SM, Beaver L, Turrel J et al. (2009) Survival analysis of 97 cats with nasal lymphoma: a multi-institutional retrospective study (1986–2006). J Vet Intern Med 23: 287–294.

Little L, Patel R, Goldschmidt M (2007) Nasal and nasopharyngeal lymphoma in cats: 50 cases (1989–2005). Vet Pathol 44: 885–892.

Moore A (2013) Extranodal lymphoma in the cat. Prognostic factors and treatment options. J Feline Med Surg 15: 379–390.

Santagostino SF, Mortellaro CM, Boracchi P et al. (2015) Feline upper respiratory tract lymphoma: site, cyto-histology, phenotype, FeLV expression, and prognosis. Vet Pathol 52: 250–259.

Sfiligoi G, Theon AP, Kent MS (2007) Response of nineteen cats with nasal lymphoma to radiation therapy and chemotherapy. Vet Radiol Ultrasound 48: 388–393.

病例 131

1. 图 131a 说明了什么？

这个患病犬出现了湿性脱皮，这是皮肤进行放射治疗的急性副作用。脱毛在治疗区域也很明显，尽管病犬之前曾术部剃毛。如果湿性脱皮进一步发展，通常提示该停止 RT 了。毛发再生需要几个月的时间，有些患病犬的脱毛是永久性的。毛色改变是常见的，也可以看到皮肤色素过多或过少。

2. 这只患病犬应该如何治疗？

皮肤瘙痒导致的自残是需要克服的最大挑战。伊丽莎白圈或其他脖圈防止患病犬舔或摩擦敏感皮肤是非常重要的，因为这可能会显著延迟愈合。该区域应保持清洁和干燥，用温水轻轻冲洗，用非黏性敷料擦干，不应使用肥皂或其他产品。应该避免用绷带包扎伤口，因为这会导致进一步的湿气积聚，从而延迟愈合。如果患病犬骚扰、摩擦而颈圈不起作用的话，可以用一件宽松的 T 恤衫或袜子盖住患部。消炎药（非甾体抗炎药）和其他止痛药将有助于缓解不适。如果有感染的迹象，应使用抗生素。使用乳霜、油脂或粉末可能会干扰放射治疗。然而，一旦放射治疗结束，就可以考虑使用芦荟、羊毛脂和维生素 E。或其他产品，如 A & D

软膏、Aquaphor、Biafine、Radiacare 等，或设计用于治疗人体辐射引起的急性皮肤副作用的类似产品，可以得到一定的缓解。氢化可的松乳膏对某些患病犬有帮助。有些患病犬在冷风（不加热）环境下轻轻使用吹风机几分钟就可以缓解疼痛。水泡或结痂不应该处理，因为这也会延迟愈合。在愈合期间和愈合后，应避免暴露在阳光下。

图 131b 是疫苗相关肉瘤放疗后毛发颜色改变的例子。

图 131c 显示鼻淋巴瘤放疗后的脱毛和色素沉着。

参考文献

Carsten RE, Hellyer PW, Bachand AM et al. (2008) Correlations between acute radiation scores and pain scores in canine radiation patients with cancer of the forelimb. Vet Anaesth Analg 35(4): 355–362.

Collen EB, Mayer NM (2006) Acute effects of radiation treatment: skin reactions. Can Vet J 47(9): 931–932, 934–935.

病例 132

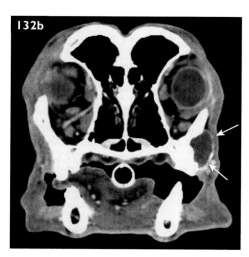

1. 描述 CT 表现。

右上颌骨尾端有一病变，边界清晰，中心均匀，壁薄（图 132b，箭头）。未见骨侵犯。

2. 细针抽吸可见蛋白质样液体伴有轻度出血。此外，偶尔可见巨噬细胞、中性粒细胞和淋巴细胞。临床诊断是什么？

蛋白性液体的发现结合 CT 表现提示囊肿。

3. 建议如何治疗？

引流囊肿可以暂时缓解疼痛，但需要手术切除以防止复发并做出明确诊断。虽然提示良性疾病，但仍需排除恶性疾病。此病例经手术病理检查发现为鳞状内衬囊肿肉芽肿性炎症和胆固醇裂隙。这些结果被认为是根尖囊肿的诊断。根尖囊肿通常是由早期根尖周肉芽肿发展而来。

参考文献

Beckman BW (2003) Radicular cyst of the premaxilla in a dog. J Vet Dent 20: 213–217.

French SL, Anthony JM (1996) Surgical removal of a radicular odontogenic cyst in a four year–old Dalmatian dog. J Vet Dent 13: 149–151.

Lommer MJ (2007) Diagnostic imaging in veterinary dental practice. Periapical cyst. J Am Vet Med Assoc 230: 997–999.

病例 133

1. 临床诊断是什么？

直肠淋巴瘤。

2. 需要做哪些进一步的分期检查？

进行 MDB 和腹部超声检查来进行分期。

大多数直肠淋巴瘤的起源是 B 细胞，但应考虑活检做免疫组织化学染色或免疫细胞化学确认。

3. 假设是区域性疾病而没有远端转移的证据，该患病犬的预后如何？

原发于直肠/肛门的淋巴瘤并不常见。化疗治疗非常有效，在一项研究中平均生存时间为 1 697 天（MST 在发表时未获得）。多中心淋巴瘤患者也可以表现为直肠病变或直肠脱垂，需要在分期检查的基础上与原发直肠淋巴瘤患者进行区分，因为预后有很大不同。

参考文献

Fernandes NCCA, Guerra JM, Réssio RA et al. (2015) Liquid–based cytology and cell block immunocytochemistry in veterinary medicine: comparison with standard cytology for the evaluation of canine lymphoid samples. Vet Comp Oncol, doi:10.1111/vco.12137.

Sapierzynski R, Dolka I, Fabisiak M (2012) High agreement of routine cytopathology and immunocytochemistry in canine lymphomas. Pol J Vet Sci 15: 247–252.

Van Den Steen N, Berlato D, Polton G et al. (2012) Rectal lymphoma in 11 dogs: a retrospective study. J Small Anim Pract 53: 586–591.

病例 134

1. 描述超声图。

膀胱顶部边界清楚的病变占位，壁厚，中心低回声。虽然在图 134a 上看不到，膀胱的其余部分未见异常。

2. 需要做哪些进一步的检查？

执行 MDB，但对于其他膀胱肿瘤病例，尿液分析不应通过膀胱穿刺采集。

3. 这只患病犬适合做手术吗？

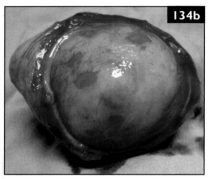

这个肿瘤位于膀胱顶部远离三角区符合手术指征。在手术中，肿物与膀胱壁紧密相连，但可以完全切除（图 134b）。

4. 肿瘤的大体外观是否能提供诊断依据？

光滑的表面不是典型的 TCC。其他鉴别诊断包括肉瘤（纤维肉瘤、平滑肌肉瘤、横纹肌肉瘤）或良性平滑肌瘤。本例诊断为平滑肌肉瘤。

参考文献

Knapp DW, McMillan SK (2013) Tumors of the urinary system. In: Withrow SJ, Vail DM, Page RL, editors, Small Animal Clinical Oncology, 5th edition. St. Louis, Elsevier Saunders, pp. 572–582.

病例135

1. 这种病变的生物学行为与发生在内脏的血管肉瘤有何不同？

单纯的浅表皮肤血管肉瘤（HSA）的预后比内脏型 HSA 好。然而，皮下（HSA）或肌肉 HSA 预后差。在一项研究中，皮下 HSA 患者术后接受多柔比星治疗的 MST 为 1 189 天，而肌肉 HSA 的 MST 为 272 天。在另一项研究中，皮下 HSA 和肌肉 HSA 的生存时间没有差异，两者预后不良，MST 为 172 天。

2. 这个病变太大、太宽，无法手术完全切除，应该考虑什么治疗？

对于这个病患，治疗在本质上很可能是姑息性的。化疗（多柔比星）已经在不可切除的皮下 HSA 进行了研究，总体缓解率 <40%，中位缓解时间仅为 53 天。肿瘤缩小到足以成功局部切除的患者的中位缓解期为 207 天。RT 也被研究过，但结果不一致。在一项研究中，姑息性放射治疗（总剂量为 24 Gy）对 75% 接受治疗的患病犬减轻肿瘤负担和减轻疼痛有效。20% 患病犬达到 CR。MST 为 95 天（范围为 6~500 天）。

3. 哪些因素被认为是皮下 HSA 消极的预后指标？

大的肿瘤（>4 cm 与较差的预后相关），存在转移，与肿瘤相关的临床症状，以及贫血都与较差的预后相关。该病患的肿瘤最大直径为 10 cm。

参考文献

Bulakowski EJ, Philibert JC, Siegel S et al. (2008) Evaluation of outcome associated with subcutaneous and intramuscular hemangiosarcoma treated with adjuvant doxorubicin in dogs: 21 cases

(2001—2006). J Am Vet Med Assoc 233: 122–128.

Hillers KR, Lana SE, Fuller CR et al. (2007) Effects of palliative radiation therapy on nonsplenic hemangiosarcoma in dogs. J Am Anim Hosp Assoc 43: 187–192.

Shiu KB, Flory AB, Anderson CL et al. (2011) Predictors of outcome in dogs with subcutaneous or intramuscular hemangiosarcoma. J Am Vet Med Assoc 238: 472–479.

Wiley JL, Rook KA, Clifford CA et al. (2010) Efficacy of doxorubicin–based chemotherapy for non–resectable canine subcutaneous haemangiosarcoma. Vet Comp Oncol 8: 221–233.

病例 136

1. 描述超声图。

脾实质内可见多个界限清楚的低回声病灶。此外，还可见较大的低回声脾肿物。左侧髂内淋巴结肿大。除图示异常外，还可见肠系膜淋巴结明显增大。

2. 在超声引导下对脾脏进行 FNA 检查，发现脾脏有大量非典型组织细胞。假定性诊断是什么？

根据临床和超声检查结果，淋巴瘤是首先考虑的鉴别诊断，但非典型组织细胞的发现引起了对组织细胞肉瘤的疑虑。

3. 如何确诊？

确诊需要组织病理学和免疫组织化学染色。在这种情况下，CD3、CD79a 和 CD18 会有帮助。CD204 最近也被证明是犬组织细胞肉瘤的有用标记物。腹部超声发现病灶范围广，手术干预只会用于诊断。如果拒绝手术，CD3 和 CD79a 的免疫细胞化学可以帮助排除淋巴瘤。

4. 这只患病犬应该怎么治疗？

如果确诊为组织细胞肉瘤，建议采用 CCNU（+/ 多柔比星）化疗。然而，预后被认为较差。中位生存时间从未治疗的 1 个月改善到治疗后的 3 个月。

参考文献

Bulakowski EJ, Philibert JC, Siegel S et al. (2008) Evaluation of outcome associated with subcutaneous and intramuscular hemangiosarcoma treated with adjuvant doxorubicin in dogs: 21 cases (2001—2006). J Am Vet Med Assoc 233: 122–128.

Hillers KR, Lana SE, Fuller CR et al. (2007) Effects of palliative radiation therapy on nonsplenic hemangiosarcoma in dogs. J Am Anim Hosp Assoc 43: 187–192.

Shiu KB, Flory AB, Anderson CL et al. (2011) Predictors of outcome in dogs with subcutaneous or intramuscular hemangiosarcoma. J Am Vet Med Assoc 238: 472–479.

Wiley JL, Rook KA, Clifford CA et al. (2010) Efficacy of doxorubicin-based chemotherapy for non-resectable canine subcutaneous haemangiosarcoma. Vet Comp Oncol 8: 221–233.

病例 137

1. 这只患病犬的预后如何？

发于皮肤的黑色素细胞肿瘤大多是良性的。有丝分裂指数与生物行为密切相关，考虑到每10个高倍镜视野可见有丝分裂指数<1，这只犬的预后较好。

2. 有哪些治疗方案可供选择？

手术切除是治疗的选择，然而，当存在多个肿瘤时，往往很难通过手术控制疾病。在这些病例中，建议切除最大的病变或对患病犬造成不适的病灶。如果不能手术切除，小病灶（<1 cm）可以考虑冷冻手术。一份报告显示：局部使用咪喹莫特（阿尔达拉）乳膏成功地用于皮肤黑色素细胞瘤。由于这类肿瘤生长缓慢，可以考虑监测其生长情况，并在肿瘤进展时仅通过手术或医学手段进行干预。

参考文献

Coyner K, Loeffler D (2012) Topical imiquimod in the treatment of two cutaneous melanocytomas in a dog. Vet Dermatol 23: 145–149, e31.

Schultheiss PC (2006) Histologic features and clinical outcomes of melanomas of lip, haired skin, and nail bed locations of dogs. J Vet Diagn Invest 18: 422–425.

病例 138

1. 细胞学诊断是什么？

成簇上皮细胞表现出细胞大小不等、明显的核大小不等和核仁大小不等，考虑上皮来源恶性肿瘤。

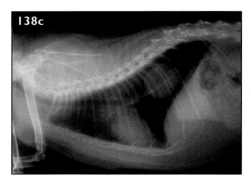

138c

2. 接下来需要做哪些诊断检查？

包括胸片的MDB。胸片显示见图138c。

3. 对临床发现的可能解释是什么？

根据肺孤立病变和脚趾癌的存在，怀疑癌细胞从肺肿物转移到脚趾。在猫中有一种很常见的肺癌转移症候群，称为肺—趾综合征。可能出现脚趾感染的患病猫，特别是X线片显示骨溶解的患病猫，应进行胸片检查以排除原发性肺部肿物。其他部位如皮肤、眼睛、骨骼肌、骨骼和内脏是较少见的转移部位。承受重量的远端趾骨是最常受影响的。

多肢体多趾受累并不少见。

4. 这只患病猫的预后如何？

不幸的是，肺部和脚指都患有肿瘤综合征的猫预后很差。中位生存期报道为 2 个月。治疗通常是没有反应的。

参考文献

Goldfinch N, Argyle DJ (2012) Feline lung-digit syndrome: unusual metastatic patterns of primary lung tumours in cats. J Feline Med Surg 14: 202-208.

Gottfried SD, Popovitch CA, Goldschmidt MH et al. (2000) Metastatic digital carcinoma in the cat: a retrospective study of 36 cats (1992—1998). J Am Anim Hosp Assoc 36: 501-509.

病例139

1. 图 139a 说明了什么？

这个手术标本用彩色墨水标记，以便更准确地描绘手术边缘。不同的颜色可以帮助病理学家定位头侧缘和尾侧缘。一旦颜色被用来标记特定的区域，样本的其余部分，包括深部边缘，就用黑色墨水标记。可以使用便宜的多色套装墨水（图 139b）。如果使用完了所有的颜色，也可以使用缝合线进行边缘标记，以进一步定位样本。应要求病理学家做全切缘评估。

2. 如果这是犬软组织肉瘤，需要多大的显微边缘宽度才能确定手术边缘是干净的？

在一项评估软组织肉瘤边缘的研究中，如果达到 10 mm 的显微边缘，治愈的可能性接近100%。要达到 10 mm 深边距就比较困难了，在肿瘤下多一个筋膜平面的深度切除肿瘤通常是足够的。

参考文献

Banks T, Straw R, Thomson M et al. (2004) Soft tissue sarcomas in dogs: a study assessing surgical margins, tumour grade, and clinical outcome. Aust Vet Pract 34: 142-147.

Kamstock DA, Ehrhart EJ, Getzy DM et al. (2011) Recommended guidelines for submission, trimming, margin evaluation, and reporting of tumor biopsy specimens in veterinary surgical pathology. Vet Pathol 48: 19-31.

病例 140

1. 肿物的解剖位置和特征是什么？图 140c 的箭头指向什么？

肿物大小为 8.3~9.2 cm，均匀。箭头指向气管。肿物造成气管向背部和右侧中度偏移。

2. 请列出此肿物的鉴别诊断。什么肿瘤是最有可能的？为什么？

根据超声心动图，肿瘤似乎起源于靠近心脏基部的升主动脉。最常见的心脏基底肿瘤包括主动脉体肿瘤（化学感受器瘤）、血管肉瘤、异位甲状腺肿瘤、淋巴瘤和结缔组织肿瘤。考虑到肿瘤的位置、较长的病程和缺乏空化，可能是生长缓慢的化学感受器瘤。该患病犬先前也被诊断为喉麻痹。长期缺氧被认为会刺激犬和人的化学感受器肿瘤的发展。

3. 应该进行哪些进一步的诊断检查？

心电图（由于可能继发于缺氧或缺血的电干扰）、凝血和超声或 CT 引导的抽吸。只有在仔细评估患病犬凝血状态后，才应考虑细针抽吸。细胞学检查有助于排除淋巴瘤或软组织肉瘤，但不能将化疗感受器瘤与其他神经内分泌肿瘤（如异位甲状腺肿瘤）区分开来，因为细胞学外观可能相似。

4. 对这只患病犬应该考虑什么治疗？

基于肿瘤的局部侵袭性和位置，手术是不太可能的。对于较小且侵袭性较小的肿瘤，手术切除应同时进行心包切除术。如果进行心包切除术，主动脉体肿瘤犬的预后有显著改善，即使患病犬没有心包积液。可以考虑放射治疗。虽然目前还缺乏用放射性治疗心脏基底肿物的研究，但对于不能手术的化学感受器瘤的长期控制已有报道。

参考文献

Hardcastle MR, Meyer J, McSporran KD (2013) Pathology in practice. Carotid and aortic body carcinomas (chemodectomas) in a dog. J Am Vet Med Assoc 242: 175–177.

Obradovich JE, Withrow SJ, Powers BE et al. (1992) Carotid body tumors in the dog: eleven cases (1978—1988). J Vet Intern Med 6: 96–101.

Rancilio NJ, Higuchi T, Gagnon J et al. (2012) Use of three–dimensional conformal radiation therapy for treatment of a heart base chemodectoma in a dog. J Am Vet Med Assoc 241: 472–476.

病例 141

1. 超声引导下小肠团块 FNA 细胞学如图 141 所示，细胞学诊断是什么？

癌。基于解剖位置，应考虑最可能是腺癌。

2. 肿大的淋巴结对生存期有何影响？

尽管可能淋巴结有转移，仍建议手术，因为有转移的 MST 约 1 年（一个研究显示为 358 天），无转移的为 2.5 年（843 天）。

3. 主人选择手术切除原发肿瘤和肿大淋巴结，组织病理结果会对预后有哪些显著影响？

边缘评估非常重要。边缘干净的生存期显著延长（1 320 天 vs. 60 天如果未切除干净）。

4. 这个病例的品种有何特点？

多个研究显示：暹罗猫是小肠肿瘤包括腺癌的最常见品种。

参考文献

Green ML, Smith JD, Kass PH (2011) Surgical versus non-surgical treatment of feline small intestinal adenocarcinoma and the influence of metastasis on long-term survival in 18 cats (2000—2007). Can Vet J 52: 1101–1105.

Rissetto K, Villamil JA, Selting KA et al. (2011) Recent trends in feline intestinal neoplasia: an epidemiologic study of 1,129 cases in the Veterinary Medical Database from 1964 to 2004. J Am Anim Hosp Assoc 47: 28–36.

病例 142

1. 描述影像学表现。

胸骨淋巴结肿大。猫上胸骨淋巴结相较于犬更靠近尾侧。

2. 这可以考虑为是正常的变化吗？

正常的胸骨淋巴结在胸片上看不到，因此并不是正常的变化。

3. 胸骨淋巴结引流区域是哪里？

胸骨淋巴结 80% 引流自腹腔。如果乳腺有恶性肿瘤也会引流至胸骨淋巴结。还有隔膜、胸腔、前腹部器官以及前腹部体壁。

4. 进一步诊断应考虑哪些？

应考虑做腹部超声。

参考文献

Smith K, O'Brien R (2012) Radiographic characterization of enlarged sternal lymph nodes in 71 dogs and 13 cats. J Am Anim Hosp Assoc 48: 176–181.

病例 143

1. 胸片（图 143a）有哪些异常？

胸骨淋巴结、纵隔淋巴结肿大。

2. 图 143b 为小肠的横切面，图 143c 是中腹部的图像，请描述超声影像。

小肠壁向外增厚（0.9 cm）且正常结构缺失。多处肠系膜淋巴结肿大。

3. 图 143d 为超声引导下肠系膜淋巴结的细胞学。诊断是什么？

图 143d 上的淋巴细胞是大的（至少 1.5 倍于中性粒细胞），并且有大的、不规则的核仁。淋巴母细胞占 75% 以上。符合高等级淋巴瘤，但组织病理才能确定分级。

4. 建议进一步检查什么？

淋巴结穿刺样本免疫细胞化学可帮助确定免疫分型。大多数研究支持大多数小肠淋巴瘤是 T 细胞起源的。然而免疫分型不能提供更多预后信息。

5. 该病例预后和治疗如何？

高等级淋巴瘤推荐化疗，但淋巴瘤总体预后较差。尽管有长期存活的报道，但反应期和整体存活期只有 2~3 个月。消极的预后因素包括就诊时存在腹泻且未能缓解。

参考文献

Frank JD, Reimer SB, Kass PH et al. (2007) Clinical outcomes of 30 cases (1997—2004) of canine gastrointestinal lymphoma. J Am Anim Hosp Assoc 43: 313–321.

Rassnick KM, Moore AS, Collister KE et al. (2009) Efficacy of combination chemotherapy for treatment of gastrointestinal lymphoma in dogs. J Vet Intern Med 23: 317–322.

病例 144

1. 图 144a 和图 144b 胸片诊断是什么？

右肺中叶有空气支气管征，考虑肺炎。食道扩张和右肺中叶异常提示最可能的诊断是吸入性肺炎。

2. 图 144c 是使用 2 周抗生素后的胸片。胸片诊断是什么？

肺炎缓解，但现在可见前纵隔有个肿物，食道扩张依旧存在。

3. 鉴别诊断有什么？

胸腺瘤是最常见的犬前纵隔肿物。其他考虑有：

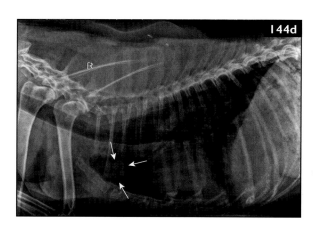

a）淋巴瘤

b）胸腺腮状囊肿

c）异位甲状腺肿瘤

d）纵隔 / 胸腺癌

e）化学感受器瘤

f）转移性癌

4. 食道扩张和前纵隔肿物关系是什么？

食道扩张的存在加大了胸腺瘤的概

率。40% 以上的犬胸腺瘤会出现副肿瘤综合征，最常见的就是重症肌无力（MG）和食道扩张。

5. 需要进行哪些进一步检查？

需要进行完整分期，要做腹超。对纵隔肿物进行超声可帮助分辨胸腺瘤和淋巴瘤。胸腺瘤更倾向于囊状结构，淋巴瘤更倾向于是混杂回声团块。应考虑超声引导下细针抽吸或细针活检。CT 可帮助我们确定病变范围以便制订手术计划。CT 引导细针抽吸或细针活检也可以考虑。应该检查乙酰胆碱受体抗体血清滴度，这个病例滴度为 2.6 nmol/L（>0.6 是正常的），显示是有获得性重症肌无力。

6. 可能的治疗选择有哪些？

胸腺瘤需要手术治疗。然而，这个病例有重症肌无力，将会加大手术并发症风险，导致术后吸入性肺炎。副肿瘤综合征并不总是可在手术后解除。多个研究显示，胸腺瘤摘除后状态良好，包括侵袭性胸腺瘤和伴有副肿瘤综合征的胸腺瘤。在一个报道中，手术的 MST 为 635 天，没手术的为 76 天。对比之前的研究，诊断时存在重症肌无力或食道扩张与生存期无关。肿物中有更高比例的淋巴细胞的病例生存时间更长。犬胸腺瘤可考虑使用放疗，作为一线治疗或附加治疗。完全缓解不常见，但在一个报道中显示达到部分缓解和稳定状态，MST 可达 248 天。化疗常见用于淋巴瘤姑息疗法，但完全缓解很罕见。化疗可减少肿瘤中淋巴组分，可提供一些缓解。

参考文献

Atwater SW, Powers BE, Park RD et al. (1994) Thymoma in dogs: 23 cases (1980—1991). J Am Vet Med Assoc 205: 1007–1013.

Patterson MME, Marolf AJ (2014) Sonographic characteristics of thymoma compared with mediastinal lymphoma. J Am Anim Hosp Assoc 50: 409–413.

Robat CS, Cesario L, Gaeta R et al. (2013) Clinical features, treatment options, and outcome in dogs with thymoma: 116 cases (1999—2010). J Am Vet Med Assoc 243: 1448–1454.

Smith AN, Wright JC, Brawner WR et al. (2001) Radiation therapy in the treatment of canine and feline thymomas: a retrospective study (1985—1999). J Am Anim Hosp Assoc 37: 489–496.

📝 病例 145

1. 这个肿物可能是什么？

这样的病变最可能是藏毛囊肿（也称作皮样囊肿）。藏毛囊肿是先天的中线闭锁不全。在胚芽发展期，皮肤从神经管分离不完全，藏毛囊肿形成。形成一个表皮瘘管从皮肤到脊柱。犬上藏毛囊肿最常见于罗得西亚背脊犬，在猫中，缅甸猫最具代表性。囊肿临床常表现为瘘管或反复性脓肿，也可能是个无症状的皮下结节，有些病例会有病变部位疼痛。

2. 如果肿物外部破裂，可能出现哪些并发症？

如果囊肿和脊柱之间有关联，脊髓液可从瘘管溢出，可导致逆行感染至中枢神经系统，该病患完全康复。

参考文献

Rochat MC, Campbell GA, Panciera RJ (1996) Dermoid cysts in cats: two cases and a review of the literature. J Vet Diagn Invest 8: 505–507.

病例 146

1. 细胞学有哪些表现？

淋巴结细胞学包含多种淋巴细胞，小淋巴细胞为主，偶见中大型淋巴细胞，浆细胞和中性粒细胞也较多。有一大簇上皮细胞显示出细胞大小不一、细胞核大小不一、核仁大小不一。转移性癌导致淋巴结肿大。

2. 淋巴结病可能的原因有什么，还需要做什么来评估预后？

怀疑口腔有原发性癌，因体格检查时吻侧口腔未见异常，因此怀疑肿物在口腔尾侧。病例应镇静，以便进行更好的口腔检查。这个病例病变在软腭。

病例 147

1. 分期检查应建议做什么？

应做 MDB 和腹超。猫多发性皮肤肥大细胞瘤有时是内脏型转移导致，且更具侵袭性。多发性肿瘤和／或全身性症状的病例，可能涉及骨髓。因此，分期检查应考虑加入棕黄层染色或骨髓穿刺。

2. 组织病理对于预后的评估有哪些意义？

在猫中，Patnaik 分级系统并不适用。在猫中有两种组织学分型：肥大细胞性（再分为分化良好、分化不良或多形型）和非典型性（组织细胞型）。分化良好肥大细胞性最常见。非典型性常见于幼年猫（尤其是暹罗猫），可自愈。然而组织学分级不能提供可靠的信息，但分化不良型可预示更多侵袭表现。

3. 猫要做像犬似的 c–KIT 突变检查吗？胞浆 KIT 标志评估在猫上有益处吗？

猫 MCT 中多于 50% 有 c–KIT 突变，但与生存期无关。在多发性病例中，同一只猫不同肿物突变状态可能不同，会导致根据突变状态而预测生物学行为更难。

4. 猫肥大细胞瘤消极的预后因素有哪些？

多发性肿瘤上，低分化型，胞浆 KIT 表现阳性有丝分裂系数 >5，多发性结节（>5），涉及内脏器官均为消极的预后因素。增值指标在决定猫 MCT 预后上还仍在研究，但 Ki67 增多是可信的预后更谨慎的提示。

5. 这个病例应考虑哪些治疗？

在猫中，50% 对多种化疗有反应（洛莫司汀、长春花碱、苯丁酸氮芥都有被使用过）。洛莫司汀反应期 5 个多月。酪氨酸激酶抑制剂在少量病例上有报道过有益处，但没有大范围研究。在一大部分猫 MCT 上发现异常的 KIT 表达，提示存在潜在的治疗靶点。一个报道中显示猫 MCT 对伊马替尼（Gleevec®）有反应。

参考文献

Isotani M, Tamura K, Yagihara H et al. (2006) Identification of a c–kit exon 8 internal tandem duplication in a feline mast cell tumor case and its favorable response to the tyrosine kinase inhibitor imatinib mesylate. Vet Immunol Immunopathol 114: 168–172.

Mallett CL, Northrup NC, Saba CF et al. (2012) Immunohistochemical characterization of feline mast cell tumors. Vet Pathol 50: 106–109.

Rassnick KM, Williams LE, Kristal O et al. (2008) Lomustine for treatment of mast cell tumors in cats: 38 cases (1999–2005). J Am Vet Med Assoc 232: 1200–1205.

Sabattini S, Bettini G (2010) Prognostic value of histologic and immunohistochemical features in feline cutaneous mast cell tumors. Vet Pathol 47: 643–653.

📝 **病例 148**

1. 图 148 显示出什么临床表现？

瞳孔缩小、眼球下陷、第三眼睑遮盖，应考虑霍纳氏综合征。头部、眼眶的交感神经病变导致的。

2. 这些异常的鉴别诊断有哪些？

颈胸部的创伤、前纵隔肿物、中耳疾病（感染、息肉）是最常见的猫霍纳氏综合征原因。自发性霍纳氏综合征也有可能。

3. 建议做哪些检查？

体格检查是确定霍纳氏综合征的最重要的一个检查，黑暗环境下缩小的瞳孔不扩大，正常大小的瞳孔会扩大。MDB 包括颈部的 X 线片、仔细的耳道检查，头部的 X 线片。这个病例，胸片发现了前纵隔肿物。

参考文献

Penderis J (2015) Diagnosis of Horner's syndrome in dogs and cats. In Pract 37: 107–119.

病例149

1. 摔倒可能的原因是什么?

摔倒的原因包括低血糖（胰岛素瘤、感染、肝肿瘤）、心律失常和中枢系统疾病。

2. 该病例后续应该做哪些检查?

尽管听诊心率无异常，无心杂音，也应建议做心超、心电图来排除心律失常、心包积液或心脏团块。如果心脏功能确定没有问题，建议做脑部MRI来排除脑肿瘤。胰岛素瘤比较难确诊，因为它们可能超声下胰腺没什么线索，且胰岛素水平只偶然升高，通常需要在摔倒时检测血糖和胰岛素水平才行。

3. 基于MRI结果（图149），可考虑哪些治疗?

这个病例是有一个造影增强的病变在小脑，这解释了共济失调。基部宽大、边缘光滑、均一的造影增强，应考虑为脑膜瘤，推荐放疗，因为该部位难以手术。大体上，脑膜瘤在猫上更容易通过手术切除，可作为单一治疗。然而在犬上肿瘤更倾向于难以手术移除，因为局部侵袭，术后通常都需要辅以放疗。可考虑立体定向放射治疗，但在犬上还没有完整评估。有报道使用羟基脲或CCNU化疗。

4. 该病例预后如何?

一个研究中，只做手术的，MST为7个月，术后辅以放疗的，MST为16.5个月。这个病例推荐放疗。有报道的犬脑肿瘤使用放疗治疗的存活期多变。大体上，使用放疗治疗的脑膜瘤MST为1~2年。一个研究中使用3D共焦点放疗，MST为577天。然而，当与脑膜瘤无关的死亡排除后，MST为900天。化疗用作姑息治疗，CCNU是脑膜瘤首选方案，与只作对症治疗相比（如类固醇、抗癫痫药等），不能显著提高生存期。

参考文献

Axlund TW, McGlasson MS, Smith AN (2002) Surgery alone or in combination with radiation therapy for treatment of intracranial meningiomas in dogs: 31 cases (1989—2002). J Am Vet Med Assoc 221: 1597–1600.

Bley CR, Sumova A, Roos M et al. (2008) Irradiation of brain tumors in dogs with neurologic disease. J Vet Intern Med 19: 849–854.

Keyerleber MA, McEntee MC, Farrely J et al. (2014) Three–dimensional conformal radiation therapy alone or in combination with surgery for treatment of canine intracranial meningiomas. Vet Comp Oncol 12: 67–77.

Motta L, Mandara MT, Skerritt GC (2012) Canine and feline intracranial meningiomas: an updated review. Vet J 192: 153–165.

Rossmeisl JH, Jones JC, Zimmerman KL et al. (2013) Survival time following hospital discharge in dogs with palliatively treated brain tumors. J Am Vet Med Assoc 242: 193–198.

Sturges BK, Dickinson PJ, Bollen AW et al. (2008) Magnetic resonance imaging and histological classification of intracranial meningiomas in 112 dogs. J Vet Intern Med 22: 586–595.

Van Meervenne S, Verhoeven PS, Devos J et al. (2014) Comparison between symptomatic treatment and lomustine supplementation in 71 dogs with intracranial, space–occupying lesions. Vet Comp Oncol 12: 67–77.

Wisner ER, Dickinson PJ, Higgins RJ (2011) Magnetic resonance imaging features of canine intracranial neoplasia. Vet Radiol Ultrasound 52: S52–S61.

病例 150

1. 可能的诊断是什么？

基于临床表现、X 线片、细胞学，最可能为浸润性脂肪瘤。必须小心排除肉瘤或其他类型肿瘤。

2. 进一步检查建议做什么？

腿部的超声有时会对确定肿物的特点是否符合脂肪有帮助，确定是浸润性脂肪瘤还是肌间脂肪瘤。推荐 CT 来帮助确定病变范围来制订手术计划。

3. 该病例最好的治疗方案是什么？

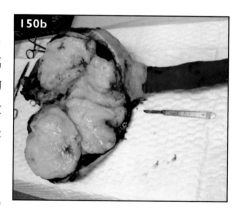

浸润性脂肪瘤是浸润在肌细胞间而不是整个肌肉，像肌间脂肪瘤。然而肌间脂肪瘤通常可通过钝性分离肌肉来移除脂肪瘤，浸润性脂肪瘤需要更大范围的切除。这个病例做了 CT 并建议截肢治疗。尽管做了激进的手术切除，依旧没切干净（图 150b）。有报道浸润性脂肪瘤对放疗有反应,因此这个病例建议术后放疗。

参考文献

McEntee MC, Page RL, Mauldin GN et al. (2000) Results of irradiation of infiltrative lipoma in 13 dogs. Vet Radiol Ultrasound 41: 554–556.

McEntee MC, Thrall DE (2001) Computed tomographic imaging of infiltrative lipoma in 22 dogs. Vet Radiol Ultrasound 42: 221–225.

病例 151

1. 描述 CT 影像。

图 151a 中显示前纵隔有个边界清晰的团块，然而，在图 151b 中可见该肿物尾侧连接右

肺前叶，该肿物呈多房型。最大直径为 5.2 cm。

2. 细胞学诊断是什么？

有一簇上皮细胞也有零散的单个上皮细胞，轻度细胞大小不一，有肺巨噬细胞。怀疑癌，但无法通过细胞学确定。

3. 该肿物的鉴别诊断是什么？

可能为原发性肺肿瘤，也可能是纵隔肿物侵袭到右肺前叶，但可能性较低。CT 上显示多房型最常见胸腺瘤。

4. 该病例选择手术，右肺前叶肿物已经浸润到纵隔。手术摘除，组织病理显示为分化良好的乳头状癌，边缘干净。犬原发肺肿瘤消极的预后因素有哪些？

消极的预后因素包括：

a）体积大（>5 cm MST 8 个月，<5 cm MST 20 个月）

b）鳞状细胞组织学亚型（SCC MST 8 个月，腺癌 MST 19 个月）

c）淋巴结转移（转移的 MST 8 个月，没转移的 MST 12 个月）

d）组织学高等级（高等级 MST 6 个月，低等级 MST 16 个月）

e）有临床症状（有 MST 8 个月，没有 MST 18 个月）

因此，这个病例肿瘤类型、分级、淋巴结无转移都是好的。最大直径在边界上，临床症状较轻。整体预后较乐观。

参考文献

Barrett LE, Pollard RE, Zwingenberger A et al. (2014) Radiographic characterization of primary lung tumors in 74 dogs. Vet Radiol Ultrasound 55: 480–487.

Marolf AJ, Gibbons DS, Podell BK et al. (2011) Computed tomographic appearance of primary lung tumors in dogs. Vet Radiol Ultrasound 52: 168–172.

McNiel EA, Ogilvie GK, Powers BE et al. (1997) Evaluation of prognostic factors for dogs with primary lung tumors: 67 cases (1985—1992). J Am Vet Med Assoc 211: 1422–1427.

Ogilvie GK, Weigel RM, Haschek WM et al. (1989) Prognostic factors for tumor remission and survival in dogs after surgery for primary lung tumor: 76 cases (1975—1985). J Am Vet Med Assoc 195: 109–112.

Polton GA, Brearley MJ, Powell SM et al. (2008) Impact of primary tumour stage on survival in dogs with solitary lung tumours. J Small Anim Pract 49: 66–71.

病例 152

1. 描述 CT 结果，并且列出该病变处的鉴别诊断。

右侧鼻腔和额窦可见一个均匀肿物，穿过鼻中隔进入左侧鼻腔。肿物背侧，肿物已突破额窦，破坏额骨。从侧面看，肿物破坏了鼻腔骨骼，并对右眼造成压力，造成右眼变形。肿物腹侧似乎侵入鼻咽。考虑到骨骼破坏程度以及该病灶的局部浸袭，良性疾病（鼻炎）可能性比较小。在猫中，超过 90% 的鼻部肿瘤是恶性的。在所有恶性肿瘤当中，45% 是上皮来源（上皮来源的肿瘤当中，50% 是腺癌，50% 是 SCC），大约 30% 是淋巴瘤，25% 是软组织肉瘤（FSA、CSA、OSA 等）。这些数据因引用的资料不同有所差异。

2. 细胞学检查诊断是什么？

可见成簇上皮细胞，伴有轻度细胞大小不等以及明显核仁，肿瘤很可能为上皮来源。

3. 需要进行哪些进一步检查？

建议进行组织活检，可以进行确诊，并且帮助确定治疗方案。该病例进行了经鼻穿刺组织芯活检。在进行活检之前，需要进行凝血功能检查。该病例确诊为腺癌。

4. 可以采取哪些治疗方案？

该病例选择进行了已治愈为目的的放疗。根据报道，对于鼻腺癌，放疗的中位数生存期为 12~19 个月。

参考文献

Bergman PJ, Kent MS, Farese JP (2013) Melanoma. In: Withrow SJ, Vail DM, Page RL, editors, Small Animal Clinical Oncology, 5th edition. St. Louis, Elsevier Saunders, pp. 321–334.

Boston SE, Lu X, Culp WTN et al. (2014) Ef cacy of systemic adjuvant therapies administered to dogs after excision of oral malignant melanomas: 151 cases (2001–2012). J Am Vet Med Assoc 245: 401–407.

✎ **病例 153**

1. 免疫组织化学的结果如何解读？

免疫组织化学的结果排除了 T 细胞或 B 细胞来源淋巴瘤，组织细胞肉瘤。CD45+ 确认了是圆细胞起源，但是分化较差。可能是非 T 淋巴瘤、非 B 淋巴瘤，但是无法通过免疫组织化学确认。

2. 肿瘤已越过舌中线，是否可以选择手术？

可以考虑进行手术减瘤。但是由于肿瘤靠近舌中线，考虑到舌头功能问题，无法从肿瘤尾部手术截断舌头。虽然很少相关报道，但舌部放疗可以考虑。全舌切除术（≥ 75%）也曾被报道，并且耐受良好。

3. 需要进一步进行哪些检查？

应进行 MDB 和腹部超声检查。

参考文献

Dvorak LD, Beaver DP, Ellison GW et al. (2004) Major glossectomy in dogs: a case series and proposed classification system. J Am Anim Hosp Assoc 40: 331–337.

Syrcle JA, Bonczynski JJ, Monette S et al. (2008) Retrospective evaluation of lingual tumors in 42 dogs: 1999–2005. J Am Anim Hosp Assoc 44: 308–319.

病例154

1. 这个病例的鉴别诊断是什么？

诊断考虑：

输尿管梗阻；肾积水

肾盂肾炎

多囊肾（尽管这是一个典型的双侧病变）

代偿性肥大

肿瘤

2. 建议进行哪些诊断性检查？

数据收集包括腹部超声。腹部超声可以展现肾脏的内部结构，很容易区分肾盂积液、肾盂肾炎、多囊肾和肿瘤。根据超声结果决定是否需要进一步诊断，例如尿液培养、细针穿刺、肾脏活检。

参考文献

Cuypers MD, Grooters AM, Williams J et al. (1997) Renomegaly in dogs and cats. Part I: differential diagnoses. Compend Contin Educ Vet 19: 1019–1032.

Grooters AM, Cuypers MD, Partington BP et al. (1997) Renomegaly in dogs and cats. Part II: diagnostic approach. Compend Contin Educ Vet 19: 1213–1229.

病例155

1. 该病例处于疾病分期第几期？

外周血液可见较多大淋巴细胞，提示处于第Ⅴ期。临床症状提示处于 b 亚期。因此，该病例处于淋巴瘤Ⅴb 期。

2. 建议进行哪些进一步检查？

建议进行血液检查（CBC、生化）。外周血流式细胞计数可以帮助确认是否存在白血病，并且提供免疫分型。

3. 这个病例有哪些预后不良因素？

WHO b 亚期（存在临床表现）并且表现侵袭骨髓，提示预后不良。

WHO 家养宠物淋巴瘤临床分期系统	
Ⅰ 期	涉及单个淋巴瘤或者单个器官淋巴组织 （不包括骨髓）
Ⅱ 期	涉及单个区域多个淋巴淋巴结
Ⅲ 期	涉及全身淋巴结
Ⅳ 期	涉及肝脏和 / 或脾脏 （+/－Ⅲ 期）
Ⅴ 期	涉及血液及骨髓和 / 或其他系统器官 （+/－ Ⅳ 期）
a 期	无临床症状
b 期	有临床症状

参考文献

Marconato L (2011) The staging and treatment of multicentric high-grade lymphoma in dogs: a review of recent developments and future prospects. Vet J 188: 34–38.

Vail DM, Pinkerton ME, Young KM (2013) Canine lymphoma and lymphoid leukemia. In: Withrow SJ, Vail DM, Page RL, editors, Small Animal Clinical Oncology, 5th edition. St. Louis, Elsevier Saunders, pp. 608–638.

病例 156

1. 为什么使用经皮装置注射疫苗？

这种传递系统将大部分疫苗集中在皮肤而不是皮下，就如同标准疫苗一般。皮肤富含朗格汉斯细胞，该细胞是有效的抗原呈递细胞，被认为对体液和 / 或细胞免疫反应的启动非常有效。

2. 用这种装置主要的副作用是什么？

副作用很小，偶尔可以看到皮肤短暂的刺激。这个装置安装时会发生比较大的声音，可能会吓到患宠。因此，需要轻柔保定，同时使用一些技巧分散注意力（例如来回抚摸头部等）很有帮助。

参考文献

Goubier A, Fuhrmann L, Forest L et al. (2008) Superiority of needle-free transdermal plasmid delivery for the induction of antigen-speci c IFN γ T cell responses in the dog. Vaccine 26: 2186–2190.

病例 157

1. 最有可能的诊断是什么？

咽后区域有一个矿化肿物，导致器官腹侧偏移。细胞学检查提示成簇分布的上皮细胞表现出轻度到中度的细胞及细胞核大小不等。这很可能是甲状腺肿瘤的典型表现，但是不能排

除另一个原发肿瘤向咽后淋巴结转移的可能性。

2. 除了进行 MDB 之外，还需要做哪些诊断检查？

建议进行 CT 检查确定疾病范围以考虑是否可以进行手术切除，同时建议进行组织活检确诊，需要进行甲状腺功能检测。在犬当中，小于 10% 甲状腺肿瘤属于功能型，由于肿瘤可能破坏正常的甲状腺组织，接近 30% 病例可能出现甲状腺功能减退，其余的病例都是甲状腺功能正常。

3. 影响治疗决定的因素是什么？

考虑到该肿瘤本身的特性，手术切除很难进行。CT 可以提供肿瘤入侵的程度。如果是可以自由移动的肿瘤，可以进行手术。

4. 可以考虑哪种治疗方案？

放疗适用于手术切除后边缘不干净的肿瘤，或者无法进行手术的肿瘤。一项研究表示，病例无疾病进展时间一年大概占比 80%，3 年占比 72%。部分化疗药表现出犬甲状腺癌抗肿瘤活性，包括多柔比星、顺铂、米托蒽醌、放线菌素D，尽管反应时间短暂，并大部分只是部分缓解而非完全缓解。一项最近的研究评估了术后化疗的效果，在手术之后进行化疗，整体生存率并未提高。放射碘（I 131）也被用来治疗不可切除的甲状腺肿瘤，即便是非功能型（例如血清甲状腺素浓度正常）。在针对 39 只犬的一项研究当中表明，对于未转移的疾病中位数生存期为 839 天。但是，有 3 只犬死于放射碘相关的骨髓抑制。使用磷酸托塞拉尼（Plalladia®）治疗犬甲状腺癌，反应率约为 25%。已知的托塞拉尼在甲状腺癌中表达的靶点包括 VEGFR 和 PDGFR α/β，KIT 和 RET，这些发现使得 Plalladia® 成为一个治疗该肿瘤的一个富有吸引力的治疗选择。进行进一步研究将有助于进一步明确托塞拉尼在甲状腺癌治疗当中的作用。

参考文献

Barber LG (2007) Thyroid tumors in dogs and cats. Vet Clin N Am Small Anim Pract 37: 755–773.

Nadeau ME, Kitchell BE (2011) Evaluation of the use of chemotherapy and other prognostic variables for surgically excised canine thyroid carcinoma with and without metastasis. Can Vet J 52: 994–998.

Taeymans O, Penninck DG, Peters RM (2013) Comparison between clinical, ultrasound, CT, MRI, and pathology ndings in dogs presented for suspected thyroid carcinoma. Vet Radiol Ultrasound 54: 61–70.

Theon AP, Marks SL, Feldman ES et al. (2000) Prognostic factors and patterns of treatment failure in dogs with unresectable differentiated thyroid carcinomas treated with megavoltage irradiation. J Am Vet Med Assoc 216: 1775–1779.

Turrel JM, McEntee MC, Burke BP et al. (2006) Sodium iodide I 131 treatment of dogs with nonresectable thyroid tumors: 39 cases (1990—2003). J Am Vet Med Assoc 229: 542–548.

Urie BK, Russell DS, Kisseberth WC et al. (2012) Evaluation of expression and function of vascular endothelial growth factor receptor 2, platelet derived growth factor receptors– alpha and –beta, KIT, and RET in canine apocrine gland anal sac adenocarcinoma and thyroid carcinoma. BMC Vet Research 8:67.

Worth AJ, Zuber RM, Hocking M (2005) Radioiodide (I 31I) therapy for the treatment of canine thyroid carcinoma. Aust Vet J 83: 208–214.

病例 158

1. 图 158a 和图 158b 中展示的物品是什么？

正在使用化疗药配置针（化疗针）。使用鲁尔接口 Luer-lok® 注射器将药物通过注射化疗针。

2. 使用该装置主要是为了克服什么污染风险？

最担心暴露于化疗药的环节就是在重组和配药过程中药物的雾化。当使用针头从加压药瓶当中抽出时，会增加该风险。化疗针是含有疏水过滤器的通气针，用于消除危险的气溶胶。

3. 图 158c 和图 158d 展示的装置是什么？ 它们的优点是什么？

此处显示的封闭传输系统是 Equashield™ 系统。封闭药物传送系统例如 Equashield™ 和 PhaSeal® 在防止危险药物泄漏以及化疗药物气溶胶露到环境中具有明显优势。早在 1970 年左右，人们已经意识到工作场所化疗物暴露的害处。医护人员接触这些药物的风险包括 DNA 损伤、不孕以及可能增加的癌症风险。必要的个人防护设备（化疗手套、工作服等）、化疗口罩、封闭药品传输系统将会大大降低工作场所的暴露风险。

参考文献

Clark BA, Sessink PJM (2013) Use of a closed system drug–transfer device eliminates surface contamination with antineoplastic agents. J Oncol Pharm Pract 19: 99–104.

Falck K, Grohn P, Sorsa M et al. (1979) Mutagenicity in urine of nurses handling cytostatic drugs. Lancet 1: 1250–1251.

Kicenuik K, Northrup N, Dawson A et al. (2014) Treatment time, ease of use and cost associated with the use of Equashield™, PhaSeal®, or no closed system transfer device for administration of cancer chemotherapy to a dog model. Vet Comp Oncol, doi:10.1111/ vco.12148.

Website for closed system transfer devices: www.bd.com/pharmacy/phaseal and equashield.com.

病例 159

1. 造成犬高钙血症的原因是什么？

造成高钙血症的原因包括（但不仅限于）恶性肿瘤高钙血症（例如淋巴瘤、肛囊腺肿瘤、乳腺肿瘤、胸腺瘤、多发性骨髓瘤、甲状腺癌），肾上腺皮质功能减退，慢性肾病以及急性肾损伤，维生素 D 或维生素 A 过高，原发性甲状旁腺功能亢进，医源性（使用过量钙或口服磷酸盐结合剂），以及由于血脂或实验室错误导致的假性升高。

2. 请解释一下这些结果。

尽管甲状旁腺激素在数值上没有明显升高，但是在存在高钙血症的病例当中，这个检测值偏高是不合理的。这种程度的高钙血症，PTH 水平应该接近于 0。这些结果符合原发性甲状旁腺功能亢进。在这个诊断中，PTHrP 应该正常或阴性。

3. 需要进行哪些进一步诊断检查？

需要熟练的超声医师进行颈部超声评估，这有助于识别甲状旁腺肿物。大约 10% 的病例当中，甲状旁腺腺瘤可以发生于 1 个以上的腺体。一共有 4 个甲状旁腺。

4. 该如何治疗这只犬？

最有效的治疗原发性甲状旁腺功能亢进的犬就是进行手术切除受影响的甲状旁腺，其他治疗方法有超声引导射频热消融或乙醇消融，但是否成功似乎非常依赖操作者的技术。

5. 治疗的并发症包括什么？

4 个腺体中最多可以切除 3 个，而不引起甲状旁腺机能减退。然而，由于慢性高钙血症对 PTH 分泌的慢性抑制可能导致正常腺体萎缩，造成低钙血症。在术后，需要每天监测 2 次游离钙，至少持续 1 周。假如出现低钙血症相关临床症状，或者钙离子水平很低，需要静脉补充钙。如果钙离子水平偏低，可以使用骨化三醇作为亚急性或慢性治疗。术后复发率 <10%，预后通常很好。

参考文献

Felman EC, Hoar B, Pollard R et al. (2005) Pretreatment clinical and laboratory ndings in dogs with primary hyperparathyroidism: 210 cases (1987—2004). J Am Vet Med Assoc 227: 756–761.

Pollard RE, Long CD, Nelson RW et al. (2001) Percutaneous ultrasonographically guided radiofrequency heat ablation for the treatment of primary hyperparathyroidism in dogs. J Am Vet Med Assoc 218: 1106–1110.

Raso L, Pollard RE, Feldman EC (2007) Retrospective evaluation of three treatment methods for primary hyperparathyroidism in dogs. J Am Anim Hosp Assoc 43: 70–77.

Sakals S, Peta GRH, Fernandez NJ et al. (2006) Determining the cause of hypercalcemia in a dog. Can Vet J 47: 819–821.

病例 160

1. 治疗之前需要进行哪些进一步诊断检查？

需要建立 MDB 以及进行腹部超声检查。

2. 推荐进行哪些治疗以及支持性护理？

推荐的治疗包括：

洛莫司汀（CCNU）是目前应用最广的针对皮肤 T 细胞淋巴瘤和蕈样肉芽肿的化疗药。

维 A 酸，例如合成维生素 A 衍生物异维 A 酸（Accutane®）对于部分患病犬有益。

补充脂肪酸（推荐富含亚油酸的好莱坞牌红花油，3 mL/kg，2 次 /1 周）。

通常需要间歇性使用抗生素来控制浅表感染。

局部激素（曲安奈德喷雾剂、倍他米松或氢化可的松可以在疾病早期用来控制）。

抗生素香波可以用来控制继发浅表脓皮病。

有时可以看到使用左旋门冬酰胺酶或者其他针对皮肤淋巴瘤的化疗药时，有一定的反应。

3. 这个病例的预后如何？

趋上皮性淋巴瘤整体而言预后很差。初始使用 CCNU 整体的反应率据报道比较高（约 80%），但是反应持续时间较短（约 3 个月）。Accutane® 3~4 mg/（kg·d）反应率为 40%~50%，生存期同样很短。总体中位数生存期根据不同的报道，有 2 个月至 2 年不等。一个回溯性研究分析 30 个病例，自诊断时算起，中位数生存期为 6 个月。在这个分析报道中，使用 CCNU 或泼尼松龙对于结果影响不大。局限于黏膜部位的蕈样肉芽肿通常与较好的预后相关（一项研究中，生长于表皮部位的中位数生存期为 1 070 天）。

参考文献

Fontaine J, Bovens C, Bettenay S et al. (2009) Canine cutaneous epitheliotropic T-cell lymphoma: a review. Vet Comp Oncol 7: 1–14.

Fontaine J, Heimann M, Day MJ (2010) Canine cutaneous epitheliotropic T-cell lymphoma: a review of 30 cases. Vet Dermatol 21: 267–275.

Iwamoto KS, Bennett LR, Normal A et al. (1992) Linoleate produces remission in canine mycosis fungoides. Cancer Lett 64: 17–22.

Risbon RE, DeLorimier LP, Skorupski K et al. (2006) Response of canine cutaneous epitheliotropic lymphoma to lomustine (CCNU): a retrospective study of 46 cases (1999—2004). J Vet Intern Med 20: 1389–1397.

Williams LE, Rassnick KM, Power HT et al. (2006) CCNU in the treatment of canine epitheliotropic lymphoma. J Vet Intern Med 20: 136–143.

📝 病例 161

1. 请列出最容易发生化疗相关性脱毛的犬品种。

毛发持续生长的犬和人类一样，也面临着较大的化疗脱毛风险，尽管这种毛发脱落表现为参差不齐，完全秃的情况是很少见的。更容易发生脱毛的动物包括英国牧羊犬、贵宾犬、比熊犬以及一些梗犬，例如爱尔兰软毛梗犬和贝灵顿梗。其他品种，例如在图 161a 中所示金毛，脱毛往往不太明显。颈背部毛发变薄，被认为是项圈摩擦导致加速毛发脱落。尾巴和腿部有羽状区域的品种（图 161b），会表现出这些区域毛发变薄。

2. 在进行化疗的猫当中，会有哪些脱毛表现？

猫中很少见因为化疗导致脱毛。在化疗过程当中部分猫可能会发生长的毛发和胡须的脱落，但医生很难发现，一般都由宠主发现。当化疗停止时这些毛发和胡须会恢复生长。

3. 哪些化疗药最可能导致脱毛？

在动物当中，相比其他化疗药物而言，多柔比星（Adiramycin®）是有更高风险导致毛发稀疏或脱毛的药物，尽管任何一个化疗药都有潜在的造成脱毛的可能。

病例 162

1. 犬最常见的多柔比星的副作用有哪些？

输液速度依赖性过敏、胃肠道毒性（呕吐、腹泻）、骨髓抑制以及累计剂量相关的心脏毒性是公认的副作用。多柔比星是一种有效的发疱剂，需要小心地静脉注射。需要放置静脉留置针，并且需要手动约束患宠进行输液。不要挂上点滴之后在无人看管的情况下单独把宠物放在笼子里输液。该药物需要在盐水中稀释，并且注射 20~30 min。一些文献提示可以进行静脉推注，超过 10 min 即可，但是这样操作会增加发生过敏反应的风险。

2. 多柔比星对于猫的副作用相较于犬有哪些不同？

上述任何一种发生在犬的毒性都可能发生于猫。在一项研究当中，肾脏毒性似乎占主导地位，心脏相关反应在临床上并不显著。在一项后来的研究当中表明，对比两种给药方案，并未增加明显的肾脏毒性。

参考文献

O'Keefe DA, Sisson DD, Gelberg HB et al. (1993) Systemic toxicity associated with doxorubicin administration in cats. J Vet Intern Med 7: 309–317.

Reiman RA, Mauldin GE, Mauldin GN (2008) A comparison of toxicity of two dosing schemes of doxorubicin in the cat. J Feline Med Surg 10: 324–331.

病例 163

1. 描述 X 线片并给出鉴别诊断。

肱骨近端有溶解性和增生性病变。可见骨膜反应（在骨的尾部更为突出）。病灶与原发性骨肿瘤相符。骨肉瘤是犬最常见的原发性骨肿瘤，然而，这在体重小于 15 kg 的犬身上并不常见。事实上，只有不到 5% 的被诊断患有骨肉瘤的犬体重小于 12 kg。软骨肉瘤、纤维肉瘤、

258

血管肉瘤、浆细胞瘤和淋巴瘤也被视为原发的骨肿瘤。不是骨肉瘤的原发性骨肿瘤的比例为5%~10%。来自全身性真菌病的骨骼病变可发生在犬，但通常与生活或旅行到流行地区和呼吸道疾病的历史有关。当没有手术史或伤口引流道靠近骨病存在的地方，细菌性骨髓炎是罕见的。

2. 需要做哪些进一步的诊断检查？

建议进行骨活检以获得明确诊断。肿瘤中心是诊断效率最高的部位。

3. 活检显示骨肉瘤，低分级，应该提出什么样的治疗建议？

建议前肢截肢配合化疗（如卡铂或顺铂单药治疗，或任一药物联合多柔比星）常用于大型犬骨肉瘤；然而，一项研究表明，化疗可能不适用于较小的犬。

4. 这只患病犬的预后与大多数其他被诊断为骨肉瘤的犬有什么不同？

体型较小的犬（≤ 15 kg）比体型较大的犬有更低的有丝分裂指数和骨肉瘤组织学分级。当在较小的犬只中评估截肢时，平均存活时间为 257 天。截肢和化疗后，MSTs 为 415 天；然而，单纯截肢和截肢 + 化疗组之间没有统计学差异，提示化疗可能不能提供生存优势。肱骨近端位置和血清碱性磷酸酶水平升高与大型犬的预后较差相关，但在小型犬中不被认为是负面预后指标。

参考文献

Amsellem PM, Selmic LE, Wypij JM et al. (2014) Appendicular osteosarcoma in small-breed dogs: 51 cases (1986–2011). J Am Vet Med Assoc 245: 203–210.

病例 164

1. 描述这代表性的化疗方案的类型。

这是一种节拍化疗（MC）方案。MC 是指使用明显低于传统化疗最大耐受剂量（maximum tolerated dose，MTD）的不间断给药。大多数 MC 方案使用的化疗药物剂量低至标准 MTD 剂量的 1/10。人们认为 MC 不能直接杀死肿瘤细胞，而是对血管形成至关重要的细胞（抗血管生成治疗）。血管的形成是肿瘤生长和转移的关键。因此，靶向内皮细胞和循环内皮母细胞理论上可以通过切断肿瘤的血液供应间接杀死肿瘤。使用 MTD 方案，化疗在治疗之间需要休息一段时间，允许修复正常细胞（如骨髓或胃肠道上皮细胞）。然而，在修复期间，其他内皮细胞的修复和再繁殖也被观察到，包括那些参与肿瘤生长和转移的血管生成的关键细胞。对于 MC，没有休息时间来修复这些内皮细胞。除了抗血管生成特性，MC 被认为通过抑制调节性 T 细胞（Treg）来调节肿瘤患者的免疫系统。患各种癌症犬的外周血中 Treg 含量增加。在人类中，Treg 数目的增加可能与某些肿瘤类型的不良结果有关。在犬中，Treg 升高的预后意义尚不清楚。然而，众所周知，低剂量环磷酰胺选择性降低 Treg，抑制软组织肉瘤犬血管生成。

2. 这种类型的化疗方案在犬、猫的哪些癌症中被评估过？

在软组织肉瘤、膀胱移行细胞癌和术后血管肉瘤中，已经对 MC 进行了评估，似乎可以延缓疾病的进展。在各种组织学类型的转移性癌中，MC 已被评估为一线治疗，尽管这只是一个初步研究，但其益处已被证明。

参考文献

Burton JH, Mitchell L, Thamm DH et al. (2011) Low-dose cyclophosphamide selectively decreases regulatory T cells and inhibits angiogenesis in dogs with soft tissue sarcoma. J Vet Intern Med 25: 920–926.

Elmslie RE, Glawe P, Dow SW (2008) Metronomic therapy with cyclophosphamide and piroxicam effectively delays tumor recurrence in dogs with incompletely resected soft tissue sarcomas. J Vet Intern Med 22: 1373–1379.

Lana S, U'ren L, Plaza S et al. (2007) Continuous low-dose oral chemotherapy for adjuvant therapy of splenic hemangiosarcoma in dogs. J Vet Intern Med 21: 764–769.

Marchetti V, Giorgi M, Fioravanti A et al. (2012) First-line metronomic chemotherapy in a metastatic model of spontaneous canine tumours: a pilot study. Invest New Drugs 30: 1725–1730.

Schrempp DR, Childress MO, Stewart JC et al. (2013) Metronomic administration of chlorambucil for treatment of dogs with urinary bladder transitional cell carcinoma. J Am Vet Med Assoc 242: 1534–1538.

✏️ 病例 165

1. 该患病犬的病史和临床表现提示什么副肿瘤综合征？

该患病犬极有可能患有癌症恶病质。癌症恶病质的定义是在癌症患者面对充足的营养摄入时肌肉的损失和代谢改变。这与癌症的"厌食症"不同，厌食症是由食欲不振和由此产生的营养摄入不足引起的。癌症恶病质被认为是过度的细胞因子刺激导致胰岛素抵抗、脂肪分解和组织蛋白分解的结果。

2. 癌症的宠物患有这种副肿瘤综合征有多普遍？

真正的癌症恶病质在犬和猫的发病率是未知的，但它很可能是罕见的。癌症厌食症要常见得多。恶病质也见于慢性肾病、充血性心力衰竭和其他慢性疾病患者。

3. 该综合征的存在如何影响患者的预后？

不幸的是，恶病质引起的代谢变化被认为发生在癌症的临床症状之前，即使成功治疗癌症也很难逆转，最终会发生进行性消瘦导致生活质量的下降。在人类中，高达 20% 的癌症死亡是由于恶病质，因此它是一个重要的负面预后指标。癌症的治疗和积极的营养支持可以帮助减少恶病质。

4. 什么是肌肉减少症？

肌肉减少症的定义是随着年龄的增长肌肉的会逐渐减少。它与恶病质相似，但在无疾病的衰老过程中可见。在人类中，骨骼肌减少症实际上是在生命早期就开始了（在 30 岁左右），随着时间的推移，会导致肌肉的显著减少。因此，在已经失去肌肉的患者，如果发生恶病质，肌肉量会进一步降低。

参考文献

Freeman LM (2012) Cachexia and sarcopenia: emerging syndromes of importance in dogs and cats. J Vet Intern Med 26: 3–17.

Michel KE, Sorenmo K, Shofer FS (2004) Evaluation of body condition and weight loss in dogs presented to a veterinary oncology service. J Vet Intern Med 18: 692–695.

病例 166

1. 描述细胞学检查并给出初步诊断。

主要的细胞群是在蛋白质背景下分化良好的梭状间质细胞，细胞的大小和形状变化极小，轻度异核症，可能是源于平滑肌的间叶细胞瘤，仅凭细胞学很难将平滑肌瘤与恶性平滑肌肉瘤区分开来，组织学确认是必要的。

2. 鉴别诊断有哪些？

基于腹部、尾部位置和阴道分泌物，生殖道肿瘤是首要考虑的。最常见的子宫肿瘤是平滑肌瘤，其他可见的间质肿瘤包括平滑肌肉瘤、纤维瘤、纤维肉瘤和血管肉瘤。

3. 为了确定最佳的治疗方案，需要做哪些进一步的检查？

考虑到肿物的大小，建议进行 CT 扫描以确定肿物对周围组织的侵袭程度，并帮助制订手术计划，建议在 CT 检查时进行穿刺活检。本例确诊为平滑肌瘤。

4. 最好的治疗方案是什么？

如果肿物边界清楚且未侵入关键结构，手术切除和完全 OHE 可能治愈。本例患者在 CT 上显示肿瘤与输尿管和结肠密切相关（图 166b）。CT 增强扫描显示肿物（图 166c，蓝色箭头是指肿物；红色箭头指向膀胱，膀胱被推到一侧，造影剂在底部淤积；绿色箭头表示部分输尿管内的对比）。探查性手术是必要的，以确定肿物是否真的侵袭这些结构或只是把它们推到一边。

参考文献

Sapierzynski R, Malicka E, Bielecki W et al. (2007) Tumors of the urogenital system in dogs and cats. Retrospective review of 138 cases. Pol J Vet Sci 10: 97–103.

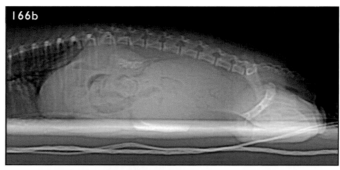

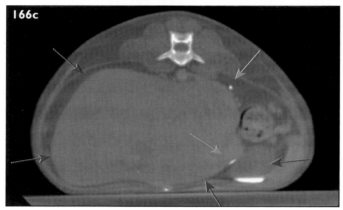

病例167

1. 描述 X 线片和超声。

心脏和气管被占位性病变移位到背侧，看起来是脂肪密度。超声显示，整个胸腔的腹1/3 充满了组织，也显示脂肪。组织相对均匀，回声明亮，散在各处。横膈膜完好无损（排除了横膈膜疝气及胸腔内的镰状脂肪）。

2. 对该患病犬还需要做哪些进一步的诊断？

超声引导的细针抽吸可以帮助排除其他潜在的肿瘤，但超声检查结果与脂肪非常一致。建议做手术计划时使用 CT 扫描。

3. 治疗建议是什么？

建议手术切除。即使肿瘤很可能是良性的，随着它的生长，它将进一步损害心肺系统，并可能变成坏死。

4. 患病犬的预后如何？

胸腔内脂肪瘤是罕见的。据报道，它们发生在纵隔、胸膜和心包部位。大多数接受手术切除的患者预后良好，即使肿瘤很大，也可以通过"数字方式切除"。粘连和侵袭性并不常见，但由于无法获得干净的手术切除，脂肪瘤可能会再生长。在这些文献报道的病例中，大多数被切除并且没有复发。

参考文献

Ben–Amotz R, Ellison GW, Thompson MS et al. (2007) Pericardial lipoma in a geriatric dog with an incidentally discovered thoracic mass. J Small Animal Pract 48: 596–599.

Lynch S, Halfacree Z, Desmas I et al. (2013) Pulmonary lipoma in a dog. J Small Animal Pract 54: 555–558.

Mayhew PD, Brockman DJ (2002) Body cavity lipomas in six dogs. J Small Animal Pract 43: 177–181.

病例168

1.X 线片检查有什么发现？

P3 有裂解和破坏。脚指也有明显的软组织肿胀。

2. 该患病犬的鉴别诊断是什么？

脚指肿胀和骨溶解最常见的原因包括感染、鳞状细胞癌、恶性黑色素瘤、恶性软组织肿瘤、良性软组织肿瘤、骨肉瘤和血管外皮细胞瘤。

3. 还需要做哪些其他的检查？

脚趾肿物和腘窝淋巴结的细针抽吸。

4. 该患病犬的治疗方法和预后如何？

建议进行趾截肢和淋巴结切除。即使细胞学检查未证实转移性疾病，仍建议截肢。无论肿瘤类型如何，总生存期均不受诊断年龄、性别、肿瘤类型或部位以及疾病分期的显著负面影响。早期手术干预与最有利的结果相关。该患病犬被诊断为良性软组织肿瘤。上皮细胞的多分叶增生形成密集的中央角蛋白簇，被纤维血管小叶间基质包围，这与甲下角化棘皮瘤一致。甲床上皮的良性肿瘤导致 P3 的裂解，正如本例中所见。这些肿瘤生长缓慢，可以通过切除患趾来治愈。肿瘤细胞广泛取代 P3，并冲击 P2 的腹侧和 P2~P3 指间关节，但未侵入 P2 或进入关节。边缘没有肿瘤细胞，因此切除是可以治愈的。图示（图 168b）切除的脚趾，为肿瘤组织和边缘的组织病理学评估做准备。脱钙后评估骨边缘。

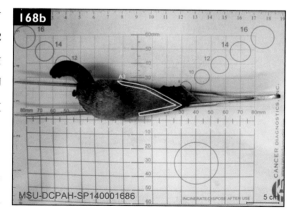

参考文献

Gardner HL, Cavanaugh RP (2014) What is your diagnosis? Keratoacanthoma. J Am Vet Med Assoc 244: 1031–1032.

病例169

1. 描述细胞学。

淋巴细胞混合分布，以小淋巴细胞（小于节段性中性粒细胞大小）为主。可见浆细胞，偶尔可见大淋巴细胞和单个核分裂象（图169b，红色箭头）。可见一个大的含色素巨噬细胞（图169b，蓝色箭头）。细胞学检查结果与反应性淋巴结吻合。

2. 应该进行哪些进一步的诊断检查？

应进行尿分析、凝血分析和血清蛋白电泳。进一步的检测将取决于这些检测的结果，如果凝血能力正常，则需要超声引导下细针穿刺脾脏，在单克隆 γ 病存在的情况下，额外的检测将包括评估尿中 Bence Jones 蛋白、骨髓抽吸 / 活检和埃立克氏菌检测。多克隆丙种球蛋白更支持炎症原因。

3. 前房积血和高球蛋白血症的鉴别诊断是什么？

多发性骨髓瘤、淋巴瘤、埃利希病和慢性炎症是主要的考虑因素。

4. 前房积血的可能机制是什么？

由高球蛋白血症引起的血液高黏度可能是该患者前房积血的原因之一。血管内皮细胞因血液淤积和过多的蛋白质渗入血管壁而受损。过多的球蛋白与血小板和凝血功能障碍有关，可导致前房积血。另外，当高黏度不存在时，由于癌症的直接影响，血管完整性可能发生破坏。这只患病犬由脾抽吸确诊为淋巴瘤，免疫细胞化学证实 B 细胞淋巴瘤。

参考文献

Komaromy AM, Ramsey DT, Brooks DE et al. (1999) Hyphema. Part Ⅰ: pathophysiologic considerations. Compend Contin Educ Vet 21: 1064–1069.

病例170

1. 这 2 只患病犬、猫的治疗方案有何不同？

患有骨肉瘤的犬在截肢后需要化疗。然而，猫的 OSA 生物学行为是不同的，转移在猫中较少见，一般不建议使用术后化疗。

2. 在犬和猫身上使用顺铂的主要毒性是什么？

犬：顺铂对犬肾有高度毒性，服药期间的呕吐可能很严重，骨髓抑制通常是轻微的，在使用顺铂之前必须谨慎评估肾功能和心脏功能，以确定是否可以承受积极的输液利尿。

猫：顺铂对猫是禁忌的。在猫中，会暴发肺毒性（呼吸困难、胸腔积液、肺水肿和死亡），因此猫严禁其使用顺铂。

3. 顺铂的管理方案是什么？

在犬类方面，已经发布了一些输注方案。由于存在肾毒性的风险，在给药前、后都需要生理盐水利尿。每次顺铂治疗前，应进行全血细胞计数、化学检查和尿检。一种方案使用18.3 mL/（kg·h）的输液速度，在顺铂给药前 4 h。药物在足够的生理盐水中稀释以保持相同的液体速率超过 20 min，然后在治疗后继续 2 h。治疗前使用止吐剂、马罗匹坦、布托啡诺、地塞米松和甲氧氯普胺。根据笔者的经验，马罗匹坦具有较好的疗效。处理顺铂和病患排泄物需要特别的预防措施，因为 80% 的顺铂在 48 h 内会从尿液中排出。尿液、粪便和呕吐物应作为医疗废物处理。通常建议在化疗后至少住院 24 h，以减少宠物主人接触的风险。由于卡铂易于给药、毒性降低以及在猫身上的使用能力，卡铂的使用越来越频繁。然而，对于哪种药物对骨肉瘤更有效仍然存在争议。

参考文献

Dimopoulou M, Kirpensteijn J, Moens H et al. (2008) Histologic prognosticators in feline osteosarcoma: a comparison with phenotypically similar canine osteosarcoma. Vet Surg 37: 466–471.

Gustafson DL, Page RL (2013) Cancer chemotherapy. In: Withrow SJ, Vail DM, Page RL, editors, Small Animal Clinical Oncology, 5th edition. St. Louis, Elsevier Saunders, p. 171.

Heldmann E, Anderson MA, Wagner–Mann C (2000) Feline osteosarcoma: 145 cases (1990—1995). J Am Anim Hosp Assoc 36: 518–521.

Vail DM, Rodabaugh HS, Conder GA et al. Efficacy of injectable maropitant (Cerenia) in a randomized clinical trial for prevention and treatment of cisplatin–induced emesis in dogs presented as veterinary patients. Vet Comp Oncol 5: 38–46.

✍ 病例 171

1. 该患病犬的鉴别诊断是什么？

休克和癫痫的原因包括缺氧（心脏、肺、贫血）、神经（脑瘤、缺血性事件、癫痫）和低血糖（胰岛素分泌瘤、肝癌）。

2. 除了 MDB 外，还进行了腹部超声检查。胰腺区域的超声图像（图 171）。右肢胰腺可见 0.30 cm×0.38 cm 低回声结节。需要做哪些进一步的诊断检查？

休克时抽血有助于检测低血糖。腹部超声和／或 CT 成像有助于胰腺肿物的分期和定位，然而这些检测的灵敏度通常很低。在鉴别胰腺肿物时，手术探查通常是最有效的方法。胰岛素瘤通常非常小，在超声上无法发现肿物并不排除胰岛素分泌瘤的存在。超声或 CT 检查的一个重要方面是仔细寻找转移性疾病的迹象，超过 50% 的犬在发病时有转移性疾病，可能转

移的部位包括局部淋巴结、肝脏、十二指肠、网膜和脾脏。

3. 休克时血糖为 40 mg/dL。基于这一发现还需要做哪些进一步的检查？

休克时应该检测血液中的胰岛素水平。这通常是困难的，因为大多数患病犬会出现间歇性的虚厥或癫痫发作，而检查时血糖和胰岛素水平通常是正常的。果糖胺的浓度可以用来判断是否存在慢性低血糖，因为这些数值可以反映过去 1~2 周的血糖浓度。虽然怀疑有低血糖，但未检测到，应在禁食期间采集多个血糖浓度样本（如每小时采集一次）。当血糖水平降至 60 mg/dL 以下时，应检测胰岛素水平，但是需要非常小心，防止低血糖临床症状发生。

4. 胰岛素瘤的诊断是如何做出的？

低血糖伴不适当的高水平胰岛素支持胰岛素瘤的诊断。在腹部超声或 CT 检查中发现胰腺肿物也是有帮助的，但由于胰岛素瘤通常小而孤立，影像学检查并不总是有帮助的，明确的诊断需要手术和组织病理学检查。

5. 列出犬胰岛素瘤的预后指标。

所使用的治疗方式（药物而不是手术）、转移性疾病的存在以及治疗后持续低血糖都与较差的预后相关。手术治疗（部分胰腺切除术）似乎优于药物治疗（一份报告中显示生存期分别为 381 天、74 天；另一份报告显示分别为 785 天、196 天）。尽管 Tobin 等没有观察到术后低血糖病患与术后用泼尼松和二氮嗪控制低血糖患者的生存时间有差异，但已有报道称术后低血糖是一项消极预后指标。手术时出现转移性疾病与生存时间明显缩短相关。在最近的一项研究中，术后医疗管理的增加将 MSTs 提高到 1 316 天。

参考文献

Goutal CM, Brugmann BL, Ryan KA (2012) Insulinoma in dogs: a review. J Am Anim Hosp Assoc 48: 151–163.

Polton GA, White RN, Brearley MJ et al. (2007) Improved survival in a retrospective cohort of 28 dogs with insulinoma. J Small Anim Pract 48: 151–156.

Robben JH, Pollak YWEA, Kirpensteijn J et al. (2005) Comparison of ultrasonography, computed tomography, and single-photon emission computed tomography for the detection and localization of canine insulinoma. J Vet Intern Med 19: 15–22.

Tobin RL, Nelson RW, Lucroy MD et al. (1999) Outcome of surgical versus medical treatment of dogs with beta cell neoplasia: 39 cases (1990—1997). J Am Vet Med Assoc 215: 226–230.

1. 图 172 中蓝色箭头指向的是什么结构？

蓝色箭头指向额窦腔。

2. 黑色箭头指向的是什么结构？

黑色箭头指向大脑的嗅觉叶。

3. 红色箭头指向的是什么结构？

红色箭头指向鼻咽。

4. 描述 CT 扫描结果。黑箭头的顶端看到变化的意义是什么？

肿瘤越过筛状板浸润到脑嗅叶引起广泛的骨溶解和新骨增生，在接受放疗的患犬中，有肿瘤导致溶解并延伸到筛状板的患病犬，无病间隔和生存时间明显缩短。

参考文献

Adams WM, Kleiter MM, Thrall DE et al. (2009) Prognostic significance of tumor histology and computed tomographic staging for radiation treatment response of canine nasal tumors. Vet Radiol Ultrasound 50: 330–335.

病例 173

1. 描述 MRI 上的病变。

在 L5 椎体水平，有一个膨胀性肿物填充椎管左侧，并从左侧椎板、椎弓根和椎体左侧浸润或延伸，脊髓向右移位，严重受压。

2. 此病变的鉴别诊断是什么？

原发性椎体肿瘤鉴别是：软骨肉瘤、骨肉瘤或浆细胞瘤，由椎管内软组织引起的肿瘤继发侵袭椎骨的可能性较小，肉芽肿性炎症的病因被认为较少。

3. 如何获得最终诊断？

建议手术活检和组织病理学检查。手术解除脊髓压迫并获得明确诊断。手术中，肿物起源于并累及左侧第 5 腰椎椎体。组织病理学上，细胞表现为中度细胞形态和细胞核大小不等，有丝分裂指数为 5/10 个高倍镜视野。明显的类骨小梁在整个肿物内形成。在骨髓腔内，散在的梭形细胞瘤和梭形细胞束排列在充满血的血管腔和通道内。据报道，髓内肉瘤与骨肉瘤最一致。肿瘤的组织学特征与毛细血管扩张性骨肉瘤一致，虽然血管肉瘤不能完全排除。

4. 应该考虑哪些治疗方案？该患病犬的预后如何？

患有原发性脊椎肿瘤犬的预后被认为是非常谨慎的。据报道，无论采用何种治疗方式，中位生存期均为 135 天（范围 15~600 天）。然而，术后神经系统状况的改善对预后有显著影响。放射治疗在人类椎体肿瘤的治疗中起着重要作用。在犬身上，放射疗法似乎也可能在治疗椎体肿瘤中发挥作用。考虑到该患病犬的手术切缘不完整，手术后继续进行放疗。

随访 / 讨论术后

从照片（图 173d）中它的姿势可以看出，患病犬仍然非常疼痛。RT 后，它感觉更舒服，

可以正常活动，不再弓着背（图173e）。

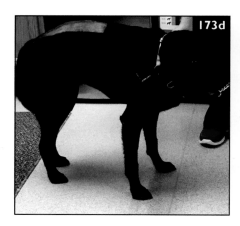
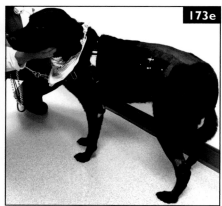

参考文献

Dernell WS, Van Vecten BJ, Straw RC et al. (2000) Outcome following treatment of vertebral tumors in 20 dogs (1986–1995). J Am Anim Hosp Assoc 36: 245–251.

病例174

1. 细胞学诊断是什么？

大型圆细胞为主导，细胞核仁不清晰，胞浆中度嗜碱性并内含中量的嗜天青色颗粒。支持大颗粒淋巴细胞性淋巴瘤（LGL）。

2. 需要进行哪些进一步的诊断试验才能做出明确诊断以及进行临床分期？

需要做 FeLV、FIV、腹超、肿物 FNA、CBC、生化、尿检、胸片来完成完整分期。肝脏和脾脏的 FNA 可帮助确定有无转移。组织病理 + 免疫组织化学，细胞免疫组织化学染色或 PARR 可帮助进一步确诊。猫 LGLs 是细胞毒性 T 细胞或自然杀伤性细胞起源的。猫大颗粒淋巴细胞（LGL）淋巴瘤最常见 T 细胞（CD3+）表达 CD8 α α 和 CD103。

3. 这个病例预后如何？

LGL 淋巴瘤是种不常见的猫淋巴瘤。不幸的是，LGL 患病猫预后较差。诊断后的 MST 短且总体对化疗反应较差。活过 3 个月的不常见。LGL 淋巴瘤一般考虑为小肠原发，转移至肠系膜淋巴结、肝脏、脾脏、肾脏，也有涉及外周血的情况。

参考文献

Krick EL, Little R, Patel R et al. (2008) Description of clinical and pathological findings, treatment and outcome of feline large granular lymphocyte lymphoma (1996—2004). Vet Comp Oncol 6: 102–110.

Roccabianca P, Vernau W, Caniatti M et al. (2006) Feline large granular lymphocyte (LGL) lymphoma with secondary leukemia: primary intestinal origin with predominance of a CD3/CD8(alpha) (alpha) phenotype. Vet Pathol 43: 15–28.

病例 175

1. 超声图像上看到了什么?

胃壁外生性弥散性增厚,宽 0.65 cm,局部淋巴结肿大。

2. 主要鉴别诊断是什么?

犬原发胃肿瘤不常见,70%~80% 为腺癌,淋巴瘤是第二常见的。一些品种有胃腺癌的基因倾向性,如松狮犬,其他的还有粗毛牧羊犬、比利时牧羊犬、斯塔福猎犬和挪威伦德猎犬。其他不常见的肿瘤还有平滑肌瘤、平滑肌肉瘤、胃肠道间质瘤、组织细胞肉瘤、肥大细胞瘤、浆细胞瘤和类癌。

3. 应如何获得明确诊断?

建议超声引导下 FNA 来排除淋巴瘤,但可能无法确定,因为胃肿瘤常伴随炎症和坏死。内窥镜可用来获得组织学样本,可手术的病例也建议手术活检。遗憾的是,胃肿瘤早期常症状轻微或无特异性,因此,胃肿瘤常诊断时就已是晚期。约 75% 的犬为腺癌在诊断时就已转移。

4. 这个患病犬的预后如何?

该病例病变范围大以及淋巴结转移,预后差。不治疗,这种无法手术的胃癌病例大多活不过 3 个月。在一些病例中,积极的手术切除(胃空肠吻合术或 Bilroth I)可作为姑息治疗,即使切不干净。在可进行姑息手术的患病犬中,生存时间可显著提高(一个研究显示为 8 个月)。犬胃腺癌化疗不太推荐使用。人上会使用一些化疗方案(如 "FAG":5- 氟尿嘧啶、环磷酰胺、多柔比星、单用卡铂或顺铂、5- 氟尿嘧啶)。尽管没有太多研究,可以考虑使用 TKIs 姑息治疗。

参考文献

Sullivan M, Lee R, Fisher EW et al. (1987) A study of 31 cases of gastric carcinoma in dogs. Vet Rec 120: 79–83.

Swann HM, Holt DE (2002) Canine gastric adenocarcinoma and leiomyosarcoma: a retrospective study of 21 cases (1986—1999) and literature review. J Am Anim Hosp Assoc 38: 157–164.

病例 176

1. 描述 X 线片和超声。

胸片显示有一个大的纵隔肿物,充满胸腔头侧,导致气管上抬,部分心影模糊。超声下,可见心脏头侧有个混杂回声软组织团块。

2. 列出该部位肿物的鉴别诊断。

淋巴瘤、胸腺瘤、异位甲状腺肿瘤、腮状囊肿、罕见肉瘤和转移性癌。

3. 根据目前进行的检查最有可能的诊断是什么？

细胞学结果支持胸腺瘤。

4. 哪些进一步检查可以提供明确的诊断和确定疾病的程度？

组织病理是确诊的唯一手段。这很重要，然而手术前应考虑排除淋巴瘤，因为淋巴瘤化疗效果好于手术。一项研究显示胸腔镜获得诊断样本的成功概率只有 50%。流式细胞术可有助于犬分辨淋巴瘤和胸腺瘤，尤其是在胸腺瘤伴随严重的淋巴复合物时。犬胸腺的淋巴细胞可通过它们会同时表达 CD4 和 CD8 来区别于外周血的淋巴细胞。一项研究显示，胸腺瘤的病例，10% 的淋巴细胞共表达 CD4 和 CD8，然而淋巴瘤，只包含 <2% 的淋巴细胞共表达 CD4 和 CD8。流式细胞术在未来将更有帮助，但目前在猫上仍在研究。CT 和 MRI 可帮助判断病变侵袭等级。在人上，MRI 比 CT 更有优势。

5. 该患病猫有哪些治疗方案？

对于没有侵袭的胸腺瘤推荐手术切除。侵袭范围越大的肿瘤手术风险将越高，猫胸腺瘤化疗效果很好。

6. 列出本病的预后良好指标和不良指标。

近期评估 32 例猫手术切除胸腺上皮肿瘤的研究显示，没有显著的预后因素。出现副肿瘤综合征或未切除干净应考虑会缩短生存时间。32 例猫手术的研究中，围手术期死亡率为 22%，但 MST 为 3.71 年，第一年和第四年的生存率分别为 70% 和 47%。另一项研究中，猫侵袭性胸腺瘤手术治疗 MST 为 790 天，非侵袭性胸腺瘤为 1 825 天。一个 7 例猫使用放疗代替手术的回顾性研究中，显示 MST 为 720 天。

7. 该患病猫有哪些副肿瘤综合征？

约 40% 诊断为胸腺瘤的犬和猫有副肿瘤综合征。包括重症肌无力、巨食道、表皮剥脱性皮炎、多形红斑、高钙血症、T 细胞性淋巴细胞增多症、贫血、多肌炎以及其他免疫介导性疾病。

参考文献

Garneau MS, Price LL, Withrow SJ et al. (2015) Perioperative mortality and long-term survival in 80 dogs and 32 cats undergoing excision of thymic epithelial tumors. Vet Surg 44: 557–564.

Gores BR, Berg J, Carpenter JL et al. (1994) Surgical treatment of thymoma in cats: 12 cases (1987—1992). J Am Vet Med Assoc 204: 1782–1785.

Hague DW, Humphries HD, Mitchell MA et al. (2015) Risk factors and outcomes in cats with acquired myasthenia gravis (2001–2012). J Vet Intern Med 29: 1307–1312.

Lana S, Plaza S, Hampe K et al. (2006) Diagnosis of mediastinal masses in dogs by flow cytometry. J Vet Intern Med 20: 1161–1165.

Smith AN, Wright JC, Brawner Jr. WR et al. (2001) Radiation therapy in the treatment of canine and feline thymomas: a retrospective study (1985–1999). J Am Anim Hosp Assoc 37: 489–496.

Zitz JC, Birchard SJ, Couto GC et al. (2008) Results of excision of thymoma in cats and dogs: 20 cases (1984–2005). J Am Vet Med Assoc 232: 1186–1192.

✍ 病例177

1. 需要进行哪些进一步的诊断检查？

胃溃疡、可能的肝转移和腹部淋巴结转移，提示是胃泌素瘤。患胃泌素瘤病犬的血清胃泌素水平通常是正常的3倍（犬20~104 pg/mL是正常的）。这个病例胃泌素为1 730 pg/mL。胃泌素水平在肾病或肝病使用抗酸治疗时也可能升高，但通常不会高到这个水平。需要组织病理确诊。

2. 超声检查有转移性疾病的证据，需要手术吗？

这个病例是转移性胃泌素瘤，也建议手术治疗，因为减瘤手术也可以减少胃泌素的分泌。手术切除深度溃疡或穿孔可大大改善临床症状。给患病犬做了开腹探查，发现胰腺右叶有个0.5 cm的团块。腹腔淋巴结、肝结节做了活检，结果是胃转移性胃泌素瘤。

3. 什么是佐林格－埃利森综合征？该如何进行医学治疗？

佐林格－埃利森综合征指的是胰腺非β细胞神经内分泌肿瘤高胃泌素血症和胃肠道溃疡的总称。如果有脱水需要输液治疗，给予H2受体抑制剂（如西咪替丁、法莫替丁或雷尼替丁），质子泵抑制剂（如奥美拉唑）和硫糖铝。奥曲肽，一种生长激素抑制素类似物，也可用于犬，但作用不确定。生长激素抑制素抑制胃泌素分泌。

4. 这个病例的预后如何？

胃泌素瘤预后谨慎到差，早期将会是比较小的肿物。大于85%的病例诊断时就有转移。肝脏是最常见的转移部位，但引流淋巴结、网膜、脾脏肠系膜和其他浆膜面都可能转移。只用药物管理，生存期从数日到大于2年不等。有着严重继发疾病的，如胃肠道穿孔、腹膜炎的病例将会预后更差。

参考文献

Hughes SM (2006) Canine gastrinoma: a case study and literature review of therapeutic options. N Z Vet J 54: 242–247.

Lunn KF, Page RL (2013) Tumors of the endocrine system: gastrointestinal endocrine tumors. In: Withrow SJ, Vail DM, Page RL, editors, Small Animal Clinical Oncology, 5th edition. St. Louis, Elsevier Saunders, p. 521.

病例 178

1. 描述超声和细胞学检查结果。可能的诊断是什么？

超声显示有个 2.04 cm 的肿物，位于右肾尾极，混合回声。细胞学显示出大片的上皮细胞脱落，显著的细胞大小不一，细胞核大小不一。基于细胞学，最可能是癌。

2. 原发性肾肿瘤的治疗选择是什么？

原发肾肿瘤（除淋巴瘤）在猫上是非常罕见的。大多数诊断为肾癌（小管肾癌、小管乳头状癌、移行细胞癌）。因为原发肾癌很罕见，应做分期检查来确定有无明显转移。一个报道中大多数肾癌的猫诊断时就有转移。如果没有其他疾病，推荐肾摘除，但是否可以摘除需要基于肾脏功能。

3. 对该患病猫的建议是什么？

该猫有慢性肾衰病史。但诊断时肾评估与之前无明显变化。因此考虑肾功能比较稳定，可以做肾摘除。组织病理诊断为肾小管乳头状癌。考虑到另一个肾的功能不被影响，没有给予后续治疗。该病例存活 1 年，死于肾衰。

参考文献

Henry CJ, Turnquist SE, Smith A et al. (1999) Primary renal tumours in cats: 19 cases (1992—1998). J Feline Med Surg 1: 165–170.

Klainbart S, Segev G, Loeb E et al. (2008) Resolution of renal adenocarcinoma–induced secondary inappropriate polycyhthaemia after nephrectomy in two cats. J Feline Med Surg 10: 264–268.

病例 179

1. 这只患病犬便血的鉴别诊断有哪些？

直肠息肉、直肠肿瘤、创伤、异物、感染（寄生虫、病毒、细菌）、凝血异常、血小板减少症、自发性（出血性肠炎）。

2. 直肠检查后血凝块立即排出的可能因素是什么？

最可能是血液在直肠有淤积，直肠检查时血凝块排出。

3. 下一步应检查什么？

建议进行 MDB。常规血检（CBC、生化），应考虑做凝血实验来排除凝血异常，做血涂片来确定血小板多少。应建议腹部 B 超，如果可行，经直肠进行的超声可有助于判断直肠肿瘤。可以做直肠镜，有病变可以活检。

4. 在直肠中发现的最常见的恶性肿瘤是什么？

一项原发性直肠肿瘤的研究显示，50% 为恶性的。恶性肿瘤中腺癌是最常见的。也有癌、浆细胞瘤、黏液癌、乳头状癌。息肉是最常见的良性病变。也可见腺瘤、肌瘤，但较少见。该病例通过肠镜诊断为直肠原位癌。手术移除，一项研究显示 MST 为 1 006 天。罕见出现腰下淋巴结转移。

5. 建议该患病犬做直肠牵拉切除手术。这类手术可能伴有哪些并发症？

直肠肿瘤的病例使用直肠牵拉切除手术可获得更好的局部控制和生存期，但并发症比较多。一项 74 例直肠牵拉切除手术并发症的回顾性分析中显示并发症包括大便失禁（56.8%），一半出现的病例都是短暂的。其他并发症包括腹泻、里急后重、直肠狭窄、直肠出血、便秘、开裂和感染。

参考文献

Holt PE, Lucke VM (1985) Rectal neoplasia in the dog: a clinicopathological review of 31 cases. Vet Rec 116: 400–405.

Kupanoff PA, Popovitch CA, Goldschmidt MH (2006) Colorectal plasmacytomas: a retrospective study of nine dogs. J Am Anim Hosp Assoc 42: 37–43.

Nucci DJ, Liptak JM, Selmic LE et al. (2014) Complications and outcomes following rectal pull–through surgery in dogs with rectal masses: 74 cases (2000—2013). J Am Vet Med 245: 684–695.

病例 180

1. 图 180 是在做什么操作？

在做放血操作。移除血液后输液治疗来重建血容量。

2. 该病例鉴别诊断有哪些？

评估比容、血红蛋白、红细胞计数显示为红细胞增多。红细胞增多症分为相对的和绝对的。相对的红细胞增多症可能是因脱水导致，也是最常见的猫红细胞增多的原因。该病例血清蛋白水平正常，脱水就不太可能了。绝对性红细胞增多症可能是原发的也可能是继发的。继发的红细胞增多症可能是因为促红细胞生长素不适当的使用，也可能罕见地出现在肾病或肾肿瘤上。组织缺氧时也可能出现（例如肺病变、心脏分流），因为会导致促红细胞生长素增多。原发性、绝对性红细胞增多症（真性红细胞增多症）是种非常罕见的骨髓增生性疾病。绝对性红细胞增多症原因还有组织缺氧（心脏病）、促红细胞生长素水平异常（肾肿瘤或囊肿）和真性红细胞增多症。

3. 建议进一步诊断检查什么？

胸片、ECG 和心超可帮助排除心脏病。腹部 B 超可排除肾脏异常。还建议测动脉氧含量。促红细胞生长素水平在猫分辨是绝对性继发性还是原发性红细胞增多症上通常不是很有用。尽管非常罕见，没有心脏病或肾病，动脉氧正常通常提示真性红细胞增多症。真性红细胞增多症的诊断基于对继发性红细胞增多症因素的排除。怀疑红细胞系增生应考虑做骨髓穿刺，但细胞学上无特征帮助区别于骨髓增生性疾病。髓系与红系比例是正常的。

4. 该病例如何管理？

定期放血和／或羟基脲化疗可有助于控制红细胞增多症。

参考文献

Evans LM, Caylor KB (1995) Polycythemia vera in a cat and management with hydroxyurea. J Am Anim Hosp Assoc 31(5): 434–438.

Nitsche EK (2004) Erythrocytosis in dogs and cats: diagnosis and management. Compend Contin Educ Vet 26(2): 104–118.

Watson ADJ, Moore AS, Helfand SC (1994) Primary erythrocytosis in the cat: treatment with hydroxyurea. J Small Anim Pract 35(6): 320–325.

病例 181

1. 这个病例诊断结果是什么？

组织细胞性疾病建议组织病理和免疫组织化学做诊断。皮肤型组织细胞增多症是一种组织细胞增生性疾病，单个或多个病变，可能变大、变小，可能自行消退，常见于青年犬。一些病例会对类固醇有反应，有一些则需要更强的免疫抑制治疗。病变表现为多个皮肤和皮下结节（4 cm 左右），可能自行消退再出现在其他部位。E- 钙黏素的表达只出现在朗格罕氏细胞上（表皮的树突状抗原呈递细胞），因此该病例最可能为朗格汉斯组织细胞增生症（LCH）。

2. 应该建议后续诊断检查什么？

建议进行 MDB 检查，腹部 B 超可帮助排除全身性组织细胞增多症。

3. 该病病因是什么？

LCH 是种罕见的不确定病因的，以树突状细胞系不正常增殖为特点的疾病，并且临床症状以及生物行为学多变。人医上，该病也会有临床症状基于其生物学行为变化带来的变化，一些病患会有很快的全身表现。应该考虑是不是有着恶性或免疫调节性疾病的可能。近期关于人 LCH 的研究显示约 60% 病患存在原癌基因的突变（BRAF 原癌基因），这是该病存在肿瘤化增殖的证据。

4. 该病例如何管理？

儿童 LCH 局限于皮肤，症状较轻，建议监测即可。犬也是一样，病变可能自行消退，监测即可。但该病例病变没有消退迹象，因此建议介入治疗。一个研究中，连用四环素和烟酰胺在 80% 的皮肤型组织细胞增多症上有效。其他治疗包括硫唑嘌呤和环孢素 A。泼尼松龙只对约 10% 的病例有效。该病例使用四环素和烟酰胺来治疗，利用其免疫调节作用。

参考文献

Moore PF (2014) A review of histiocytic diseases of dogs and cats. Vet Pathol 51: 167–184.

Palmeiro BS, Morris DO, Goldschmidt MH et al. (2007) Cutaneous reactive histiocytosis in dogs: a retrospective evaluation of 32 cases. Vet Dermatol 18: 332–340.

病例182

1. 描述平片和 CT。

平片上未见颧弓的骨变化。CT 上可见颞部肌肉萎缩（图 182c，蓝色箭头）以及咬肌萎缩（图 182c，紫色箭头）。左侧三叉神经管增宽，颅内有一个造影增强的团块，三叉神经管背侧到左侧并沿着三叉神经向腹侧侵袭（图 182c，金色箭头）。其他 CT 断面显示肿物侵袭到了上颌和下颌的三叉神经分支。

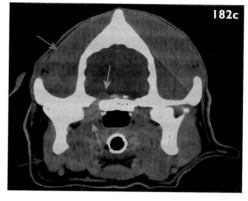

2. 这些病变的鉴别诊断有什么？

基于 CT 结果，左侧三叉神经肿瘤如神经鞘瘤是最可能的。三叉神经炎可能性较低但不能完全排除。三叉神经管压迫重吸收更常见于肿瘤而非神经炎。为得到确诊，组织活检是必需的。MRI 可帮助我们更好地区别肿瘤和神经炎。

参考文献

Bagley RS, Wheeler SJ, Klopp L et al. (1998) Clinical features of trigeminal nerve–sheath tumor in 10 dogs. J Am Anim Hosp Assoc 34: 19–25.

病例183

1. 描述 X 线片（图 183c）。

颧弓到上颌骨有严重的溶解。有少量的新骨生成和严重的软组织肿胀。为确定病变范围必须进行 CT 检查。

2. 该病变鉴别诊断有哪些？

这样的病变的考虑包括骨肿瘤如骨肉瘤、软骨肉瘤或纤维肉瘤。癌，如鳞状细胞癌或口腔恶性黑色素瘤也会导致骨溶解。病变 FNA 提示肉瘤，最怀疑是骨肉瘤。应做活检和 CT 来确诊和确定侵袭范围。

3. 推荐哪些姑息治疗方法？

姑息放疗是首选，可帮助缓解鉴别诊断中所有疾病的疼痛。双磷酸盐可用于姑息治疗，

但放疗仍是镇痛效果较好的治疗选择。肾功能尚可的话，建议同时使用非甾体类。

参考文献

Fan TM, Charney SC, de Lorimier LP et al. (2009) Double-blind placebo-controlled trial of adjuvant pamidronate with palliative radiotherapy and intravenous doxorubicin for canine appendicular osteosarcoma bone pain. J Vet Intern Med 23: 152-160.

Fan TM, de Lorimier LP, O'Dell-Anderson K et al. (2007) Single-agent pamidronate for palliative therapy of canine appendicular osteosarcoma bone pain. J Vet Intern Med 21: 431-439.

Farcas N, Arzi B, Verstraete FJM (2014) Oral and maxillofacial osteosarcoma in dogs: a review. Vet Comp Oncol 12(3): 169-180.

McDonald C, Looper J, Greene S (2012) Response rate and duration associated with a 4 Gy 5 fraction palliative radiation protocol. Vet Radiol Ultrasound 53: 358-364.

✏️ 病例 184

1. 单克隆 γ 球蛋白病有哪些鉴别诊断？

多发性骨髓瘤、淋巴瘤或其他淋巴细胞性恶性疾病，慢性抗原刺激（特应性、蜱媒疾病的感染，心丝虫）都可能导致 γ 球蛋白单克隆性增多。

2. 下一步推荐哪些诊断检查？

建议进行细致的体格检查，包括血压和视网膜检查。还建议做 CBC、生化、尿检（评估有无本周氏蛋白尿）、骨骼 X 线片、凝血检查和骨髓细胞学/活检。

3. 诊断多发性骨髓瘤需要满足什么条件？

诊断多发性骨髓瘤需要至少满足以下其中两项：骨髓浆细胞增多（大于 20%）、溶解性骨病变、单克隆性 γ 球蛋白增多、轻链蛋白尿（本周氏蛋白尿）增多。

4. 该犬预后和治疗方案是什么？

犬多发性骨髓瘤治疗方案为口服美法仑和泼尼松。MST 较乐观，540 天左右。该病例有严重的高钙血症，考虑为急诊状态。应使用静脉输液利尿。

5. 消极的预后因素有哪些？

大范围的骨溶解、本周氏蛋白尿、高钙血症均为消极的预后因素。

参考文献

Sternberg R, Wypij J, Barger AM (2009) An overview of multiple myeloma in dogs and cats. Vet Med 104: 468-476.

病例 185

1. 这个病例的诊断结果是什么?

淋巴瘤。

2. 描述 X 线片。可能是什么原因导致的咳嗽?

心脏增大 (图 185d)。颅侧胸部有一个淋巴结 (黑色箭头),气管向右偏移 (红色箭头),表明可能有纵隔淋巴结肿大。肺实质未见异常。

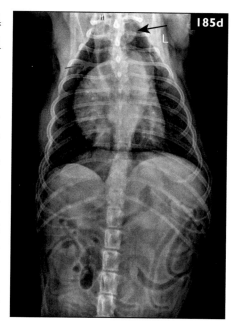

3. 为了进一步诊断,应该进行哪些检查?

为了完成分期过程,需要进行尿液分析、腹部超声、免疫细胞化学或免疫组织化学淋巴结活检。考虑到心脏增大和心脏杂音的存在,也需要进行超声心动检查。

4. 疾病目前处于什么阶段 ? 对预后有什么影响?

皮下转移是 V 期淋巴瘤的典型症状。这只犬没有表现出任何临床症状,因此认定它处于 Va 期。虽然没有必要用超声评估这只犬脾脏和肝脏所处的疾病阶段,但重要的是,要全面评估该病例疾病的发展程度。对患有多中心型淋巴瘤的患犬来说,最可靠的阴性预后指标包括 WHO 亚阶段 (较差)、严重骨髓受累的 V 期疾病、高级组织学和 T 细胞表型。该患者的免疫表型分析结果将有助于提示更多的预后信息,但广泛的皮下转移提示预后谨慎。

5. 考虑血液问题,为该病例制订一个治疗方案。

鉴于血小板计数低,化疗可以安全地开始于长春新碱和泼尼松。建议采用联合用药的治疗方案。

参考文献

Jagielski D, Lechowski R, Hoffmann–Jagielska M et al. (2002) A retrospective study of the incidence and prognostic factors of multicentric lymphoma in dogs (1998–2000). J Vet Med A PhysiolPathol Clin Med 49: 419–424.

Marconato L, Stefanello D, Valenti P et al. (2011) Predictors of long–term survival in dogs with high–grade multicentric lymphoma. J Am Vet Med Assoc 238: 480–485.

Rao S, Lana S, Eickhoff J et al. (2011) Class Ⅱ major histocompatibility complex expression and cell size independently predict survival in canine B–cell lymphoma. J Vet Intern Med 25: 1097–1105.

病例 186

1. 根据超声表现和细胞学描述，疾病的诊断和分期是什么？

最有可能的诊断是胃淋巴瘤。虽然需要活检或细针抽吸进行淋巴结细胞学检查来确认，但局部淋巴结肿大的存在与 II 期疾病一致。

2. 猫胃部诊断最常见的淋巴瘤类型是什么？

原发性胃淋巴瘤并不常见，不到 20% 的猫表现出局限于胃的疾病。与其他形式的猫胃肠道淋巴瘤相比，低级淋巴瘤并不常见，中级到高级淋巴瘤更常见，B 细胞淋巴瘤似乎更常见。

3. 这种淋巴瘤的最佳预后指标是什么？

在最近的一项研究中，绝育过的雄性的比绝育过的雌性的表现更好。最可靠的预后指标是对治疗的反应。达到完全缓解的患病猫平均存活时间为 431 天，而达到部分缓解患病猫的平均存活时间为 138 天。

猫胃淋巴瘤分期	
I 期	单个肿瘤 （结外） 或单个解剖区域 （结）
II 期	单一肿瘤 （结外） 伴区域淋巴结转移
III 期	广泛的不可切除的腹内疾病、两个或多个横膈膜头侧和尾侧的淋巴结区域
IV 期	I~III 期涉及肝和脾
V 期	I~IV 期，最初涉及中枢神经系统和 / 或骨髓

参考文献

Gustafson TL, Villamil A, Taylor BE et al. (2014) A retrospective study of feline gastric lymphoma in 16 chemotherapy-treated cats. J Am Anim Hosp Assoc 50: 46–52.

Pohlman LM, Higginbotham ML, Welles EG et al. (2009) Immunophenotypic and histologic classification of 50 cases of feline gastrointestinal lymphoma. Vet Pathol 46: 259–268.

病例 187

1. 这种药物的作用机制是什么？

帕拉定是一种小分子抑制剂，可阻断细胞表面的多种受体酪氨酸激酶（RTKs）。RTK 是细胞外生长因子的受体，能够向细胞内部发出信号，实现细胞生长、存活、侵袭和血管生成等功能。这些 RTK 的失调会导致细胞不受控制的生长和存活，这被认为是许多恶性肿瘤发生的潜在原因。酪氨酸激酶抑制剂如帕拉定对这些 RTK 的靶点可以通过破坏血管生成间接抑制肿瘤生长，或者具有直接的抗肿瘤活性。托西尼布靶向的 RTKs 的例子包括血管内皮细胞生长因子受体（VEGFR）血小板源性生长因子受体（PDGFR）和 KIT （干细胞因子受体）。抑制血管内皮生长因子受体和血小板衍生生长因子受体被认为具有抗血管生成的作用。KIT 的抑制与肥大细胞的发育、存活和增殖的抑制有关。

2. 使用帕拉定有哪些适应症?

帕拉定标记用于 Patnaik II 级或 III 级,或有、或无淋巴结转移的犬的复发性皮肤肥大细胞瘤。然而,它也显示出对多种恶性肿瘤具有一定的效果,包括肛门囊腺癌、甲状腺癌、鼻癌、转移性骨肉瘤和头颈癌。由于其抗血管生成特性,帕拉定也被用作节拍化疗方案的一部分。

3. 虽然这种药物不被认为是化疗药物,但其使用可能会产生显著的毒性。描述潜在的副作用和这些副作用的管理。

最常见的副作用包括食欲下降、呕吐、腹泻、嗜睡、跛行和体重减轻。较少报道肝毒性、肾毒性、蛋白尿和全身性高血压。使用前应仔细评估肾功能和肝功能,包括生化检查和尿液分析。治疗前和治疗过程中应监测血压。患有肥大细胞瘤的犬似乎更容易出现副作用,因为癌症本身有潜在的复杂因素(如临床或亚临床胃肠溃)。建议肥大细胞瘤病例同时使用法莫替丁或奥美拉唑和苯海拉明。泼尼松在某些情况下用于减少肿瘤炎症和减少与肿瘤副作用相关的血管活性胺的释放。其他有助于缓解食欲不振、呕吐或腹泻的药物包括胃复安、昂丹司琼、泻立停、硫糖铝和甲硝唑。一些作者建议最好避免使用非甾体抗炎药,尤其是在服用帕拉定的同一天,因为这可能会显著增加胃肠道毒性。然而,最近的一份报告为盐酸托昔尼布(帕拉定)和吡罗昔康联合给药的安全性提供了证据。如果出现黑便或便血,应停用帕拉定,并对病患进行对症治疗(例如硫糖铝)。制造商建议在治疗的前 6 周和之后,每 6 周进行一次兽医评估。建议持续监测血常规、生化、尿液分析、血压、体重和肿瘤疗效评估。如果出现贫血、氮质血症、低白蛋白血症、高磷血症、中性粒细胞减少症或明显的副作用,可能需要暂时停用帕拉定。以较低剂量恢复治疗是可能的。制造商提供监控指标,并提供关于剂量调整的建议。

4. 宠物主人给宠物使用帕拉定时有哪些注意事项?

需要告知客户如何正确使用这种抗癌药物:

存放在儿童接触不到的地方。

让儿童远离经治疗犬的粪便、尿液或呕吐物。

如果怀孕或哺乳,避免接触帕拉定(可能导致出生缺陷)。

如果发生意外摄入,请立即就医。

处理帕拉定时,戴上防护手套,使用后洗手。

请勿分割或打碎药片。

清理粪便、尿液或呕吐物时,请戴上防护手套。使用一次性毛巾,并将其放在可密封的塑料袋中进行处理。将任何被粪便、尿液或呕吐物弄脏的物品与其他衣物分开清洗。

参考文献

Chon E, McCartan L, Kubicek LN et al. (2012) Safety evaluation of combination toceranib phosphate (Palladia®) and piroxicam in tumour-bearing dogs (excluding mast cell tumours): a phase I dose-finding study. Vet Comp Oncol 10(3): 184-193.

London C, Mathie T, Stingle N et al. (2012) Preliminary evidence for biologic activity of toceranib phosphate (Palladia®) in solid tumors. Vet Comp Oncol 10(3): 194-205.

病例188

1. 这个病例的诊断结果是什么?

细胞学检查符合肥大细胞瘤。

2. 在这些照片中的哪些因素有助于预测肿瘤的生物学行为?

颗粒完整的肥大细胞和长期的临床病史提示肿瘤级别较低。虽然需要组织病理学来对肥大细胞瘤进行准确分级,但细胞学分级有助于以合理的准确度预测组织学分级(一项研究中为94%)。此外,与许多其他品种相比,肥大细胞瘤的生物行为侵略性较弱。一项研究评估了纯种巴哥犬被诊断为MCTs的结果。研究发现,超过一半的巴哥犬患有多发性肿瘤,而94%的患病犬属于低至中等等级(Patnaik系统)。只有高级别(三级)肿瘤表现出侵袭性,MST为182天。其余的肥大细胞瘤表现出相对良性的生物学行为,即使存在多个肿瘤。随访的中位时间约为2年,发表时尚未达到MST。

3. 为了制订治疗计划,应该进行哪些进一步的诊断检查?

需要完整分期。应进行MDB,包括腹部超声。组织病理学检查确定分级和有丝分裂指数是制订治疗方案的必要条件。照片中的病例,肿瘤很大,能否获得干净的手术切除是个问题。对于低级别的肿瘤,可以考虑更保守的边缘,但是这种肿瘤的基础非常广泛,切除可能很困难。通过放射治疗减少肿瘤细胞可能是有效的,目的是通过手术去除放射后的残留肿物。或者,可以考虑先进行手术减瘤,然后进行放疗。除疾病的局部控制外,对于更高级别的肿瘤,评估预后指标(PCR检测c-KIT突变、KIT染色模式、Ki67、AgNOR,Ki67×AgNOR)将有助于确定是否需要全身治疗。酪氨酸激酶抑制剂可能有助于c-KIT突变或二级或三级KIT染色模式的病例,以及其他病例的化疗。

参考文献

McNiel EA, Prink AL, O'Brien TD (2006) Evaluation of risk and clinical outcome of mast cell tumours in Pug dogs. Vet Comp Oncol 4(1): 2-8.

Scarpa F, Sabattini S, Bettini G (2014) Cytological grading of canine cutaneous mast cell tumors. Vet Comp Oncol, doi:10.1111/vco.12090.

Webster JD, Yuzbasiyan-Gurkan V, Miller RA et al. (2007) Cellular proliferation in canine cutaneous mast cell tumors: associations with c-KIT and its role in prognostication. Vet Pathol 44: 298-308.

病例189

1. 从临床病史中应该获得哪些更进一步的信息？

了解患者的疫苗接种史很重要。美国猫科动物从业者协会建议给猫皮下注射疫苗位置如下：狂犬病疫苗右膝关节以下；猫白血病疫苗左膝关节下方；猫病毒性鼻气管炎、杯状病毒、泛白细胞减少症和其他疫苗右肘以下。可悲的是，更多远端的肢体接种部位的原因是允许通过截肢完全切除任何疫苗相关的肿瘤。虽然建议在膝关节以下注射，但疫苗总是可能在更近的位置注射。最近，尾部皮下注射被描述为耐受性良好的疫苗接种部位。

2. 应做哪些检查？

除了骨髓增生异常综合征，还应进行胸部 X 线片和腹部超声检查，以进行分期。考虑到侧面／腹壁区域的位置和可能的延伸，建议进行 CT 扫描以确定疾病的程度。建议进行切口活检以获得明确的诊断，有时有助于区分非注射部位肉瘤和注射部位肉瘤。疫苗相关肉瘤更准确地称为猫注射部位肉瘤（FISSs），因为肉瘤可以继发于任何类型的诱导炎症的注射，而不仅仅是疫苗接种的结果。炎症是这些肿瘤的常见特征，淋巴细胞和巨噬细胞经常出现在外围。它们经常坏死，与非注射部位肉瘤相比，有丝分裂指数增加。这些细胞通常是多形性的。纤维肉瘤是 FISS 最常见的组织学类型，但已发现其他肿瘤，如恶性纤维组织细胞瘤、未分化肉瘤、骨肉瘤、横纹肌肉瘤、脂肪肉瘤和软骨肉瘤。

3. 应该提供哪些治疗选择？

治疗建议将取决于计算机断层成像和活检结果。外侧 5 cm 的手术边缘和肿瘤下方的两个筋膜平面被描述为成功清洁切除的标准，但这在大多数猫中很难实现，特别是在体壁部位。虽然复发率 <15%，并且在描述这些更激进手术的报告中看到 901 天的最大耐受时间，但 11% 的患者出现了主要并发症。当使用 3 cm 边缘和肿瘤下方一个筋膜平面的标准时，复发率往往较高，即使在组织病理学上边缘似乎没有肿瘤细胞。建议广泛的手术切除后进行放射治疗，因为仅手术治疗的 FISS 病复发率为 30%~70%。一项研究中获得无瘤边缘时的 DFI 中值为 16 个月，而切除不完全时仅为 4 个月。在接受手术和辅助放疗的患者中，据报道，平均 PFI_s 约为 3 年。$FISS_s$ 对化疗很敏感，通常被用作手术或手术和放疗的辅助手段。多柔比星和脂质体的多柔比星的评价结果不一。与既往对照相比，手术切除前后给予表柔比星可提供更高的无瘤生存率和 DFI 效应。免疫疗法（例如白细胞介素-2）目前也在评估中，看来很有希望。FISS 细胞系在体外被马赛替尼有效地抑制，这表明马赛替尼可能在体内治疗 FISS。

参考文献

Cronin KL, Page RL, Spodnick G et al. (1998) Radiation therapy and surgery for fibrosarcoma in 33 cats. Vet Radiol Ultrasound 39: 51–56.

Hartmann K, Day MJ, Thiry E et al. (2015) Feline injection–site sarcoma: ACD guidelines on prevention and management. J Fel Med Surg 17: 606–613.

Kobayashi T, Hauck ML, Dodge R et al. (2002) Preoperative radiotherapy for vaccine associated sarcoma in 92 cats. Vet Radiol Ultrasound 43: 473–479.

Lawrence J, Saba C, Gogal R Jr et al. (2011) Masitinib demonstrates anti–proliferative and pro–apoptotic activity in primary and metastatic feline injection–site sarcoma cells. Vet Comp Oncol 10(2): 143–154.

Martano M, Morello E, Ughetto M et al. (2005) Surgery alone versus surgery and doxorubicin for the treatment of feline injection–site sarcomas: a report on 69 cases. Vet J 170: 84–90.

McEntee MC, Page RL (2001) Feline vaccine–associated sarcomas. J Vet Intern Med 15: 176–182.

Phelps HA, Kuntz CA, Milner RJ et al. (2011) Radical excision with five–centimeter margins for treatment of feline injection–site sarcomas: 91 cases (1998–2002). J Am Vet Med Assoc 239: 97–106.

Poirier VJ, Thamm DH, Kurzman ID et al. (2002) Liposome–encapsulated doxorubicin (Doxil) and doxorubicin in the treatment of vaccine–associated sarcoma in cats. J Vet Intern Med 16: 726–731.

Richards JR, Elston TH, Ford RB (2006) The 2006 American Association of Feline Practitioners Feline Vaccine Advisory Panel Report. J Am Vet Med Assoc 119: 1405–1441.

病例190

1. 该病例诊断结果可能是什么？

根据血液涂片，怀疑有淋巴增生性疾病（淋巴白血病）。

2. 需要做什么进一步的检查来确诊？

除了骨髓诊断，还需要外周淋巴结的细针抽吸和腹部超声。应对外周血进行流式细胞术，流式细胞术将有助于确定淋巴细胞的克隆扩增是否存在，可以确定表现型。慢性淋巴细胞白血病和急性淋巴细胞白血病的区别很重要，因为预后非常不同。还需要评估甲状腺激素的状况。

3. 面神经麻痹的可能原因是什么？

面神经麻痹的一般原因包括特发性、中耳感染、肿瘤（神经鞘肿瘤、对神经造成压力的肿瘤或可能影响面神经的脑干病变）、创伤、代谢和炎症。甲状腺功能减退被认为是面神经麻痹的原因。在这种情况下，白血病是首要考虑的原因。面神经麻痹被描述为人类白血病的并发症。白血病会影响脑神经。脑神经周围可能发生白血病导致的浸润，或者中枢神经系统疾病的发展可能导致面神经麻痹。在一些对治疗有反应的病例中可以看到面神经麻痹的消退；然而，这可能是一个永久的损伤。

4. 这个病例应该怎么治疗？

预后和化疗方案最终基于流式细胞术的结果。慢性淋巴白血病采用苯丁酸氮芥和泼尼松治疗，预后良好，而急性淋巴细胞白血病采用更积极的化疗，预后差。由于患病犬病情迅速恶化，在流式细胞术结果出来之前，开始使用长春新碱和泼尼松。如果神经症状没有改善，可以考虑使用环己亚硝脲等穿过血脑屏障的药物。人工泪液对于预防暴露性角膜炎非常重要。当没有眨眼反射时，软膏通常是优选的，并且应该每 4~6 h 使用一次。

参考文献

Avery PR, Burton J, Bromberek JL et al. (2014) Flow cytometric characterization and clinical outcome of CD4+ T-cell lymphoma in dogs: 67 cases. J Vet Intern Med 28: 538–546.

Bilavsky E, Scheuerman O, Marcus N et al. (2006) Facial paralysis as a presenting symptom of leukemia. Pediatr Neurol 34(6): 502–504.

Christopher MM, Metz AL, Klausner J et al. (1986) Acute myelomonocytic leukemia with neurologic manifestations in the dog. Vet Pathol 23: 140–147.

Christopher MM, Metz AL, Klausner J et al. (1986) Acute myelomonocytic leukemia with neurologic manifestations in the dog. Vet Pathol 23: 140–147.

Comazzi S, Gelain V, Martini F et al. (2011) Immunophenotype predicts survival time in dogs with chronic lymphocytic leukemia. J Vet Intern Med 25: 100–106.

Reggeti F, Bienzle D (2011) Flow cytometry in veterinary oncology. Vet Pathol 48(1): 223–235.

病例 191

1. 口腔有什么异常？

双侧扁桃体有严重肿大和炎症。

2. 描述下颌下淋巴结的细胞学。

样本由浆细胞和反应性淋巴细胞数量增加的淋巴组织、中等数量的中性粒细胞和许多不典型的上皮细胞簇组成。上皮细胞通常是具有少量到大量中等嗜碱性细胞质的大细胞。出现明显的红细胞大小不等、细胞核大小不一。细胞核是圆形的，有非常突出的、多重的和多形性的核仁。细胞学检查与具有转移癌和中性粒细胞炎症的反应性淋巴结一致，癌症的类型还不清楚。

3. 最有可能的诊断是什么？

根据双侧扁桃体肿大，可能是扁桃体癌。最常见的原发扁桃体癌是鳞状细胞癌。颈部淋巴结病是一种常见的表现，即使是非常小的原发性癌症。胸片显示 10%~20% 的病例出现转移。超过 90% 的患者在诊断时有某种形式的局部或远处转移。

4. 可以提供哪些治疗选择？

扁桃体鳞状细胞癌最积极的治疗方法包括局部手术切除，并通过手术或放射治疗控制局部疾病和化疗治疗转移性疾病。在超过 75% 的病例中，咽部和颈部淋巴结的局部放疗能够控制疾病，但是由于转移疾病，总的生存期仍然很短。所以治疗一般是治标不治本。吡罗昔康已用于头颈部鳞状细胞癌病例，总有效率 <20%。

5. 这个病例的预后如何？

无论如何治疗，扁桃体鳞状细胞癌的预后仍然很差，只有 10% 的患者在诊断后存活 1 年。

参考文献

Mas A, Blackwood L, Cripps P et al. (2011) Canine tonsillar squamous cell carcinoma – a multi-centre retrospective review of 44 clinical cases. J Small Anim Pract 52: 359–364.

Murphy S, Hayes A, Adams V et al. (2006) Role of carboplatin in multi-modality treatment of canine tonsillar squamous cell carcinoma – a case series of five dogs. J Small Anim Pract 47: 216–220.

病例192

1. 应进行哪些进一步的检查 / 分期？为什么？

应进行局部 X 线片检查，以评估可能的骨侵袭。需要胸片和腹部超声来排除转移。除了有丝分裂指数，活检标本的进一步评估应包括 Ki67 的免疫组织化学、核不典型程度和色素沉着程度。有丝分裂指数 >4、核异型性增加和超过 50% 的细胞着色都是更具侵袭性疾病的指标。虽然大多数研究是针对口腔恶性黑色素瘤进行的，但这些指标对其他形式的恶性黑色素瘤也有帮助。

2. 描述一下这个病例的治疗方案。

肩胛前淋巴结应该切除。负压抽吸不排除转移，事实上，在一项对区域淋巴结转移的口腔黑色素瘤的研究中，30% 被认为"正常"的淋巴结有转移的组织学证据。由于边缘狭窄，进一步的局部治疗是必要的。移除两个内侧脚趾可以获得干净的边缘，但这些是承重的脚趾。应该考虑放射治疗。黑色素瘤疫苗也可以考虑。最近的研究表明，患有黑色素瘤的犬在接受疫苗和当地及地区疾病控制的同时，存活率很高。

3. 这个病例的预后如何？

在该患者中，肩胛前淋巴结的组织病理学没有显示任何转移的证据，并且局部 X 线片正常。不涉及甲床或爪垫的指间黑色素瘤可能有不同的生物学行为。一些表现为预后更好的毛发皮肤黑色素瘤，而另一些表现为更具侵袭性的方式。仅通过肿瘤的位置来预测生物行为可能是困难的，因此组织学特征在做出治疗决策时很重要。用黑色素瘤疫苗治疗的局部控制黑色素瘤患者的总平均生存期为 476 天，1 年生存率为 63%。没有转移迹象的患者的平均生存期为 533 天。在该组（无转移）中，48% 在 2 年和 3 年时仍然存活。据报道，仅接受手术治疗的患者的平均生存期为 365 天。

参考文献

Henry CJ, Brewer WG, Whitley EM et al. (2005) Canine digital tumors: a Veterinary Cooperative Oncology Group retrospective study of 64 dogs. J Vet Intern Med 19: 720–724.

Manley CA, Leibman NF, Wolchok IC et al. (2011) Xenogeneic murine tyrosinase DNA vaccine for malignant melanoma of the digit of dogs. J Vet Intern Med 25: 94–99.

Marino DJ, Matthiesen DT, Stefanacci JD et al. (1995) Evaluation of dogs with digit masses: 117 cases (1981—1991). J Am Vet Med Assoc 20: 726–728.

病例193

1. 蛋白质电泳表明了什么？

在 γ 区有一个明显的单克隆 γ 病。

2. 这个病例的鉴别诊断是什么？

单克隆丙种球蛋白病与浆细胞骨髓瘤或骨髓瘤相关疾病一致。埃利希病或 B 细胞淋巴瘤很少会产生类似的情况。埃利希病在猫中非常罕见，通常伴有发烧和贫血。到目前为止还不能排除淋巴瘤。单克隆丙种球蛋白病的其他原因包括慢性脓皮病、猫传染性腹膜炎、淀粉样变性、瓦尔登斯特伦巨球蛋白血症和未知意义的单克隆丙种球蛋白病。

3. 应该做哪些进一步的检查来帮助诊断？

除了完成 MDB（胸片、尿液分析、FeLV/FIV 检测）外，建议对肿大且有结节的脾脏进行细针抽吸。骨骼检查 X 线片寻找溶骨性病变。骨髓抽吸或活检也是必要的。视网膜检查、凝血情况、对本周氏蛋白尿的评估、血压测量和超声心电图将完成评估。脾脏抽吸结果显示浆细胞瘤。用于诊断多发性骨髓瘤的传统标准包括单克隆 γ 病、骨髓浆细胞病、溶骨性病变和本周氏蛋白尿的存在。基于猫髓外疾病的常见发现，有人建议将非典型浆细胞和脾、肝和淋巴结浆细胞病的存在添加到猫多发性骨髓瘤的诊断标准列表中。当对比猫骨髓瘤相关疾病和人类骨髓瘤时，髓外受累被确定为更常见（67% 的猫受影响；<5% 的人）和较不常见的骨损伤（80% 的人受影响；猫只有 8%）。其他作者报道猫的骨损伤发生在 ≤ 67% 的患者中。除了该患者脾脏中的单克隆丙种球蛋白病和非典型浆细胞病，没有进一步的疾病证据。

4. 应该如何治疗？

虽然不是治愈性的，但脾脏病变严重的患者可以进行脾切除术。已经描述了使用泼尼松龙和美法仑、苯丁酸氮芥或环磷酰胺的化疗。美法仑在猫中引起显著的骨髓抑制，并可导致显著和长期的血小板减少症。在一项研究中，超过 70% 患有骨髓瘤相关疾病的猫停用了美法仑，因为存在显著的骨髓抑制。泼尼松龙和环磷酰胺或苯丁酸氮芥的使用产生了相似的反应率，且毒性较小。

参考文献

Cannon CM, Knudson C, Borgatti A (2015) Clinical signs, treatment, and outcome in cats with myeloma-related disorder receiving systemic therapy. J Am Anim Hosp Assoc 51: 239-248.

Hanna F (2005) Multiple myelomas in cats. J Fel Med and Surg 7: 275-287.

Mellor PJ, Haugland S, Murphy S et al. (2006) Myeloma-related disorders in cats commonly present as extramedullary neoplasms in contrast to myeloma in human patients: 24 cases with clinical follow-up. J Vet Intern Med 20: 1376-1383.

病例 194

1. 该患病犬适合进一步化疗吗？

化疗已经结束 11 个月，该患病犬适合进一步化疗，因为以前使用化疗药并未出现耐药性。

2. 应该提出哪些化疗建议？

选择化疗方案时应仔细考虑患病犬此时的整体健康状况。评价肾功能和肝功能指标，是否在最初的诊断中没有注意到。可以再次制订化疗方案，如 Winsconsin 大学方案，但必须记住多柔比星的累积安全剂量。该患者在最初的方案中接受了 4 次多柔比星（120 mg/m² 的总累积剂量），并可继续安全地使用 2~4 次，总累计剂量为 180~240 mg/m²。超过此剂量将显著地增加充血性心力衰竭的风险。多柔比星的合理替代品包括表柔比星、放线霉素 D 或米托蒽醌。如果多柔比星是唯一有效的药物，可以考虑继续使用铁螯合剂（右旋唑烷）。ECG 和超声心动图是多柔比星毒性相对不敏感的预测因子。使用多柔比星前进行常规超声心动图和 ECG 可以检测出预先存在的心脏异常，这限制了小于 10% 的犬使用多柔比星，因此，在一项研究中，在使用多柔比星前，进行超声心动检查意义不大。作者推荐在扩张性心肌病风险增加的品种（如拳狮犬、杜宾犬）或者是出现心律失常或影像学异常，表明已存在心脏病时，进行超声心动图和 ECG 进行多柔比星前筛查。

参考文献

Ratterree W, Gieger T, Pariaut R et al. (2012) Value of echocardiography and electrocardiography as screening tools prior to doxorubicin administration. J Am Anim Hosp Assoc 48: 89-96.

病例 195

1. 初步诊断是什么？

左肾是肾积水。膀胱壁被一个不规则的软组织肿物浸润，影响膀胱三角区和腹侧。细胞学显示有大量的上皮细胞，表现出明显细胞异型性，细胞核大小不等，细胞核异常。必须注意鉴别恶性上皮细胞和可能存在于严重炎症的发育不良细胞。超声检查和细胞学检查结果与移行细胞癌最符合。

2. 其他哪些分期 / 诊断检查对此病例进行评估较为重要？

应该进行 MDB 来评估胸部 X 线片是否可能发生转移。尿检应采用接尿或导尿管的方式，由于膀胱壁有浸润性病变，应避免膀胱穿刺术。需评估肾功能（尿素氮、肌酐、磷、尿比重）。超声检查时，应特别注意对侧肾脏、输尿管、前列腺和腰下淋巴结。

3. 采取什么措施可以防止肾脏进一步被损害？

在该病例中由于三角区肿瘤引起左肾流出梗阻而导致积水。因此应考虑使用输尿管支架。

病例 196

1. 该患病犬的诊断是什么？
CD21 淋巴细胞增多代表 B 细胞单克隆增殖，这与原发性白血病或 V 期淋巴瘤相一致。

2. 淋巴细胞大小的意义是什么？

研究显示，在 CD21 淋巴细胞增多的情况下，细胞大小是预后指标。小淋巴细胞预后明显优于大淋巴细胞。淋巴细胞大小的标准与红细胞大小相比较：

小淋巴细胞：细胞核为犬 1 倍的红细胞直径。

中淋巴细胞：1.5~2 倍的红细胞直径。

大淋巴细胞：2~2.5 倍的红细胞直径。

3. 细胞缺少 CD34（＋）意味什么？

CD34 是未分化祖细胞的标记。CB34+ 淋巴细胞表明是急性淋巴细胞性白血病，表明预后较差。

4. 应该提供什么治疗？

在边界分类的基础上，应考虑一种基于多主体 CHOP 的方案。

参考文献

Williams MJ, Avery AC, Lana SE et al. Canine lymphoproliferative disease characterized by lymphocytosis: immunophenotypic markers of prognosis. J Vet Intern Med 22: 596–601.

病例 197

1. 描述胸片和胸腔穿刺术获得的液体。

胸腔积液，无明显肿物。胸腔穿刺后 X 线片未发现积液的病因。液体呈乳白色。主要考虑的是乳糜性积液或假乳糜性积液。

2. 根据液体的外观，首要考虑是什么？已经给出了液体的分析结果，你的诊断是什么？

这里显示的液体分析与乳糜积液是一致的。一般认为当胸导管有异常的流动或压力时，会从导管而不是破裂的管道渗出乳糜，从而产生乳糜积液。不考虑创伤是病因。乳糜积液的病因包括任何增加全身静脉压的疾病（右心衰竭、纵隔肿瘤、颅腔静脉血栓或肉芽肿）。乳糜呈现乳白色的外观。在厌食症患者中，乳糜性积液可能没有典型的白色外观，因为乳糜微粒较少。可以评估甘油三酯和胆固醇水平。在乳糜积液中，与血清水平相比甘油三酯水平升高，胆固醇水平降低。

3. 进行液体分析后，后续的诊断步骤是什么？

应行超声心动图检查。患病犬心脏是正常的，超声并未发现明显的肿物。在记录心脏功能正常后，应进行 CT 扫描进一步评估肿瘤的可能性。在 CT 扫描和超声引导下抽吸淋巴结时，注意到纵隔内有一个小淋巴结。免疫细胞化学显示为 B 细胞淋巴瘤。患者化疗反应良好，积液减少。在一些患者中，乳糜积液在治疗上不会立即解决，可能会持续数周甚至更长时间。

参考文献

Birchard SJ, Fossum TW (1987) Chylothorax in the dog and cat. Vet Clin North Am Small AnimPract 17: 271–283.

✏️ **病例198**

1.CT 扫描前还需要做哪些其他检查？

腹部超声探查原发肿瘤。在这种情况下发现了胃肿物。基于这一发现，我们对胸腔和腹腔进行了 CT 扫描。

2. 如图为胃水平面的 CT 影像（图 198c，橙色箭头指向胃壁，绿色箭头指向肿物）。除了胸腔的单一肿物，胃壁也有肿物。对肺肿物尝试进行了 FNA 但无法诊断。我们应该做些什么才能获得最终诊断结果？

CT 扫描后无法确定胃肿物是否与肺肿物相关。由于胃肿物相关症状明显且胃肿瘤的预后往往非常谨慎，所以决定先切除胃肿物进行组织学诊断。但肺部肿物未确诊。

3. 以胃肿物所致症状为主，通过剖腹探查切除胃肿物。胃壁有一个界限清楚的肿物（图 198d）。组织病理学显示为未分化的圆形细胞瘤。CD3 和 CD79a 均阴性，CD18 呈阳性。诊断是什么？

IHC 显示为组织细胞肉瘤。基于此诊断，进一步怀疑肺肿物也是组织细胞肉瘤。

4. 对该患病犬治疗流程和诊断的建议是什么？

基于组织细胞肉瘤的诊断，进行洛莫司汀（CCNU）化疗 3 周后，胸部 X 线片显示肺肿

物显著减小（图 198e、图 198f）。侧位胸片几
乎看不到肿物。在 VD 视图中，箭头指向残留
的肿物组织。尽管患病犬对 CCNU 有良好反应，
但 HS 仍然预后不良。患有 HS 进行 CCNU 后
MSTs 大约为 3 个月。

参考文献

Caccon C, Borgatti A, Henson M et al. (2015)
Evaluation of a combination chemotherapy protocol
including lomustine and doxorubicin in canine
histiocytic sarcoma. J Small Anim Pract 56: 425–
429.

Moore PF (2014) A review of histiocytic disease
of dogs and cats. Vet Pathol 5: 167–184.

Rassnick KM, Moore AS, Russell DS et al.
(2010) Phase II, open-label trial of single-agent
CCNU in dogs with previously untreated histiocytic
sarcoma. J Vet Intern Med 24: 1528–1531.

Skorupski KA, Clifford CA, Paoloni MC et
al. (2007) CCNU for the treatment of dogs with
histiocytic sarcoma. J Vet Intern Med 21: 121–126.

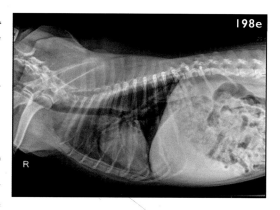

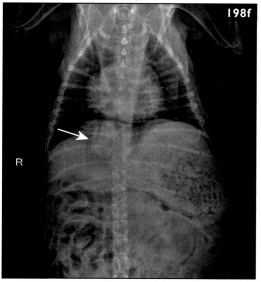

病例 199

1. 诊断结果是什么？

脾脏呈现虫蚀状外观，与渗透性疾病一致。除外周血外，大部分细胞是从脾抽吸物中获
得的，大部分细胞可见少量到中等颗粒的肥大细胞。这显示肥大细胞瘤脾转移。

2. 进一步检查表明什么？

因为患病犬已经进一步确诊为高级别肥大细胞瘤，并做了增殖检查，脾脏组织病理学并
不一定会改变治疗方案。超声评估肝脏转移性 MCT 并不敏感。例如，即使超声显示肝脏正常，
但仍需要抽吸物来排除肥大细胞病。研究表明，超声检测脾脏肥大细胞病的敏感性约为 43%，
但肝脏的敏感性为 0。淡黄层分析或骨髓抽吸可帮助确定骨髓受累情况。然而，本病例中肝
脏或骨髓浸润的情况不太可能改变治疗方案。在一些脾脏及其大的病例中，脾切除术可以帮
助减少肿瘤的负担，但仍然需要化疗。

3. 该患病犬需要考虑什么治疗？

由于患者的洛莫司汀、长春花碱和泼尼松化疗失败，因此治疗选择有限。此外，还可以考虑使用补充化疗药物/方案。苯丁酸氮芥和泼尼松龙已用于无法手术 MCTs 的治疗；使用环磷酰胺和单药羟基脲的方案也有描述。联合使用长春花碱和托西尼布已评估为安全方案。该患者最初的肿瘤为 KIT 模式 2，因此可以考虑使用托西尼布。

参考文献

Book AP, Fidel J, Wills T et al. (2011) Correlation of ultrasound findings, liver and spleen cytology, and prognosis in the clinical staging of high metastatic risk canine mast cell tumors. Vet Radiol Ultrasound 52: 548–554.

Camps–Palau MA, Leibman NF, Elmslie R et al. (2007) Treatment of canine mast cell tumours with vinblastine, cyclophosphamide and prednisone: 35 cases (1997—2004). Vet Comp Oncol 5: 156–167.

Hayes A, Adams V, Smith K et al. (2007) Vinblastine and prednisolone chemotherapy for surgically excised grade Ⅲ canine cutaneous mast cell tumours. Vet Comp Oncol 5: 168–176.

Rassnick KM, Al–Sarraf R, Bailey DB et al. (2010) Phase Ⅱ open–label study of single–agent hydroxyurea for treatment of mast cell tumours in dogs. Vet Comp Oncol 8: 103–111.

Rassnick KM, Bailey DB, Russell DS et al. (2010) A phase Ⅱ study to evaluate the toxicity and efficacy of alternating CCNU and high–dose vinblastine and prednisone (CVP) for the treatment of dogs with high–grade, metastatic or nonresectable mast cell tumours. Vet Comp Oncol 8: 138–152.

Taylor F, Gear R, Hoather T et al. (2009) Chlorambucil and prednisone chemotherapy for dogs with inoperable mast cell tumours: 21 cases. J Small Anim Pract 50: 284–289.

Thamm DH, Turek MM, Vail DM (2006) Outcome and prognostic factors following adjuvant prednisone/vinblastine chemotherapy for high–risk canine mast cell tumors: 61 cases. J Vet Med Sci 68: 581–587.

病例200

1. 描述腹部 X 线片、血检和超声检查的结果。

腹部侧位 X 线片：中腹部有一个界限清楚的肿物。目前轻度贫血，中度血小板减少，中度中性粒细胞减少。肠道肿物出血是贫血和血小板减少的一个可能原因。腹部超声显示一个 3.32 cm×3.55 cm 的肿物与十二指肠相连。

2. 还需要做哪些进一步的检查？

如果经过超声评估，可以考虑细针抽吸。在此病例中，进行 FNA 并获取了间质细胞群。

术前，应评估凝血参数。

3. 进行了手术探查。可见分叶状的硬物，并与胰管对面的十二指肠近端肠系膜交界相连。肿物包膜良好。因为肿物靠近胰管，所以进行边缘切除手术。组织病理学符合软组织梭形细胞肉瘤。显微镜可见正常的结缔组织边缘，但无法明确清晰的边缘。诊断的考虑因素是什么？

根据活检结果和肿物的位置，很可能是一个平滑肌起源的软组织肉瘤。鉴别诊断包括平滑肌瘤、平滑肌肉瘤和胃肠道间质瘤（GIST）。

4. 免疫组织化学的结果对该患病犬的诊断有何帮助？

KIT 免疫组织化学染色有助于 GIST 的诊断。免疫标记 KIT 蛋白阳性与 GIST 一致。约 90% 的肿瘤细胞显示 KIT 蛋白强阳性细胞质标志。基于这一发现，应考虑使用酪氨酸激酶抑制剂进行治疗，特别是在手术边缘不完整的情况下。

5. 该患病犬的预后如何？

与平滑肌肉瘤或未分化癌相比，GIST 具有良好的预后。在一项研究中，接受手术的病例平均生存时间为 37.4 个月。GIST 是一种独特的间质肿瘤，起源于 Caial 间质细胞，调节胃肠蠕动。它们以前通常被误诊为平滑肌瘤，可以通过免疫组织化学染色克服这一问题。

参考文献

Gregory-Bryson E, Bartlett E, Kiupel M et al. (2010) Canine and human gastrointestinal stromal tumors display similar mutations in c-KIT exon 11. BMC Cancer 10: 559–568.

Hayes S, Yuzbasiyan-Gurkan V, Gregory-Bryson E et al. (2013) Classification of canine nonangiogenic, nonlymphogenic, gastrointestinal sarcomas based on microscopic, immunohistochemical, and molecular characteristics. Vet Pathol 50: 779–788.

Hobbs J, Sutherland-Smith J, Penninck D et al. (2015) Ultrasonographic features of canine gastrointestinal stromal tumors compared to other gastrointestinal spindle cell tumors. Vet Radiol Ultrasound 56: 432–438.

Morini M, Bettini G, Preziosi R et al. (2004) C-kit gene product (CD117) immunoreactivity in canine and feline paraffin sections. J HistochemCytochem 52: 705–708.

Russell KN, Mehler SJ, Skorupski KA et al. (2007) Clinical and immunohistochemical differentiation of gastrointestinal stromal tumors from leiomyosarcomas in dogs: 42 cases (1990—2003). J Am Vet Med Assoc 230: 1329–1333.

✎ **病例 201**

1. 解读 X 线片和细胞学。

X 线片上显示软组织肿胀，但未见骨受累情况。在细胞学从单个到星状有核细胞表现出中度到明显的细胞大小不等以及细胞核大小不等。染色质细腻，有多个中到大的核仁存在。可见多核细胞且胞内细胞核大小不等。有些细胞很大，核仁形状不规则（图201c，蓝色箭头）。有几个有丝分裂象（黑色箭头）。细胞学符合肉瘤。

2. 该病例的鉴别诊断是什么？

基于肿瘤的位置和细胞学表现鉴别诊断包括组织细胞肉瘤（HS）、滑膜细胞肉瘤或未分化的肿瘤。

3. 应该做哪些进一步的诊断？

除了MDB，建议采用腹部超声检查和组织活检。根据患病犬肿瘤的位置和局部侵袭性可选择的治疗方法是截肢。

4. 该患病犬的预后如何？

预后根据组织学肿瘤类型和分期（局限性和播散性）有显著差异。关节周围组织细胞增多（PAHS），如果在最初诊断时定位，比其他形式传播的HS预后更好。一项研究评估了滑膜细胞肉瘤和PAHS单独截肢治疗。滑膜细胞肉瘤组MST为30.7个月，vs.HS组5.3个月。最近的另一项新的研究显示了PAHS患病犬与其他部位HS进行局部治疗（截肢或放疗）和化疗（洛莫司汀）后MST的差异。当疾病最先局部控制时，PAHS的MST为980天（32.6个月），而其他部位的MST为128天（4.2个月）。诊断有转移的PAHS患者MST为253天（8.4个月）。在本研究中，罗威纳犬和金毛猎犬是发生PAHS的最常见品种。

参考文献

Klahn SL, Kitchell BE, Dervisis NG (2011) Evaluation and comparison of outcomes in dogs with periarticular and nonperiarticular histicytic sarcoma. J Am Vet Med Assoc 239: 90–96.

Vail DM, Powers BE, Getzy DM et al. (1994) Evaluation of prognostic factors for dogs with synovial sarcoma: 36 cases (1986—1991). J Am Vet Med Assoc 205: 1300–1307.

病例202

1. 描述超声检查结果。

肾脏增大且形状异常。可见包膜下低回声增厚。肾皮质呈高回声，并被肿物扭曲。

2. 仅根据超声检查，该病例的鉴别诊断是什么？

包膜下低回声增厚高度提示肾淋巴瘤。事实上，大约80%的患病猫通过超声发现并最终证实有肾淋巴瘤。其他肿瘤（未分化癌、肾癌）是可能的，但考虑到双侧肾脏的变化，可能性较小。非恶性疾病也会出现这种症状，超声表现为慢性活动性肾炎及FIP相关坏死性血管炎。

3. 肾脏肿物FNA获得的细胞学如图202b所示。诊断结果是什么？

超声引导包膜下抽吸物符合淋巴瘤。

4. 氮质血症对患病猫的预后影响是什么？

本病例氮质血症轻度,比重正常。随着淋巴瘤的补液和治疗,氮质血症很有可能得到解决。即使在更严重的氮质血症患者中, 肾功能也可以在治疗后恢复正常。在一些肾脏严重受损的患者中, 肾功能可能不会改善。

5. 神经症状与这种癌症有什么关系？

在一项研究中, 多达 50% 的肾淋巴瘤患者会出现中枢系统症状。出于这个原因, 一些肿瘤学家提倡在化疗方案中加入可以跨越血脑屏障的化疗药物（例如 CCNU、阿糖胞苷、泼尼松）。CNS 淋巴瘤可发生于大脑、脊柱或两者兼而有之。患有脊髓淋巴瘤的猫经常出现肾脏受累, 因此, 当 CNS 受累时, 淋巴瘤实际上起源于哪里尚不清楚。淋巴瘤的全面临床分期是重要的, 因为大多数肾病患有多器官受累。

6. 随着时间的推移, 该疾病如何发展？

过去, 75% 的猫被诊断肾淋巴瘤时年龄小且 FeLV 阳性。最近, 中位诊断年龄至少为 9 岁,通常与 FeLV 无关。

7. 该患病猫的预后如何？

在一份报告中, 猫化疗后 MST 为 7 个月。反应率约为 60%。

参考文献

Mooney SC, Hayes AA, Matus R et al. (1987) Renal lymphoma in cats: 28 cases (1977—1984). J Am Vet Med Assoc 191: 1473–1477.

Moore A (2013) Extranodal lymphoma in the cat. Prognostic factors and treatment options. J Feline Med Surg 15: 379–390.

Taylor SS, Goodfellow MR, Browne WJ et al. (2009) Feline extranodal lymphoma: response to chemotherapy and survival in 110 cats. J Small Anim Pract 50: 584–592.

Valdes-Martinez A, Cianciolo R, Mai W (2007) Association between renal hypoechoic subcapsular thickening and lymphosarcoma in cats. Vet Radiol Ultrasound 48: 357–360.

病例 203

1. 临床症状和纵隔肿物的相互关联是什么？

根据该患病犬临床症状最有可能由于重症肌无力（MG）所导致, 这是一种发生在胸腺瘤的副肿瘤综合征。MG 是胸腺瘤最常见的副肿瘤综合征, 是由于乙酰胆碱受体抗体形成引起的免疫介导过程。

2. 应该进行哪些诊断检查？

通过免疫沉淀放射免疫法演示乙酰胆碱受体抗体（University of California, San Diego）是确诊 MG 所必需的。临床上区分淋巴瘤和胸腺瘤往往是困难的。胸部超声可以帮助鉴别淋巴瘤和胸腺瘤，但不能提供明确的诊断。在超声中纵隔淋巴瘤往往更坚实，胸腺瘤则是更囊性的表现。超声引导下的细针抽吸或针芯活检可用于术前诊断。纵隔抽吸液的流式细胞术是术前诊断的有用工具。在一项研究中，所有胸腺瘤病例均由大于等于 10% 的淋巴细胞共同表达 CD4 和 CD8，这是胸腺细胞的一种特点。相比之下，大多数淋巴瘤含有小于 2%（CD4+CD8+ 淋巴细胞）。胸部 CT 可以进行手术计划，特别是当肿瘤非常大并显示具有侵袭性时。

3. 应该进行哪些术前管理？

术前应使用溴吡啶斯的明（米斯替明®）。对于有巨食道症状的患者，应使用直立姿势饲喂高热量的半固体饮食。促进蠕动药物和 H2 受体阻滞剂有助于降低吸入性肺炎的风险。

参考文献

Lana S, Plaza S, Hampe K et al. (2006) Diagnosis of mediastinal masses in dogs by flow cytometry. J Vet Intern Med 20: 1161–1165.

Patterson MME, Marolf AJ (2014) Sonographic characteristics of thymoma compared with mediastinal lymphoma. J Am Anim Hosp Assoc 50: 409–413.

Shelton GD, Schule A, Kass PH (1997) Risk factors for acquired myasthenia gravis in dogs: 1,154 cases (1991—1995). J Am Vet Med Assoc 211: 1428.

Warzee CC (2012) Hemolymphatic system. In: Kudnig ST, Séguin B, editors, Veterinary Surgical Oncology, 1st edition. Chichester, Wiley–Blackwell, pp. 449–454.

索引

注意：引用的是病例编号，而不是页码。